"十二五"江苏省高等学校重点教材
国家示范（骨干）高职院校重点建设专业
农业机械应用技术专业优质核心课程系列教材

农用发动机构造与维修

主　编　卢　华　任萍丽
副主编　李　彦　韩惠平
参　编　傅华娟　逄大庆　闫军朝
主　审　周同根

机械工业出版社

本书是常州机电职业技术学院车辆工程系国家骨干院校建设项目化教学改革的成果之一。为了适应项目化教学，本书采用了任务驱动的编写模式，探索"先实践、后理论"的编排方式，对农用柴油机进行了详细的介绍，主要包括农用发动机总体认知、曲柄连杆机构构造与维修、配气机构构造与维修、汽油机燃油系统认知、柴油机燃料供给系统构造与维修、柴油机进、排气系统及维修、冷却系统及维修、润滑系统及维修、农用柴油机装配与调试和柴油机使用维护及检修典型实例。书中既对柴油机各部分的结构、原理、维护及检修等相关知识进行了阐述，也对各部分的拆装、维护和检测等学习任务进行了布置，同时还有相应的课后练习题对学习效果进行检验。

本书适合作为高职高专院校农业机械应用技术专业的教科书，也可供农机、汽车检测与维修技术等从业人员学习参考。

本书配有电子课件，凡使用本书作为教材的教师可登录机械工业出版社教材服务网 www.cmpedu.com 注册后下载。咨询邮箱：cmpgaozhi@sina.com。咨询电话：010-88379375。

图书在版编目（CIP）数据

农用发动机构造与维修/卢华，任萍丽主编. —北京：机械工业出版社，2014.8（2025.7 重印）

国家示范（骨干）高职院校重点建设专业　农业机械应用技术专业优质核心课程系列教材

ISBN 978-7-111-46201-9

Ⅰ.①农…　Ⅱ.①卢…②任…　Ⅲ.①农业机械-发动机-构造-高等职业教育-教材②农业机械-发动机-维修-高等职业教育-教材　Ⅳ.①S220.3②S220.7

中国版本图书馆 CIP 数据核字（2014）第 053711 号

机械工业出版社（北京市百万庄大街 22 号　邮政编码 100037）
策划编辑：刘良超　责任编辑：刘良超　贺贵梅
版式设计：霍永明　责任校对：陈　越
封面设计：陈　沛　责任印制：邓　博
北京中科印刷有限公司印刷
2025 年 7 月第 1 版第 6 次印刷
184mm×260mm·14.25 印张·332 千字
标准书号：ISBN 978-7-111-46201-9
定价：45.00 元

电话服务　　　　　　　　　　网络服务
客服电话：010-88361066　　　机　工　官　网：www.cmpbook.com
　　　　　010-88379833　　　机　工　官　博：weibo.com/cmp1952
　　　　　010-68326294　　　金　书　网：www.golden-book.com
封底无防伪标均为盗版　　　　机工教育服务网：www.cmpedu.com

前 言
Preface

为了适应我国农机维修行业技能型人才培养的需要,满足高等职业院校以就业为导向的办学目标和要求,常州机电职业技术学院车辆工程系积极探索,勇于实践,大力改革教学模式,加大与企业合作办学的力度,推进工学结合的办学模式。为了提高学生的综合素质,切实增强学生的实践动手能力,引入了以工作任务为驱动的项目化教学模式。为适应新的教学模式,就必须打破传统发动机教材的内容体系,为此特意编写了本书。

本书以农用发动机的结构及维修技术为主,探索了"先实践、后理论"的教材呈现方式,系统地介绍了农用发动机的结构、故障诊断、装配调试和维修保养技巧等,共设置了农用发动机总体认知、曲柄连杆机构构造与维修、配气机构构造与维修、汽油机燃油系统认知、柴油机燃料供给系统构造与维修、柴油机进、排气系统及维修、冷却系统及维修、润滑系统及维修、农用柴油机装配与调试和柴油机使用维护及检修典型实例10个项目,每个项目有独立成册的学习工作单,以便更好地引导学生完成项目学习。

本书图文并茂,深入浅出。各个项目均强调学生综合素质的培养,既有对学生实践动手能力的训练,也有对学生自我学习能力、团队合作、资料收集和5S等方面的训练,可促使每个学生积极参与、主动参与,能达到更好的学习效果。各个训练项目的设置,均充分考虑了现有的教学设施和教学资源,可操作性强,效率高。

本书由常州机电职业技术学院车辆工程系卢华、任萍丽担任主编,并对全书进行统稿,常州机电职业技术学院车辆工程系李彦、江苏武进农机局韩惠平担任副主编,周同根担任主审。参与编写工作的还有常州机电职业技术学院车辆工程系傅华娟、闫军朝以及常柴股份有限公司逄大庆。在编写过程中,还得到了久保田农业机械(苏州)有限公司周良国、常州东风农机集团有限公司龚建伟、江苏常发集团徐凯的特别支持,在此表示感谢。此外,还得到了常州机电职业技术学院车辆工程系各位教师的大力支持和帮助,并获得"江苏省高等职业院校高级访问工程师计划资助项目(编号:2014FG006)"的资助,在此一并表示感谢。

由于时间仓促,加之编者水平有限,书中难免有错漏之处。在此,恳请广大读者对本书提出宝贵的意见和建议,以便下次修正。

编 者

目 录
Contents

前言
项目一 农用发动机总体认知 ………… 1
  任务1 结合实物对发动机总体结构的认知 ………… 1
  任务2 结合实物对发动机工作原理的认知 ………… 7

项目二 曲柄连杆机构构造与维修 ………… 16
  任务1 曲柄连杆机构的基本认知 ………… 16
  任务2 机体组的拆解与维修 ………… 20
  任务3 活塞连杆组的维修 ………… 30
  任务4 曲轴飞轮组的维修 ………… 47

项目三 配气机构构造与维修 ………… 59
  任务1 配气机构的基本认知 ………… 59
  任务2 气门组的维修 ………… 64
  任务3 气门传动组的维修 ………… 72

项目四 汽油机燃油系统认知 ………… 78
  任务1 汽油机燃油系统的基本认知 ………… 78
  任务2 结合实物对现代汽油机化油器的认知 ………… 84

项目五 柴油机燃料供给系统构造与维修 ………… 91
  任务1 柴油机燃料供给系统的基本认知 ………… 91
  任务2 喷油器的调试与维修 ………… 98
  任务3 喷油泵的调试与维修 ………… 106
  任务4 结合实物对调速器及柴油机燃料供给系统其他装置的认知 ………… 120

项目六 柴油机进、排气系统及维修 ………… 131
  任务1 进气系统与排气系统的维修 ………… 131
  任务2 柴油机增压器的维护与保养 ………… 139

项目七 冷却系统及维修 ………… 147
  任务 冷却系统的认知与维修 ………… 147

项目八 润滑系统及维修 ………… 157
  任务 润滑系统的认知与维修 ………… 157

项目九 农用柴油机装配与调试 ………… 169
  任务1 拆装工具的使用 ………… 169
  任务2 农用柴油机的部件装配 ………… 178
  任务3 农用柴油机的总装 ………… 187
  任务4 农用柴油机的磨合试验与竣工验收 ………… 198

项目十 柴油机使用维护及检修典型实例 ………… 202
  任务1 柴油机的使用与保养 ………… 202
  任务2 柴油机故障的分析与检修 ………… 209

参考文献 ………… 224

项目一　农用发动机总体认知

【项目描述】

发动机是将热能转化为机械能的一种机械装置。它利用燃料在气缸内燃烧所产生的热能使气体膨胀以推动曲柄连杆机构运动，并通过传动系统驱动汽车行驶。本项目是对农用发动机进行总体认知。

【项目目标】

1）利用教学模型、挂图、教学多媒体课件剖析农用发动机结构，熟悉农用发动机的分类和总体构造。

2）熟悉发动机常用术语和编号规则。

3）掌握四冲程发动机的工作原理。

任务1　结合实物对发动机总体结构的认知

任务目标

知识目标：

1）掌握发动机的分类方法。

2）掌握发动机的编号规则。

3）熟悉发动机的总体构造。

能力目标：

1）能区分不同类型的发动机。

2）能根据发动机编号获得发动机相关技术信息。

3）能识别发动机各总成。

素质目标：

1）养成勤于动手的良好习惯。

2）培养学习中敢于质疑、提出自己见解的精神。

任务描述

1）查阅资料，熟悉发动机的分类、编号规则。

2）对照发动机实物，认识发动机各部分组成，明确各部分在发动机工作过程中的作用。

任务实施

一、发动机的分类

发动机的结构形式很多，根据其不同特征可分类如下：

（1）按所用燃料分类　发动机按所用燃料的不同可分为汽油机、柴油机和气体燃料发动机（天然气、液化石油气和其他可燃气体）。

（2）按着火方式分类　发动机按着火方式的不同可分为压燃式和点燃式两种。

在同样的环境条件下，由于柴油的自燃温度比汽油的低，故一般通过喷油泵和喷油器将柴油直接喷入发动机气缸内，并与气缸内压缩空气均匀混合后，使其在高温下自燃。汽油自燃温度比柴油的高，故通常利用火花塞发出的电火花强制点燃汽油，使其着火燃烧。

（3）按活塞行程数分类　发动机按活塞行程数的不同可分为四冲程内燃机和二冲程内燃机。

把曲轴转两圈，活塞在气缸内上下往复运动四个行程，完成一个工作循环的内燃机称为四冲程内燃机；而把曲轴转一圈，活塞在气缸内上下往复运动两个行程，完成一个工作循环的内燃机称为二冲程内燃机。

（4）按气缸数目及排列方式分类　仅有一个气缸的称为单缸发动机，有两个及以上气缸的称为多缸发动机。单缸发动机有立式和卧式，多缸发动机有V形、直列式和对置式等。

（5）按冷却方式分类　发动机按冷却方式的不同可分为水冷式和风冷式。

（6）按进气方式分类　发动机按进气方式的不同可分为增压发动机和非增压发动机。

二、发动机编号规则

发动机的名称和型号必须符合国家标准GB/T 725—2008的规定：

1）发动机名称均按所采用的燃料命名，如柴油机、汽油机和煤气机等。

2）发动机型号由阿拉伯数字、汉语拼音和气缸布置符号组成。

3）发动机型号的组成如图1-1所示。

发动机型号编制示例

柴油机：

YZ6102Q——6缸直列，四冲程，缸径为102，水冷，汽车用，YZ为厂代号。

12VE230ZCZ——12缸，V形，二冲程，缸径230，水冷，船用主机（左机基本型），增压。

汽油机：

1E65F——单缸，二冲程，缸径为65，风冷，通用型。

BJ492QA——4缸直列，四冲程，缸径为92，水冷，汽车用，BJ为厂代号，Q为汽车

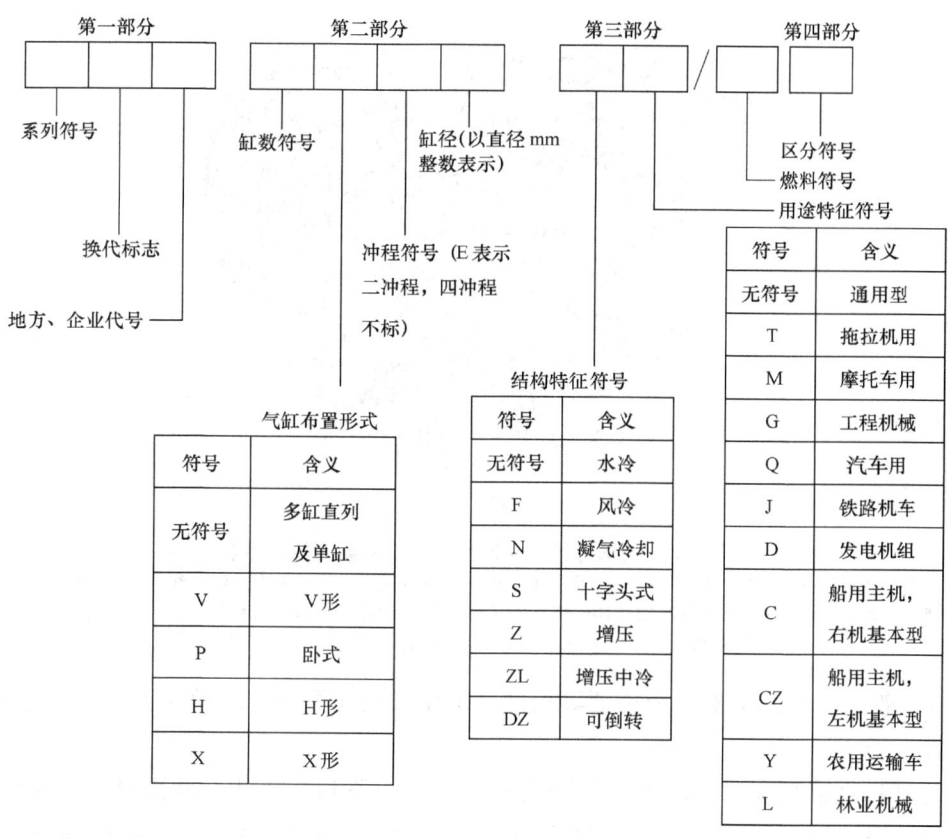

图 1-1 发动机型号的组成

用，A 为变形产品。

CA488——4 缸直列，四冲程，缸径 88，水冷，通用型，CA 为厂代号。

三、柴油机的总体构造

柴油机是由多个机构和系统组成的复杂机器，即使是同一类型，其具体构造也是多种多样的。但就总体而言，柴油机主要由曲柄连杆机构、配气机构、进/排气系统、燃料供给系统、润滑系统、冷却系统和起动系统组成，如图 1-2 所示。

（1）曲柄连杆机构　曲柄连杆机构由机体组、活塞连杆组和曲轴飞轮组三部分组成，它是柴油机运动和动力传递的核心，即在完成一个工作循环的过程中，通过连杆实现活塞在气缸中的往复运动与曲轴旋转运动的有机联系，将活塞的推力转变为曲轴的转矩，达到动力输出的最终目的。

与曲柄连杆机构直接相关的机体、气缸套、气缸盖和油底壳等构件，还是整台柴油机所有机构和系统的支承。

（2）配气机构　配气机构由气门组、气门传动组和气门驱动组等组成，它严格按照柴油机既定工作循环的要求，通过气门的"早开迟闭"，将新空气尽可能多地适时充入气缸，并及时将废气从气缸中排出。

与配气机构直接相关的还有设置在气缸盖内的进气道和排气道以及与它们连接的进气歧

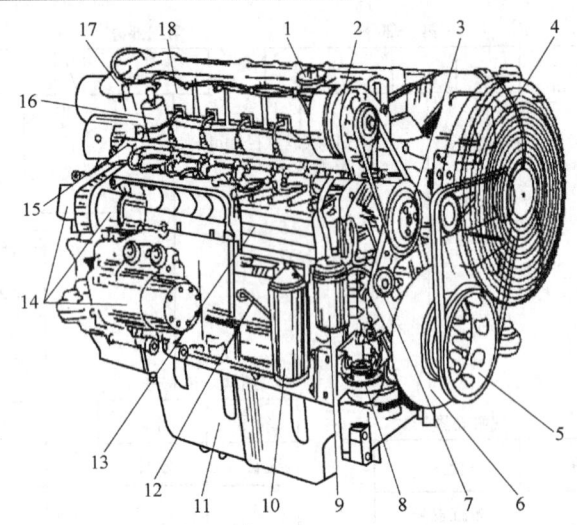

图 1-2　德国道依茨 BF6M103EC 型柴油机的结构
1—机油加注口　2—发电机　3—水泵　4—风扇　5—V 带轮　6—曲轴扭转减振器　7—燃油泵
8—发动机支承　9—燃油滤清器　10—机油滤清器　11—油底壳　12—机油标尺　13—机油散热器
14—液压泵（或压缩机）　15—燃油管　16—电磁阀　17—通增压器的机油管　18—气缸盖

管和排气歧管、空气滤清器和消声器等构件。增压式柴油机还专门设置了利用废气带动涡轮的增压器。

（3）燃料供给系统　燃料供给系统主要有低压油路和高压油路两部分。低压油路由柴油箱、柴油滤清器、输油泵和低压油管等组成。高压油路由喷油泵、高压油管和喷油器等组成。它们根据柴油机工作循环的需要和工作负荷的变化，将清洁的高压柴油适时、适量地供给喷油器，喷油器又使柴油以雾状喷入燃烧室，继而与气缸内的压缩空气得以混合并燃烧。

（4）润滑系统　润滑系统由机油泵、机油集滤器、限压阀、润滑油道、机油粗滤器、机油细滤器和机油冷却器等组成，其功用是将润滑油供给作相对运动的零件以减少它们之间的摩擦阻力，减轻机件的磨损，并部分地冷却摩擦零件，清洗摩擦表面。

（5）冷却系统　冷却系统主要由水泵、节温器、散热器、风扇、分水管、机体放水阀以及机体和水套等组成，其主要功用是把受热机件的热量散到大气中去，以保证柴油机的工作温度不致过高或过低。

（6）起动系统　起动系统因起动方式不同使其组成各异：利用电动机起动时，包括蓄电池、电起动机、传动装置和起动按钮等；利用辅助发动机起动时，包括起动发动机、传动机构和操纵机构等。为有利于起动，多数柴油机上还设有减压机构和预热装置。因此，起动系统是借助外力使静止的柴油机起动并转入正常的自行运转。

四、汽油机的总体构造

汽油机通常由两大机构、五大系统构成。图 1-3 所示为汽油机的总体结构，其曲柄连杆机构、配气机构、润滑系统、冷却系统和起动系统的构成与柴油机类似，这里不再赘述。但汽油机的燃料供给系统与柴油机的差别较大，且汽油机还设有点火系统。

项目一　农用发动机总体认知

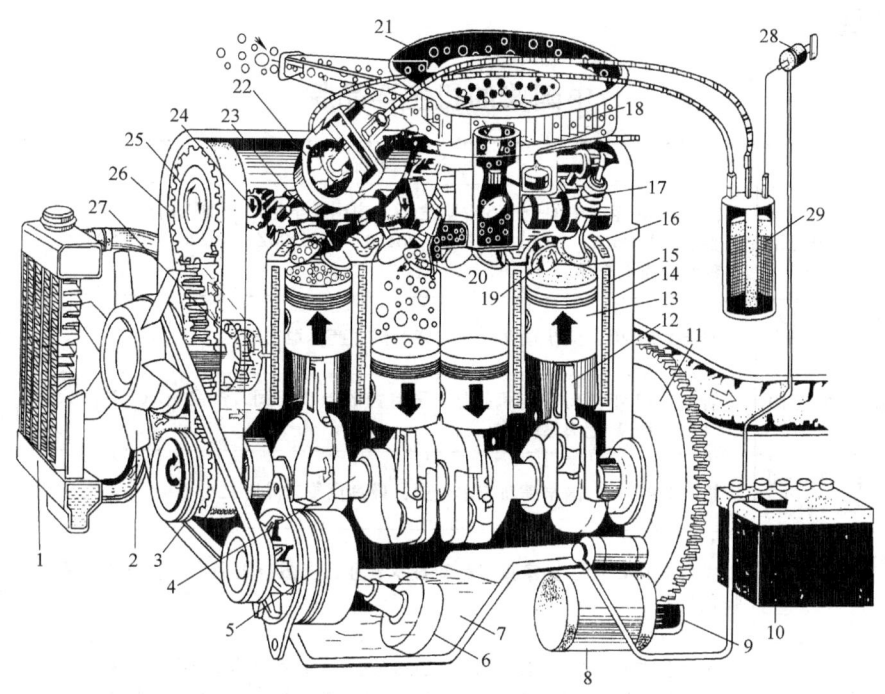

图 1-3　汽油机的总体结构

1—散热器　2—冷却风扇　3—曲轴正时齿轮　4—曲轴　5—发电机　6—机油集滤器　7—油底壳
8—起动机　9—起动机齿轮　10—蓄电池　11—飞轮　12—连杆　13—活塞　14—机体
15—水套　16—气缸盖　17—化油器　18—空气滤清器滤芯　19—排气门　20—进气门
21—空气滤清器壳体　22—分电器　23—火花塞　24—凸轮轴　25—凸轮轴正时齿轮
26—正时带　27—水泵　28—点火开关　29—点火线圈

（1）燃料供给系统　传统的燃料供给系统主要由汽油箱、汽油泵、汽油滤清器、化油器、空气滤清器、进气歧管、排气歧管和消声器等组成，它根据汽油机工作循环的需要和工作负荷的变化，将清洁的汽油和空气适时、适量地混合成浓度适宜的可燃混合气并充入气缸进行燃烧。

现代的燃料供给系统主要由汽油供给系统、空气供给系统和电子控制系统等组成。其中，汽油供给系统包括汽油箱、电动汽油泵、汽油滤清器、汽油压力调节器、喷油器、冷起动喷油器和汽油压力缓冲器等；空气供给系统包括空气滤清器、空气流量传感器或进气压力传感器、节气门和怠速空气阀等；电子控制系统包括电控单元（ECU）、各类传感器和执行装置等。

（2）点火系统　柴油机气缸内燃油燃烧前最高温度可达 500～700℃，大大超过柴油的自燃温度。因此，柴油喷入气缸后能够在很短的时间内与空气混合并自行着火燃烧。汽油机可燃混合气燃烧前气缸内温度为 300～400℃，低于汽油的自燃温度，不能自行着火燃烧。因此，在汽油机上专门设置了电点火系统，其功用是按各缸点火顺序和一定的点火提前角，及时供给火花塞足够的高压电，使其两电极间产生足够强烈的电火花，保证顺利点燃混合气并使其膨胀做功。

知识拓展

中国柴油机主要品牌

供应商全称	企业概况	所在地
潍柴动力股份有限公司	创于1946年，中国企业500强之一，中国最早生产柴油机的厂家之一，主要生产WD615、WD618、226B、R6160、CW6200Z、X6170、R和95八大系列柴油机产品	山东省潍坊市
广西玉柴机器股份有限公司	创于1951年，全球最大的独立柴油机生产基地之一	广西省玉林市
上海柴油机股份有限公司	创于1947年，高新技术企业，国有控股上市公司，产品有R、H、D、C、E、G和W七大系列	上海市威海路
一汽解放汽车有限公司无锡柴油机厂	始于1943年，国家高新技术企业，最具竞争力品牌之一	江苏省无锡市
安徽全柴集团有限公司（安徽全柴动力股份有限公司）	成立于1949年，国家重点高新技术企业，安徽省著名商标，安徽省百强企业之一	安徽省全椒县
常柴股份有限公司	大型上市公司，中国最具影响力品牌之一，目前拥有的单缸柴油机主要有S、ZS、R、F、L、D、SQD、H、T和重载十大系列产品，多缸柴油机主要有75-80、85-90、4L、102四大系列产品，功率范围为1.7~80kW	江苏省常州市
康明斯（中国）投资有限公司	总部在1919年创于美国，全球最大的独立发动机制造商之一，大型跨国公司，是最早在华进行发动机本地化生产、最早在华设立研发中心的外资柴油机公司，十大柴油机品牌之一	北京市朝阳区
中国石油集团济柴动力总厂	建于1920年，是我国最早生产柴油机的厂家之一	山东省济南市
昆明云内动力股份有限公司	隶属中国长安汽车集团股份有限公司，是我国多缸小缸径柴油机行业的首家上市公司，属于国家大型企业	云南省昆明市
浙江新柴股份有限公司	是一家集研发、制造于一体，产品系列化、生产专业化、管理规范化的多缸小缸径柴油机生产企业	浙江省新昌县

课后练习

一、填空题

1. 发动机的结构形式很多，按所用燃料的不同可分为＿＿＿＿＿＿、＿＿＿＿＿＿和＿＿＿＿＿＿。
2. 发动机按着火方式的不同可分为＿＿＿＿＿＿和＿＿＿＿＿＿两种。
3. 发动机按冷却方式的不同可分为＿＿＿＿＿＿和＿＿＿＿＿＿。
4. 发动机按进气方式的不同可分为＿＿＿＿＿＿发动机和＿＿＿＿＿＿发动机。
5. 发动机按气缸数目及排列方式的不同分类，仅有一个气缸的称为＿＿＿＿＿＿发动机，有两个及以上气缸的称为＿＿＿＿＿＿发动机。

二、名词解释

1. YZ6102Q——＿＿＿＿＿＿＿＿＿＿＿＿＿＿＿＿＿＿＿＿＿＿

2. 12VE230ZCZ——_____
3. BJ492QA——_____
4. 四冲程发动机——_____

三、选择题

1. 曲柄连杆机构由机体组、活塞连杆组和（　　）三部分组成。
   A. 凸轮轴　　　　B. 曲轴飞轮组　　　　C. 曲轴　　　　D. 飞轮
2. 配气机构由气门组、气门传动组和（　　）等组成。
   A. 凸轮轴　　　　B. 挺柱　　　　C. 气门驱动组　　　　D. 摇臂轴

四、判断题

1. 燃料供给系统主要有低压油路和增压油路两部分。　　　　　　　　（　　）
2. 润滑系统由机油泵、机油集滤器、限压阀、润滑油道、机油粗滤器、机油细滤器和机油冷却器等组成。　　　　　　　　　　　　　　　　　　　　　　　（　　）

五、简答题

1. 简述润滑系统的组成及作用。
2. 简述传统燃料供给系统的组成及作用。

任务2　结合实物对发动机工作原理的认知

▶▶ 任务目标

☞ 知识目标：
1）掌握发动机的基本名词术语。
2）熟悉发动机性能的评价指标。
3）掌握四冲程发动机的工作原理。

☞ 能力目标：
1）能说出基本名词术语的含义。
2）能评价发动机性能的优劣。
3）能说出发动机的工作过程。

☞ 素质目标：
1）养成勤于动手的良好习惯。
2）培养学习中敢于质疑、提出自己见解的精神。

▶▶ 任务描述

1）查阅资料，对照实物，弄清发动机常用名词术语的含义。
2）查阅资料，了解发动机性能的评价指标，根据性能评价指标评价发动机性能优劣。
3）观察模拟发动机工作的教具模型及柴油发动机台架，熟悉发动机的工作过程。

任务实施

一、发动机的基本术语

（1）工作循环　活塞式发动机的工作循环是指由进气、压缩、做功和排气四个工作行程组成的封闭过程。周而复始地进行这些行程，发动机才能持续地做功。

（2）上、下止点　活塞顶离曲轴回转中心最远处为上止点，离曲轴回转中心最近处为下止点。在上、下止点处，活塞的运动速度为零。

（3）活塞行程　上、下止点间的距离 S 称为活塞行程（图1-4）。曲轴的回转半径 R 称为曲柄半径。显然，曲轴每回转一周，活塞移动两个活塞行程。对于气缸中心线通过曲轴回转中心的发动机，其 $S=2R$。

（4）气缸工作容积　上、下止点间所包容的气缸容积称为气缸工作容积，用 V_h 表示，单位为 L，其计算公式为

$$V_h = (\pi D^2/4) S \times 10^{-6}$$

式中　D——气缸直径（mm）；

　　　S——活塞直径（mm）。

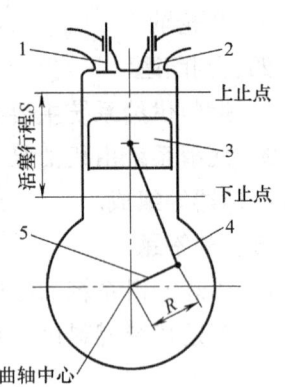

图1-4　单缸四冲程发动机示意
1—进气门　2—排气门　3—活塞
4—连杆　5—曲轴

（5）发动机排量　发动机所有气缸工作容积的总和称为发动机排量，用 V_L 表示，单位为 L，其计算公式为

$$V_L = iV_h \quad (i \text{ 为气缸数})$$

（6）燃烧室容积　活塞位于上止点时，活塞顶面以上、气缸盖底面以下所形成的空间称为燃烧室，其容积称为燃烧室容积，也叫做压缩容积，用 V_c 表示，单位为 L。

（7）气缸总容积　气缸工作容积与燃烧室容积之和称为气缸总容积，用 V_a 表示，单位为 L，其计算公式为

$$V_a = V_h + V_c$$

（8）压缩比　气缸总容积与燃烧室容积之比称为压缩比。压缩比的大小表示活塞由下止点运动到上止点时，气缸内气体被压缩的程度。压缩比越大，压缩终了时气缸内的气体压力和温度就越高。不同类型的发动机对压缩比的要求不同：柴油机较高，为16~23，汽油机较低，为6~11。压缩比（V_a/V_c）的计算公式为

$$V_a/V_c = 1 + V_h/V_c$$

（9）工况　发动机在某一时刻的运行状况简称工况，以该时刻发动机输出的有效功率 P_e 和曲轴转速表示。曲轴转速即发动机转速 n。

以下是几种比较典型的工况：

1）怠速工况。怠速工况是指发动机以最低空载、稳定转速运转。

2）标定工况。标定工况是指发动机以铭牌规定的最大功率状态运转。

3）最大转矩工况。最大转矩工况是指在某一转速下，发动机输出的转矩最大。

（10）负荷率　发动机在某一转速下输出的有效功率与相同转速下所能输出的最大有效功率的比值称为负荷率，以百分数表示。负荷率通常简称负荷。

二、发动机的性能指标

发动机的性能指标用来表征发动机的性能特点，并作为评价各类发动机性能优劣的依据。因此，发动机构造的变革和多样性是与发动机性能指标的不断完善和提高密切相关的。常见的性能指标有动力性指标、燃油经济性指标、运转性指标和可靠性与耐久性指标等。

1. 动力性指标

动力性指标是表征发动机做功能力大小的指标，一般用发动机的有效转矩 T_e、有效功率 P_e、转速 n 和平均有效压力 p_{me} 等作为评价发动机动力性好坏的指标。

（1）有效转矩　发动机对外输出的转矩称为有效转矩，记作 T_e，单位为 N·m。有效转矩与曲轴角位移的乘积即发动机对外输出的有效功。

（2）有效功率　发动机在单位时间内对外输出的有效功称为有效功率，记作 P_e，单位为 kW，它等于有效转矩与曲轴角速度的乘积。发动机的有效功率可以用台架试验方法测定，也可用测功器测定有效转矩和曲轴角速度，然后用下列公式计算出发动机的有效功率 P_e

$$P_e = T_e \times \frac{2\pi n}{60} \times 10^{-3} = \frac{T_e n}{9\,550}$$

式中　T_e——有效转矩（N·m）；
　　　n——曲轴转速（r/min）。

（3）发动机转速　发动机曲轴每分钟的回转数称为发动机转速，用 n 表示，单位为 r/min。发动机转速的高低，关系到单位时间内做功次数的多少或发动机有效功率的大小，即发动机的有效功率随转速的不同而改变。因此，在说明发动机有效功率的大小时，必须同时指明其相应的转速。

发动机在标定功率和标定转速下的工作状况称为标定工况。标定功率不是发动机所能输出的最大功率，它是根据发动机用途而制定的有效功率最大使用限度。同一种型号的发动机，当其用途不同时，其标定功率值并不相同。

（4）平均有效压力　单位气缸工作容积输出的有效功称为平均有效压力，记作 p_{me}，单位为 MPa。显然，平均有效压力越大，发动机的做功能力越强。平均有效压力 p_{me} 的计算公式为

$$p_{me} = \frac{30\tau P_e}{V_h i n}$$

式中　V_h——气缸工作容积（L）；
　　　n——曲轴转速（r/min）；
　　　i——气缸数；
　　　τ——冲程系数，二冲程 $\tau=1$，四冲程 $\tau=2$。

2. 燃油经济性指标

发动机燃油经济性指标包括有效热效率和有效燃油消耗率等。

（1）有效热效率　燃料燃烧所产生的热量转化为有效功的百分数称为有效热效率，记

作 η_e。显然，为获得一定数量的有效功所消耗的热量越少，有效热效率越高，发动机的燃油经济性越好。有效热效率 η_e 的计算公式为

$$\eta_e = \frac{W_e}{Q_1}$$

式中　W_e——发动机有效功（kJ）；

　　　Q_1——燃料中所含的热量（kJ）。

现代汽车汽油机的 η_e 值一般为 0.30 左右，柴油机的为 0.40 左右。

（2）有效燃油消耗率　发动机每输出 1kW·h 的有效功所消耗的燃油量称为有效燃油消耗率，记作 g_e，单位为 g/kW·h，其计算公式为

$$g_e = \frac{B}{P_e} \times 10^3$$

式中　B——发动机在单位时间内的耗油量（kg/h）；

　　　P_e——发动机的有效功率（kW）。

显然，有效燃油消耗率越低，燃油经济性越好。

3. 运转性指标

发动机运转性指标主要是指排放物品质、噪声和起动性能等。因这些涉及环境保护与治理的性能，不仅直接关系到使用者的安全，而且关系到人类的健康，故必须采用统一标准加以严格控制。

（1）排放物品质　发动机的排气中含有多种对人体有害的物质，主要有一氧化碳（CO）、碳氢化合物（HC）、氮氧化物（NO_x）、二氧化硫（SO_2）、醛类和微粒（含炭烟）等。发动机主要有害排放物及危害见表1-1。

表1-1　发动机主要有害排放物及危害

有害排放	有害物特征	危　害
CO	无色、无臭、有毒气体	使人出现恶心、头晕、疲劳等缺氧症状，严重时窒息死亡
NO_2	赤褐色带刺激性的气体	伤害心、肝、肾。与光化学反应形成臭氧和醛等
HC	刺激性的气体	破坏造血机能，造成贫血、神经衰弱，降低肺对传染病的抵抗力。与光化学反应形成臭氧和醛等
光化学烟雾	HC 与 NO_x 在阳光作用下所形成的烟雾，有刺激性	降低大气可见度，伤害眼睛、咽喉，影响植物生长
醛类	较强的刺激性臭味	伤害眼睛、上呼吸道、中枢神经
微粒	炭烟等	伤害肺组织
SO_2	无色、刺激性气体	刺激鼻喉，引起咳嗽、胸闷、支气管炎等

为了保护环境，保障人体健康，发动机在结构和工作原理设计上应尽量使有害排放物减少，对废气加以进化处理。世界各国制定了排污标准，我国也制定了关于废气排放和烟度限制的国家标准 GB 20891—2007《非道路移动机械用柴油机排气污染物排放限值及测量方法（中国Ⅰ、Ⅱ阶段）》，其中第Ⅱ阶段的排气污染物限值见表1-2。

表1-2 非道路移动机械用柴油机排气污染物限值（第Ⅱ阶段）

额定净功率 P_{max}/kW	CO/(g/kW·h)	HC/(g/kW·h)	NO_x/(g/kW·h)	HC+NO_x/(g/kW·h)	PM/(g/kW·h)
$130 \leq P_{max} \leq 560$	3.5	1.0	6.0	—	0.2
$75 \leq P_{max} \leq 130$	5.0	1.0	6.0	—	0.3
$37 \leq P_{max} \leq 75$	5.0	1.3	7.0	—	0.4
$18 \leq P_{max} \leq 37$	5.5	1.5	8.0	—	0.8
$8 \leq P_{max} \leq 18$	6.6	—	—	9.5	0.8
$0 \leq P_{max} \leq 8$	8.0	—	—	10.5	1.0

注：排气污染物限值是指在排气后处理装置（若安装）之前，柴油机排气口处应达到的限值。

（2）噪声　噪声是指发动机工作时发出的一种声强和频率无一定规律的声音，主要有燃烧噪声和机械噪声。噪声不仅会损害人的听觉器官，还会伤害人的神经系统、心血管系统、消化系统和内分泌系统，容易使人性情烦躁，反应迟钝，甚至耳聋，诱发高血压和神经系统的疾病。我国的噪声标准 GB 14097—1999《中小功率柴油机噪声限值》中规定，小型水冷汽油机噪声不大于110dB（A），见表1-3。

表1-3　部分柴油机噪声声功率极限值（dB）

标定功率/kW	标定转速/(r/min)					
	≤1500	>1500~2000	>2000~2500	>2500~3000	>3000~3500	>3500
>5.0~6.3	110	111	112	113	114	115
>6.3~8.0	111	112	113	114	115	116
>8.0~10.0	112	113	114	115	116	117
>10.0~12.5	113	114	115	116	117	118
>12.5~16.0	114	115	116	117	118	119

（3）起动性能　起动性能是表征发动机起动难易的指标。发动机起动性能好，便于起步行驶，同时减少了起动时的功率消耗和发动机的磨损。

起动性能一般以一定条件下的起动时间长短来衡量。我国标准规定，不采用特殊的低温起动措施，汽油机在-10℃、柴油机在-5℃以下的气温条件下起动，能在15s以内达到自行运转。

4．可靠性与耐久性指标

（1）可靠性　可靠性是指发动机在规定的运转条件下，具有持续工作，不致因为故障而影响正常运转的能力。通常以首发故障行驶里程、平均故障间隔里程以及保证期内的不停车故障数、停车故障数、更换主要零件和重要零件数等具体指标来衡量。柴油机的可靠性考核通过台架可靠性试验、现场可靠性试验和用户调查三个方面来实现。

（2）耐久性　耐久性常指发动机的使用寿命或大修寿命。对于耐久性的评定，设计部门可以按各主要零部件的试件在试验中的磨损来确定各主要零部件乃至整机的耐久性指标。

发动机在正常运转、满负荷作业和正确的技术维护下，机械负荷、热负荷和化学蚀损控制在允许限度以内，可靠性和耐久性将合乎规律地、自然地缓慢下降。如果发动机在敲缸、超负荷、过热、飞车等不正常情况下长时间运行,则将承受不应有的静负荷、动负荷、热负荷,甚至加速化学蚀损,可靠性和耐久性急剧下降。

三、四冲程汽油机的工作原理

四冲程往复活塞式内燃机在四个活塞行程内完成进气行程、压缩行程、做功行程和排气行程,即在一个活塞行程内只进行一个过程。

1. 进气行程

如图1-5a所示,由于曲轴的旋转,活塞从上止点向下止点运动,这时排气门关闭,进气门打开。进气行程开始时,活塞位于上止点,气缸内残存有上一个循环未排净的废气,因此气缸内的压力稍高于大气压力。随着活塞的下移,气缸内的容积增大,压力减小,当压力低于大气压时,在气缸内产生真空吸力,空气经空气滤清器并与化油器供给的汽油混合成可燃混合气,通过进气门被吸入气缸,直至活塞向下运动到下止点。

在进气行程中,受空气滤清器、化油器、进气管道、进气门等阻力的影响,进气终了时气缸内的气体压力略低于大气压,为0.075~0.09MPa,同时受到残余废气和高温机件加热的影响,温度达到370~400K。实际汽油机的进气门是在活塞到达进气行程上止点之前打开,并且延迟到进气行程下止点之后关闭,以便吸入更多的可燃混合气。

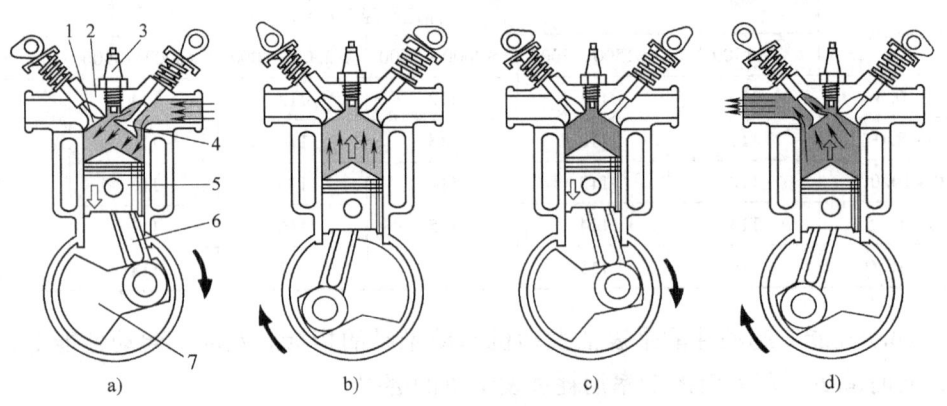

图1-5 四冲程汽油机工作原理示意
a)进气行程 b)压缩行程 c)做功行程 d)排气行程
1—排气门 2—气缸盖 3—火花塞 4—进气门 5—活塞 6—连杆 7—曲轴

2. 压缩行程

如图1-5b所示,曲轴继续旋转,活塞从下止点向上止点运动,这时进气门和排气门都关闭,气缸内成为封闭容积,可燃混合气受到压缩,压力和温度不断升高,当活塞到达上止点时压缩行程结束。

气体的压力和温度主要随压缩比的大小而定,可燃混合气压力可达0.6~1.2MPa,温度可达600~700K。压缩比越大,压缩终了时气缸内的压力和温度越高,燃烧速度就越快,发动机功率也就越大。但如果压缩比太高,则容易引起爆燃。

所谓爆燃,就是指由于压力和温度过高,可燃混合气在没有点燃的情况下自行燃烧,且火焰以高于正常燃烧数倍的速度向外传播,使发动机发出尖锐的敲缸声的现象,严重时甚至会导致发动机过热、功率下降、汽油消耗量增加以及机件损坏。因此，轻微爆燃是允许的，而强烈爆燃对发动机是很有害的。

3. 做功行程

如图1-5c所示，做功行程包括燃烧过程和膨胀过程，在这一行程中，进气门和排气门仍然保持关闭。

当活塞位于压缩行程接近上止点（即点火提前角）位置时，火花塞产生电火花点燃可燃混合气，可燃混合气燃烧后释放出大量的热使气缸内的气体温度和压力急剧升高，最高压力可达3~5MPa，最高温度可达2 200~2 800K，高温、高压气体膨胀，推动活塞从上止点向下止点运动，通过连杆使曲轴旋转并输出机械功，除了用于维持发动机本身继续运转外，其余用于对外做功。随着活塞向下运动，气缸内容积增加，气体压力和温度降低，当活塞运动到下止点时，做功行程结束，气体压力降低到0.3~0.5MPa，气体温度降低到1 300~1 600K。

4. 排气行程

如图1-5d所示，可燃混合气在气缸内燃烧后生成的废气必须从气缸中排出去，以便进行下一个进气行程。当做功接近终了时，排气门开启，进气门仍然关闭，靠废气的压力先进行自由排气，活塞到达下止点再向上止点运动时，继续把废气强制排出到大气中去，活塞越过上止点后，排气门关闭，排气行程结束。实际汽油机的排气行程也是排气门提前打开，延迟关闭，以便排出更多的废气。

由于燃烧室容积的存在，不可能将废气全部排出气缸。受排气阻力的影响，排气终了时，气体压力仍高于大气压力，为0.105~0.115MPa，温度为900~1 200K。曲轴继续旋转，活塞从上止点向下止点运动，又开始了新的循环过程。可见四冲程汽油机经过进气、压缩、做功、排气四个行程完成一个工作循环，这期间活塞在上、下止点之间往复运动了四个行程，相应地曲轴旋转了两圈。

四、四冲程柴油机的工作原理

四冲程柴油机和四冲程汽油机的工作过程相同，每一个工作循环同样包括进气、压缩、做功和排气四个行程，但因柴油机使用的燃料是柴油，而柴油与汽油有较大的差别，其粘度大、不易蒸发、自燃温度低，故可燃混合气的形成、着火方式、燃烧过程以及气体温度和压力的变化都与汽油机不同。

1. 进气行程

如图1-6a所示，四冲程柴油机在进气行程中与汽油机不同的是柴油机吸入气缸的是纯空气而不是可燃混合气。

进气终了时气体压力为0.0785~0.0932MPa，气体温度为300~370K。

2. 压缩行程

如图1-6b所示，柴油机在压缩行程压缩的也是纯空气，在压缩行程接近上止点时，喷油器将高压柴油以雾状喷入燃烧室，柴油和空气在气缸内形成可燃混合气并着火燃烧。

柴油机的压缩比比汽油机的压缩比大很多，压缩终了时气体的温度和压力都比汽油机的高，大大超过了柴油的自燃温度。压缩终了时，气体压力为3.5~5MPa，气体温度为800~

1 000K，柴油机是压缩后自燃着火的（柴油的自燃温度约为600K），不需要点火，故柴油机又称为压燃机。

3. 做功行程

如图 1-6c 所示，柴油喷入气缸后，在很短的时间内与空气混合后便立即着火燃烧，且此后一段时间内边喷油、边燃烧，气缸内的气体压力和温度急剧升高，推动活塞下行做功。柴油机的可燃混合气是在气缸内部形成的，而不像汽油机那样，混合气主要是在气缸外部的化油器中形成的。

柴油机燃烧过程中气缸内出现的最高压力要比汽油机的高得多，可高达 6～10MPa，最高温度也可高达 2 000～2 500K。做功终了时气体压力为 0.2～0.4MPa，气体温度为 1 200～1 500K。

4. 排气行程

如图 1-6d 所示，柴油机的排气行程和汽油机的一样，废气同样经排气管排入到大气中去，排气终了时气缸内的气体压力为 0.105～0.125MPa，气体温度为 800～1 000K。

汽油机与柴油机相比，汽油机具有转速高、重量轻、噪声小、易起动、制造维修成本低等特点，但燃油消耗率比柴油机的高25%左右，即燃油经济性差，故汽油机广泛用于轿车、轻型货车和越野车，而柴油机多用于拖拉机、农业机械和工程机械。

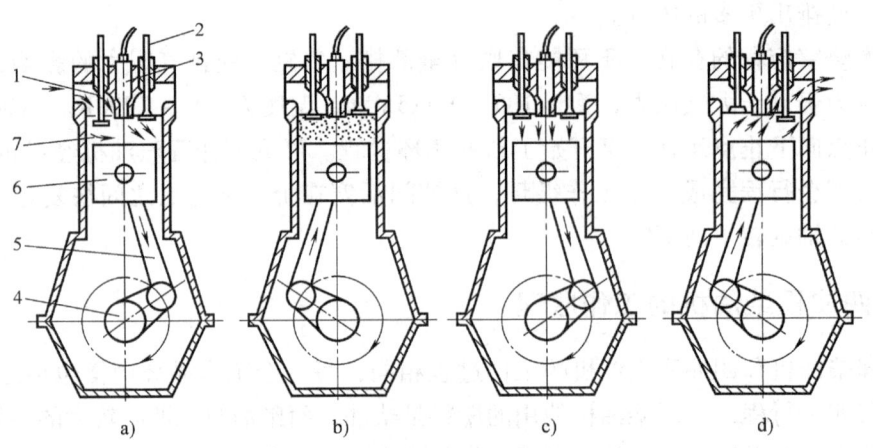

图 1-6　四冲程柴油机工作原理示意
a）进气行程　b）压缩行程　c）做功行程　d）排气行程
1—进气门　2—排气门　3—喷油器　4—曲轴　5—连杆　6—活塞　7—气缸

知识拓展

柴油机的选购常识

1）生产企业应取得产品生产许可证和农业部颁发的农机产品推广许可证，每台产品都有上述两证的标志及证书编号。

2）外形美观、清洁，色泽均匀光亮；表面无擦痕或变形，烤漆无漏漆、流漆、起皮、刮伤等缺陷；铸件表面平整，无毛刺、沙眼或裂纹；各联接螺栓紧固，各部件布局合理。

3）有外露旋转件（如飞轮、起动爪等）以及有高温危险的排气管与散热器，应设置防护罩，并在明显部位设置符合国家强制性标准 GB10396—2006 要求的安全警示标志。

4）随车工具、备用零配件齐全，"三包"维修卡及其内容符合要求，使用保养说明书详细，产品合格证或使用说明书上有该产品所执行的产品标准代号标志。

5）新机摇转时比较轻松、无杂声，能一次顺利起动；起动后运转平稳、调速灵活、声音清脆、无异响，排气无烟或仅有轻烟；起动后机油压力指示器能立即升起来，用手指按下去，松手后可迅速升起来；新机无漏油、漏水、漏气现象，油、水开关及油门踏板操纵灵活、可靠。

课后练习

一、填空题

1. 活塞顶离曲轴回转中心最远处为_____；活塞顶离曲轴回转中心最近处为_____。
2. 曲轴每回转一周，活塞移动_____活塞行程。
3. 压缩比的大小表示活塞由_____运动到_____时，气缸内的气体被_____的程度。
4. 压缩比越大，压缩终了时气缸内的_____和_____就越高。

二、名词解释题

1. 工作循环——
2. 活塞行程——
3. 发动机排量——
4. 气缸总容积——
5. 压缩比——

三、选择题

1. 常见的发动机性能指标有动力性指标、（ ）指标、运转性指标和可靠性与耐久性指标等。

   A. 行驶性能　　　　B. 舒适性　　　　C. 安全性能　　　　D. 燃油经济性

2. 一般用发动机的有效转矩 T_e、有效功率 P_e、（ ）和平均有效压力 p_{me} 等作为评价发动机动力性好坏的指标。

   A. 功率　　　　　　B. 转矩　　　　　C. 转速 n　　　　D. 时间

四、判断题

1. 动力性指标是指表征发动机做功能力多少的指标。（　　）
2. 发动机对外输出的转矩称为有效转矩。（　　）
3. 发动机凸轮轴每分钟的回转数称为发动机转速。（　　）

五、简答题

1. 简述噪声的危害。
2. 四冲程汽油机的工作循环是怎样进行的？

项目二　曲柄连杆机构构造与维修

【项目描述】

曲柄连杆机构的功用是将燃气作用在活塞顶上的力转变为曲轴旋转运动的转矩，对外输出动力。在发动机工作过程中，燃料燃烧产生的气体压力直接作用在活塞顶部，推动活塞作往复直线运动，经活塞销、连杆和曲轴将活塞的往复直线运动转换为曲轴的旋转运动。曲柄连杆机构的动力大部分经曲轴后端的飞轮输出，另一小部分通过曲轴前端齿轮或带轮用于驱动发动机其他机构和系统。曲柄连杆机构由机体组、活塞连杆组和曲轴飞轮组组成。

【项目目标】

1) 掌握曲柄连杆机构各部分的功用、组成与基本工作原理。
2) 掌握曲柄连杆机构各部件的结构特点和拆装要求。
3) 掌握曲柄连杆机构的故障现象、原因及诊断与排除方法。
4) 掌握曲柄连杆机构相关部件的检测与维修方法。

任务1　曲柄连杆机构的基本认知

任务目标

☞知识目标：

1) 掌握曲柄连杆机构主要部件的结构。
2) 掌握曲柄连杆机构的工作原理。
3) 掌握机体、气缸盖、活塞、连杆、曲轴的维修方法。
4) 熟悉曲柄连杆机构的受力。

☞能力目标：

1) 能够熟练拆装曲柄连杆机构。
2) 能够对曲柄连杆机构零部件进行检修。
3) 能够对曲柄连杆机构的故障进行分析和判断。
4) 熟练使用相关维修设备与仪器。
5) 培养机械识图能力。
6) 熟悉曲柄连杆机构对发动机工作过程的影响。

☞ 素质目标：

1）养成遵守操作规范的良好习惯。
2）形成规范的工具使用习惯。
3）工作安全意识基本形成。

任务描述

1）通过任务实施部分的相关内容，学习曲柄连杆机构的作用、组成、受力情况，以及机体组各组件的基本构造。
2）利用教学模型、多媒体课件、发动机曲柄连杆机构各组件，观察发动机曲柄连杆机构组件；观察气缸体、气缸盖、梯形梁、气缸垫、油底壳的结构。
3）掌握发动机曲柄连杆机构结构；在发动机上观察机体组各组件。

任务实施

一、曲柄连杆机构的作用和组成

曲柄连杆机构是往复活塞式发动机实现能量转换的主要机构，其作用是将燃气作用在活塞顶上的压力转变为曲轴的转矩，使曲轴作旋转运动而对外输出动力。

曲柄连杆机构可以分为三部分，即机体组、活塞连杆组和曲轴飞轮组，如图2-1所示。

（1）机体组　机体组主要包括气缸套、气缸体、曲轴箱、气缸盖5、气缸垫6、油底壳24等。

（2）活塞连杆组　活塞连杆组主要包括活塞11、活塞环10、活塞销、连杆12等。

（3）曲轴飞轮组　曲轴飞轮组主要包括曲轴22、飞轮、曲轴带轮18等部件。

二、曲柄连杆机构中的作用力及力矩

在发动机做功时，气缸内的最高温度可达2500K以上，最高压力可达5～9MPa，现代工程机械和车用发动机最高转速可达3000～7000r/min，则活塞每秒要进行100～200个行程，可见其线速度极高，此外，与可燃混合气和燃烧废气接触的机件（如气缸、气缸盖、活塞组等）还将受到化学的腐蚀。因此，曲柄连杆机构的工作条件特点是高温、高压、高速和化学腐蚀。由于曲柄连杆机构是在高压下作变速运动，它在工作时的受力情况是很复杂的，在此只对其受力情况作简单的分析。曲柄连杆机构受到的力主要有气体的压力、活塞的往复惯性力、曲轴旋转运动的离心力以及相对运动件接触表面间的摩擦力。

1. 气体压力

在每个工作循环的四个行程中，气体压力是始终存在的，但进气和排气两个行程中气体压力较小，对机件的影响不大，因此在这里主要研究做功和压缩两个行程中的气体作用力。

在做功行程中，气体压力推动活塞向下运动。这时，燃烧气体产生的高压直接作用在活塞顶部，如图2-2a所示，设活塞所受总压力为F_p，传到活塞销上可分解为F_{p1}和F_{p2}，分力

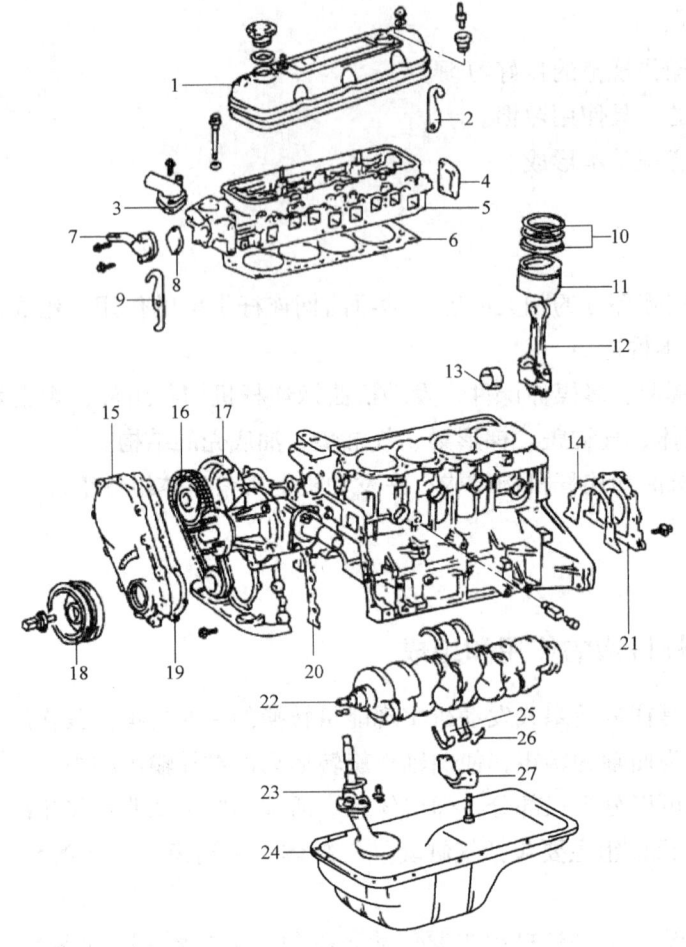

图 2-1 曲柄连杆机构

1—气门室盖 2、9—发动机挂钩 3—节温器座 4—气缸盖后盖 5—气缸盖 6—气缸垫 7—热源装置 8—气缸盖前盖 10—活塞环 11—活塞 12—连杆 13—轴瓦 14—密封衬垫 15—正时链罩 16—正时链条 17—正时链箱 18—曲轴带轮 19、20—密封衬垫 21—后油封座 22—曲轴 23—机油泵 24—油底壳 25—曲轴主轴承 26—曲轴止推垫圈 27—主轴承盖

F_{p1} 通过活塞销传给连杆,并沿连杆方向作用在曲柄上。F_{p1} 可分解为两个分力 R 和 S。沿曲柄方向分力 R 使曲轴主轴颈与主轴承之间产生压紧力;与曲柄相垂直的分力 S 除了使曲轴主轴颈和主轴承之间产生压紧力外还对曲柄形成转矩 T,推动曲柄旋转。水平力 F_{p2} 把活塞压向气缸壁,形成活塞与气缸壁之间的侧压力,使两者产生摩擦,并有使机体翻转的趋势。

在压缩行程中,如图 2-2b 所示,气体压力是阻碍活塞向上运动的阻力。这时,作用在活塞顶的气体总压力 F'_p 也可以分解为两个分力 F'_{p1} 和 F'_{p2},而 F'_{p1} 又分解为 R' 和 S'。R' 使曲轴主轴颈与主轴承之间产生压紧力;S' 对曲轴造成一个旋转阻力矩 T',企图阻止曲轴旋转。而 F'_{p2} 则将活塞压向气缸的另一侧壁,也使两者产生磨损。

在工作循环的任何行程中,气体作用力的大小都是随活塞和位移的变化而变化的,再加上连杆在左右摇摆,因而作用在气缸套、活塞、活塞销和曲轴主轴颈表面上的压力和作用点是不均匀的,造成各处磨损不均匀。

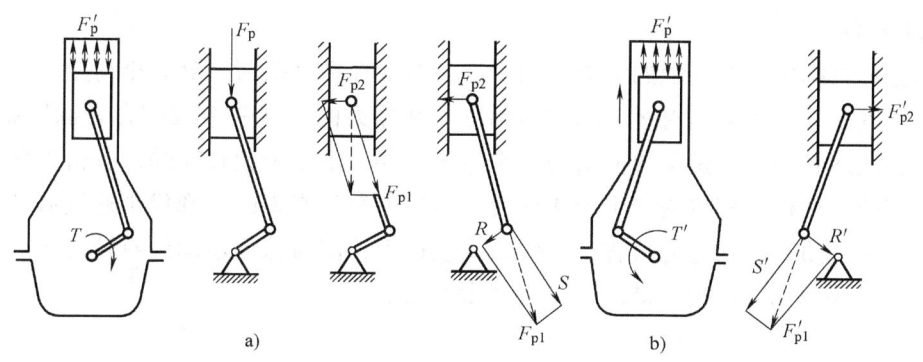

图2-2 气体压力作用情况示意
a) 做功行程 b) 压缩行程

2. 往复惯性力和离心力

往复运动的物体,当运动速度变化时,就要产生往复惯性力;物体绕某一中心作旋转运动时,就会产生离心力。这两种力在曲柄连杆机构的运动中都是存在的。活塞和连杆小头在气缸中作往复直线运动时,速度很高,而且数值在不断地变化。当活塞从上止点向下止点运动时,其速度变化规律是从零开始,逐渐增大,临近中间达最大值,然后又逐渐减小至零。也就是说,当活塞向下运动时,前半程是加速运动,惯性力向上,以 F_j 表示,如图2-3a所示;后半程是减速运动,惯性力向下,以 F_j' 表示,如图2-3b所示。同理,当活塞向上运动时,前半程惯性力向下,后半程惯性力向上。

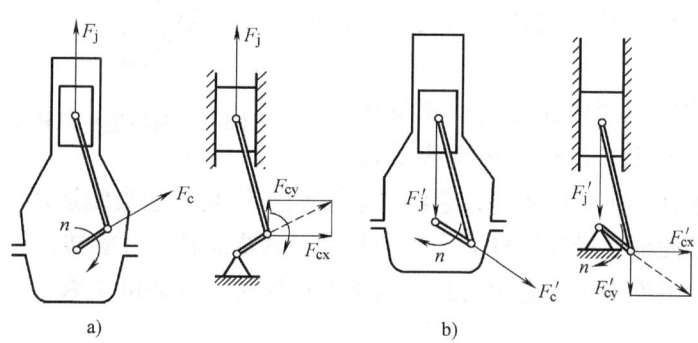

图2-3 往复惯性力和离心力作用情况示意
a) 活塞在上半行程的惯性力 b) 活塞在下半行程的惯性力

活塞、活塞销和连杆小头的质量越大,曲轴转速越高,则往复惯性力也放大。放大的往复惯性力使曲轴连杆机构的各零件和所有轴颈承受周期性的附加载荷,加快轴承的磨损;未被平衡的变化着的惯性力传到气缸体后,还会引起发动机的振动。

偏离曲轴轴线的曲柄和连杆大头绕曲轴轴线旋转,产生旋转惯性力,即离心力,其方向沿曲柄半径向外,其大小与曲轴半径、旋转部分的质量及曲轴转速有关。曲柄半径长,旋转质量大,曲轴转速高,则离心力大。如图2-3a所示,离心力 F_c 在垂直方向的分力 F_{cy} 与往复惯性力方向总是一致的,因而加剧了发动机的上、下振动;而在水平方向的分力 F_{cx} 则使发动机产生水平方向的振动。离心力使连杆大头的轴瓦和活塞销、曲轴主轴颈及其轴承受到又一个载荷,增加它们的变形和磨损。

3. 摩擦力

曲柄连杆机构中相互接触的表面作相对运动时都存在摩擦力，其大小与正压力和摩擦系数成正比，其方向总是与相对运动的方向相反。摩擦力的存在是造成配合表面磨损的根源。为了方便，上述各力分析是单独分析的，实际上这些力不是单独存在的，各机件所受的力是各种力的综合。曲柄连杆机构产生的惯性力和摩擦力都是有害的，现代高速发展的发动机尽量减少运动件的质量和活塞的行程，以便减小惯性力；同时保证运动件有较高的加工精度和装配精度，并采取加强润滑等措施，以减少摩擦力。

知识拓展

曲柄连杆机构工作过程中的作用力

作用在曲柄连杆机构上的力有气体压力和运动质量惯性力，如图 2-4 所示。

气体压力作用在活塞顶上，在活塞的四个行程中始终存在，但只有做功行程中的气体压力是发动机对外做功的原动力。气体压力通过连杆、曲柄销传到主轴承。气体压力同时也作用在气缸盖上，并通过气缸盖螺栓传给机体。作用在活塞上和气缸盖上的气体压力大小相等、方向相反，在机体中相互抵消而不传至机体外的支承上，但使机体受到拉伸。

曲柄连杆机构可视为由往复运动质量和旋转运动质量组成的当量系统。往复运动质量包括活塞组零件质量和连杆小头集中质量，它沿气缸轴线作往复变速直线运动，产生往复惯性力；旋转运动质量包括曲柄质量和连杆大头集中质量，它绕曲轴轴线旋转，产生旋转惯性力，也称为离心力。往复惯性力和离心力通过主轴承和机体传给发动机支承。

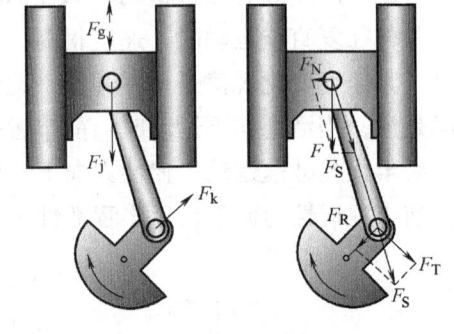

图 2-4　曲柄连杆机构工作过程中的作用力

课后练习

简答题

1. 曲柄连杆机构有何作用？由几部分组成？
2. 曲柄连杆机构的工作条件是什么？

任务 2　机体组的拆解与维修

任务目标

☞ 知识目标：

1）掌握机体组的组成。

2）熟悉内径百分表等量具的使用。
3）掌握机体组各组成部分的检修方法。

☞ 能力目标：

1）能说出机体组的结构。
2）能正确拆解机体组。
3）能熟练使用量具、工具对机体组组件进行检修。

☞ 素质目标：

1）养成勤于动手的良好习惯。
2）培养学习中敢于质疑、提出自己见解的精神。

>>> **任务描述**

1）查阅资料，熟悉机体组各组成零部件的结构形状及各自的功用。
2）选择合适的工具拆解机体组，列出所用拆卸工具，并记录拆解步骤。
3）选择合适的量具，对机体组组件进行检修。

>>> **任务实施**

在发动机工作时，机体组的工作条件十分恶劣，特别是气缸体和气缸盖，它们都是在高温、高压、骤冷和交变载荷条件下工作的，在使用中容易发生损伤，其损伤的主要形式有气缸体和气缸盖变形与裂纹、气缸磨损、螺纹孔损坏和水道边缘处腐蚀等。这些损伤将破坏零部件的正确几何形状，造成漏气、漏水，影响发动机的装配质量和工作能力。

气缸体检验前，必须彻底进行清洗，除去油污、积炭及冷却水套中的水垢，疏通油路和主管道。

一、气缸体和气缸盖变形的检修

（1）气缸体和气缸盖翘曲变形的检测　气缸体和气缸盖的翘曲变形可用平板作接触检验，或者用直尺和塞尺检测。用直尺和塞尺检测气缸盖平面翘曲的方法是在长、宽和对角线方向上进行测量，求得其平面度误差，如图2-5所示。气缸体顶平面的平面度的修理极限（100mm长度上）不得大于0.04mm，气缸盖平面度的修理极限（100mm长度上）不得大于0.025mm。

若气缸体顶平面的平面度超过修理极限，当面积和误差值不大时，可以用刮刀刮削或用研磨法进行校平；当面积和误差值较大时，可用磨削法或铣削法进行校平，或更换新气缸体。注意：经磨削或铣削校平后，应根据加工量采用加厚的气缸盖垫片。

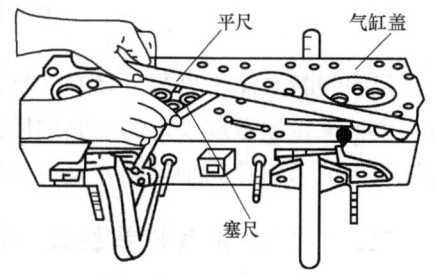

图2-5　气缸盖变形的检验

柴油机在修理过程中,气缸垫不宜再装机使用。

(2) 主轴承孔直径的测量 测量柴油机主轴承孔直径时,应先装上主轴瓦、主轴承盖,然后将主轴承盖螺母按规定顺序拧紧至规定力矩再进行孔径测量,如图2-6所示。

YC6112ZLQ型柴油机主轴承孔(带轴瓦)的规定值为85.742~85.814mm。

YC6108Q型柴油机主轴承孔(带轴瓦)的规定值为85.005~85.115mm。

当主轴承孔直径测量值超出使用极限时,应更换新的轴瓦。

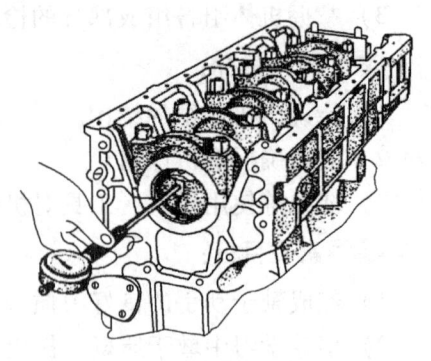

图2-6 主轴承孔直径测量

(3) 主轴承座孔同轴度的检验 主轴承座孔同轴度的检验可采用同轴度仪器检验法或经验判断法。

用专用检验仪进行检测是以机体前、后两主轴承座孔为测量基准,如图2-7所示。在主轴承座孔中装入定心轴套,定心轴支承在轴套内,可轴向滑动。在定心轴上装有本体、等臂杠杆及百分表。测量时,使等臂杠杆的球形触头触及被测孔的表面,当转动定心轴时,如果被测孔不同轴,那么等臂杠杆的球形触头便产生径向移动,该移动量经杠杆传给百分表,通过百分表便能指示出被测孔的同轴度误差。其要求是所有主轴承座孔的同轴度误差不大于0.15mm,相邻两个主轴承座孔的同轴度误差不大于0.10mm。

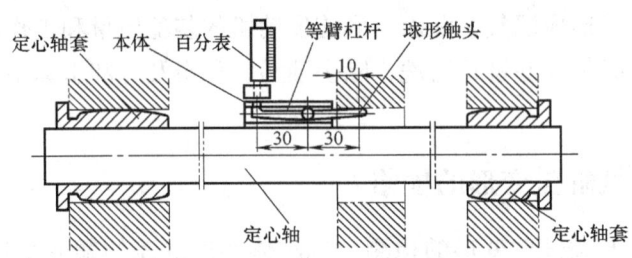

图2-7 主轴承座孔同轴度检测

经验判断法简单可行,是在气缸体上装上符合规定要求的主轴瓦、曲轴、主轴承盖,然后将主轴承盖螺母按规定的拧紧顺序拧紧到规定力矩,若曲轴转动灵活自如,无阻滞现象,则说明主轴承座孔同轴度误差是在合格的范围内的。

二、气缸体和气缸盖裂纹的检修

气缸体和气缸盖产生裂纹的部位与结构、工作条件、使用操作有关,如曲轴箱的共振裂纹、水套的冰冻裂纹以及气缸套修理尺寸级数过多和镶装气缸套过盈量过大、压装工艺不当等造成的裂纹。

裂纹会引起发动机漏气、漏水、漏油,影响发动机正常工作,必须及时进行检修。

气缸体和气缸盖的裂纹通常采用水压试验法进行检验,如图 2-8 所示。将气缸盖和气缸衬垫装在气缸体上,将水压机出水管接头与气缸前端水泵入水口处连接好,并封闭所有水道口,然后将水压入水套,要求在 0.3～0.4MPa 的压力下,并保持约 5min,应没有任何渗漏现象。

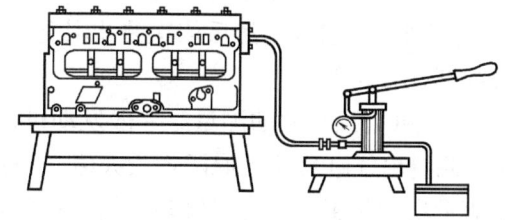

图 2-8 水压试验

三、气缸磨损的检修

活塞在气缸中作高速运动,长时间工作后会产生磨损,当磨损达到一定程度后,将引起发动机动力性、燃油经济性明显下降。

(1) 气缸磨损规律　气缸正常磨损的特征是不均匀磨损。气缸孔沿高度方向磨损成上大下小的倒锥形,最大磨损部位是活塞处于上止点时第一道活塞环对应的气缸壁位置,而该位置以上几乎无磨损,形成明显的"缸肩"。气缸沿圆周方向的磨损形成不规则的椭圆形,其最大磨损部位一般是主推力面方向。

造成上述不均匀磨损的原因是活塞在上止点附近时各道活塞环的背压最大,其中又以第一道活塞环为最大,以下逐道减小;加之气缸上部温度高,润滑条件差,进气中的灰尘附着量多,废气中的酸性物质引起的腐蚀等,造成了气缸上部磨损较大。而圆周方向的最大磨损部位主要是侧向力、曲轴的轴向窜动等造成的。

(2) 气缸磨损的检测　气缸的磨损程度一般用圆度和圆柱度表示。

圆度误差是指同一截面上磨损的不均匀性,用同一截面上不同方向测得的最大直径与最小直径差值之半作为圆度误差。

圆柱度误差是指沿气缸轴线的轴向截面上磨损的不均匀性,用被测气缸表面任意方向所测得的最大直径与最小直径差值之半作为圆柱度误差。

在进行测量时,测量部位的选择很重要,气缸的测量位置如图 2-9 所示,在气缸体上部距气缸套上平面 10mm 处、气缸体中部和气缸体下部距气缸套下口 10mm 处的三个截面,按 A、B 两个方向分别测量气缸的直径。

测量时,通常使用量缸表,其方法如下:

1) 气缸圆度的测量。

① 根据气缸直径的尺寸,选择合适的接杆,装入量缸表的下端,并使伸缩杆有 1～2mm 的压缩量。

② 将量缸表的测杆伸入到气缸中的相应部位,轻微摆动表杆,使测杆与气缸中心线垂直,量缸表指示的最小读数即正确的气缸直径。用量缸表在相应部位 A 向测量,旋转表盘使"0"刻度对准大表针,然后将测杆在此截面上旋转 90°,测量 B 向,此时大表针所指刻

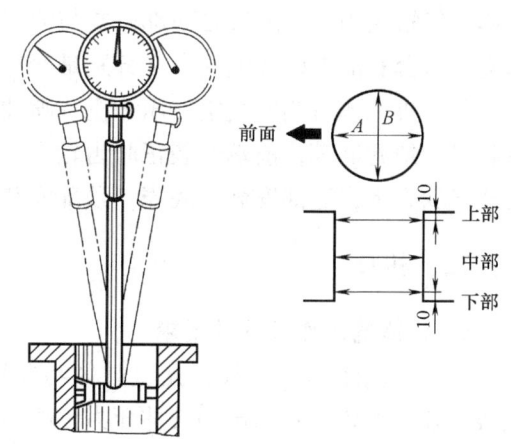

图 2-9 气缸磨损的检测

度与"0"刻度之差的1/2即该截面的圆度误差。

2）气缸圆柱度的测量。用量缸表在上部 A 向测量并找出正确的直径位置，旋转表盘使"0"刻度对准大表针，然后依次测出其他五个数值，取六个数值中最大差值的1/2作为该气缸的圆柱度误差。

3）气缸磨损尺寸的测量。一般发动机最大磨损尺寸在气缸的上部，用量缸表在上部 A、B 两向测量出气缸尺寸，取两者最大值。测量时，旋转表盘使"0"刻度对准大表针，并记住小表针所指位置。取出量缸表，将测杆放置于外径千分尺的两测头之间，旋转外径千分尺的活动测头，使量缸表的大表针指向"0"刻度，且小表针指向原来的位置（在气缸中所指示的位置）。此时，外径千分尺的尺寸减去未磨损的气缸尺寸即气缸的磨损尺寸。在中部 B 向所测取的直径值与活塞裙部所测得的直径值之差，为气缸套与活塞的配合间隙。

(3) 气缸的修理　当气缸（气缸套）内径最大直径、圆度、圆柱度误差超过使用极限值时，则需更换新的气缸套。通常，柴油机气缸的圆度误差大于 0.125mm，圆柱度误差超过 0.50mm，则应进行镗缸修理。当气缸（气缸套）内孔有异常磨损、拉花、烧蚀、裂纹等缺陷时，应更换新气缸套。

经检测确认必须更换的气缸套，最后采用专用工具进行拆卸，拆卸要缓慢均匀拉出，以免损伤气缸体上与气缸套的接合面。

相关知识

一、机体组的组成及功用

机体组主要由机体、气缸盖、气缸盖罩、气缸衬垫、主轴承盖以及油底壳等组成。对于镶气缸套的发动机，其机体组还包括干式气缸套或湿式气缸套。

机体组是发动机的骨架，是曲柄连杆机构、配气机构和发动机各系统主要零部件的装配基体。气缸盖用来封闭气缸顶部，并与活塞顶和气缸壁一起形成燃烧室。另外，气缸盖、机体内的水套和油道以及油底壳又分别是冷却系统和润滑系统的组成部分。

柴油机机体右侧安装空气压缩机、喷油泵和发电机等，左侧安装直流起动机、机油粗滤器和机油细滤器等，前端安装正时齿轮室、带轮减振器、风扇、水泵和齿轮传动系统，后端安装飞轮壳等，底部安装油底壳，顶部安装气缸盖垫片和气缸盖等。

二、机体

1. 机体的工作条件及要求

发动机机体（图2-10）是气缸体与曲轴箱的连铸体。在柴油机工作时，机体承受的负载很复杂，如燃烧室内部的气体压力使机体受到拉伸，而且在此力的作用下还会使机体的不同部位承受附加的弯矩和转矩。曲轴的高速旋转也会使机体受到弯矩和转矩。当曲轴向外输出动力时，机体还要受到反转矩的作用。因此，机体在铸造时必须满足一定的强度及纵向和横向弯曲刚度。

2. 机体材料

为了保证曲轴主轴承工作可靠，主轴承座还应具有一定的刚度；同时为了使燃烧室密封严密，机体上部的密封部位也应有足够的刚度。机体一般采用灰铸铁铸造，少数柴油机为了提高机体的强度而采用球墨铸铁铸造，个别高速柴油机采用铝合金制造以减轻机体的重量。

3. 机体的构造

机体的构造与气缸排列形式、气缸套结构形式和曲轴箱结构形式有关。

（1）按气缸排列形式分　根据气缸排列形式的不同，机体分为3种，即直列式机体、V形机体和水平对置式机体。

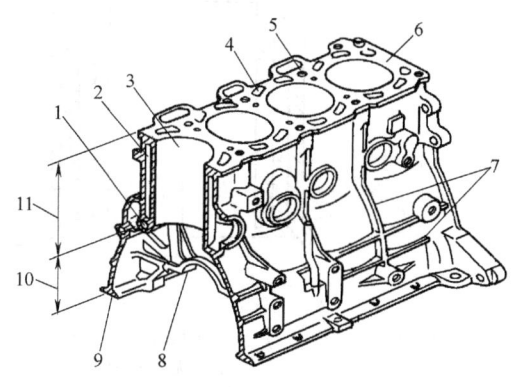

图 2-10　发动机机体
1—主油道孔　2—冷却水套　3—气缸　4—冷却液孔
5—螺纹孔　6—机体上平面　7—加强筋　8—主轴承座
9—机体下平面　10—曲轴箱　11—气缸体

如图 2-11 所示，直列式机体高度和长度大，加工容易，振动较小，适合 6 缸以下的发动机；V 形机体宽度大，高度和长度小，形状复杂，刚度大，尺寸小，加工困难，适合 6 缸以上的大功率发动机；水平对置式机体重心低，平衡性好，应用较少。

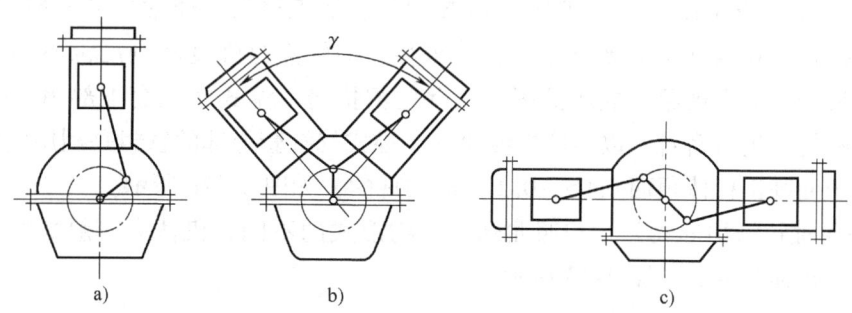

图 2-11　机体按气缸的排列方式分类
a）直列式　b）V形　c）水平对置式

（2）按气缸套结构形式分　按照气缸套结构形式的不同，机体分为3种，即无气缸套式机体、干气缸套式机体和湿气缸套式机体。

气缸内表面受高温、高压燃气的作用，并与高速运动的活塞接触，因此极易磨损。为了提高气缸的耐磨性和延长气缸的使用寿命，采用不同的气缸结构形式和表面处理方法，如图 2-12 所示。

1）无气缸套式机体。气缸直接镗在机体上称为无气缸套式机体或整体式气缸。整体式气缸强度和刚度都好、缸心距小、能承受较大的载荷、工艺性好，但对材料要求高、成本高、维修不便。为了提高表面耐磨性，整个气缸体材料都必须加入价格较高的合金。一旦拉缸，必须重新镗孔，或报废。

2）干气缸套式机体。在一般灰铸铁机体的气缸套座孔内压入干式气缸套，气缸套不与

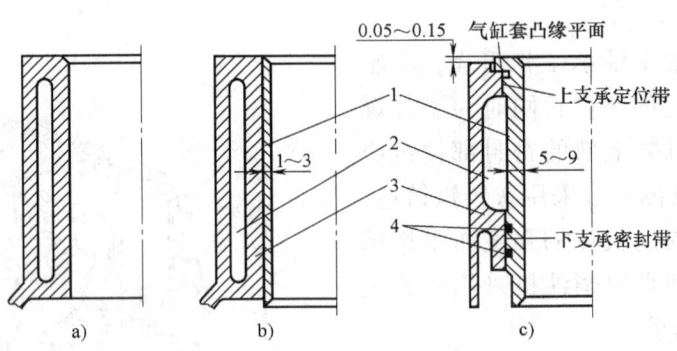

图 2-12 机体接气缸套结构形式分类
a）无气缸套式 b）干气缸套式 c）湿气缸套式
1—气缸套 2—水套 3—机体 4—密封圈

冷却液接触（图 2-12b）。干式气缸套的外圆表面和气缸套座孔内表面均须精加工，以保证必要的几何精度和便于拆装。干式气缸套壁厚较薄，一般为 1~3mm，它具有整体式气缸的优点，强度和刚度都较好、中心距小、重量轻、便于维修，但加工比较复杂、拆装不方便、温度不均匀、散热不良、易发生局部变形而形成窜气。因此，干式气缸套外圆尺寸通常与气缸套配合座孔需选配，标有尺寸记号，装配时应注意。

3）湿气缸套式机体。湿式气缸套外壁与冷却液直接接触。用合金铸铁制造的湿式气缸套的壁厚一般为 5~9mm，它散热良好、冷却均匀、加工容易，通常只需要精加工内表面，而与冷却液接触的外表面不需要加工，拆装方便，但缺点是强度和刚度都不如干式气缸套好，而且容易产生漏水现象，故应该采取一些防漏措施。湿式气缸套下部用 1~3 道耐热、耐油的橡胶密封圈进行密封，以防冷却液泄漏。湿式气缸套上部的密封是利用气缸套装入机体后气缸套顶面高出机体顶面 0.05~0.15mm 实现的，如图 2-12c 所示。

（3）按曲轴箱结构形式分 按照曲轴箱结构形式的不同，机体有一般式机体、龙门式机体和隧道式机体 3 种，如图 2-13 所示。

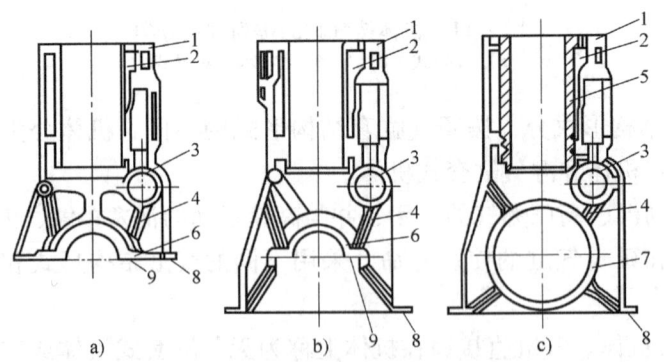

图 2-13 气缸体的结构形式
a）一般式 b）龙门式 c）隧道式
1—气缸体 2—水套 3—凸轮轴座孔 4—加强筋 5—湿式气缸套
6—主轴承座 7—主轴承座孔 8—油底壳安装面 9—主轴承盖安装面

1）一般式机体。一般式机体的底平面与曲轴轴线平齐。这种机体高度小、重量轻、加工方便，但与另外两种机体相比刚度较差。

2）龙门式机体。龙门式机体是指底平面下沉到曲轴轴线以下的机体，底平面到曲轴轴线的距离称为龙门高度。龙门式机体由于高度增加，其弯曲刚度和扭转刚度均比一般式机体有显著提高。机体底平面与油底壳之间的密封也比较简单，维修方便，但加工工艺性差。

3）隧道式机体。隧道式机体是指主轴承孔不剖分的机体结构。这种机体配以窄形滚动轴承可以缩短机体长度。隧道式机体的刚度大，主轴承孔的同轴度好，装拆比较麻烦。由于大直径滚动轴承的圆周速度不能很大，而且滚动轴承价格较贵，因此限制了隧道式机体在高速发动机上的应用。

4. 主轴承盖和主轴承盖螺栓

（1）主轴承盖　主轴承盖的功用是与机体主轴承孔共同组成曲轴的主轴承座孔，因而承受较高的机械负荷。主轴承盖的材料通常采用钢、合金铸铁或球墨铸铁制造。主轴承盖装于主轴承座上，不允许互换，且必须与气缸体配对装配。

（2）主轴承盖螺栓　主轴承盖螺栓的功用是压紧主轴承盖并使轴瓦产生必要的预紧力，以防止在外力的作用下，主轴承盖和气缸体分开，并阻止主轴承盖在横向力的作用下发生侧移。主轴承盖螺栓在工作中承受较高的拉力，因此多用合金钢制造，且不能随意替代，装配时需按规定的力矩和顺序拧紧。如图2-14所示。

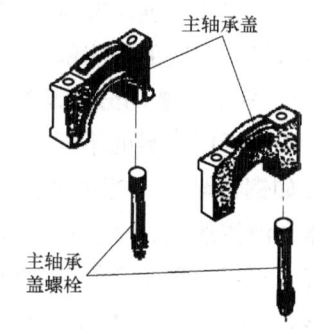

图2-14　主轴承盖和主轴承盖螺栓

三、气缸盖

1. 气缸盖的工作条件及要求

气缸盖承受气体力和紧固气缸盖螺栓所造成的机械负荷，同时还由于与高温燃气接触而承受很高的热负荷。为了保证气缸的良好密封，气缸盖既不能损坏也不能变形，因此气缸盖应具有足够的强度和刚度。为了使气缸盖的温度分布尽可能地均匀，以避免进、排气门座之间发生热裂纹，应对气缸盖进行良好的冷却。

2. 气缸盖的材料

气缸盖一般都由优质灰铸铁或合金铸铁铸造。

3. 气缸盖的构造

气缸盖是结构复杂的箱形零件，如图2-15所示。气缸盖上加工有进气门座孔、排气门座孔、气门导管孔和喷油器安装孔。在气缸盖内还铸有水套、进气道、排气道和燃烧室或燃烧室的一部分。若凸轮轴安装在气缸盖上，则气缸盖上还加工有凸轮轴承孔或凸轮轴承座及润滑油道。气缸盖的具体结构受到每缸气门数、凸轮轴位置、冷却方式、进

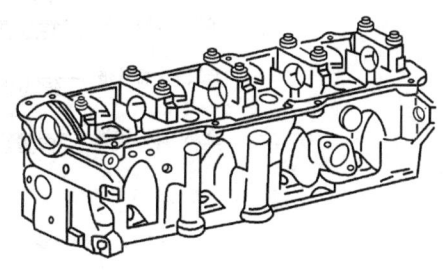

图2-15　气缸盖

气道、排气道及燃烧室形状等因素的影响。

水冷发动机的气缸盖有整体式、分块式和单体式 3 种结构形式。在多缸发动机中，如果全部气缸共用一个气缸盖，则称该气缸盖为整体式气缸盖；若每两缸一盖或每三缸一盖，则该气缸盖称为分块式气缸盖；若每缸一盖，则该气缸盖称为单体式气缸盖。风冷发动机采用的均为单体式气缸盖。

四、气缸衬垫

1. 气缸衬垫的功用

气缸衬垫是机体顶面与气缸盖底面之间的密封件。气缸衬垫的作用是保持气缸密封不漏气，保持由机体流向气缸盖的冷却液和润滑油不泄漏。气缸衬垫承受拧紧气缸盖螺栓时造成的压力，并受到气缸内燃烧气体高温、高压的作用以及润滑油和冷却液的腐蚀。气缸衬垫应该具有足够的强度，并且要耐压、耐热和耐腐蚀；另外，还需要有一定的弹性，以补偿机体顶面与气缸盖底面的粗糙度和不平度以及发动机工作时反复出现的变形。

2. 气缸衬垫的分类及结构

按照所用材料的不同，气缸衬垫可分为金属-石棉衬垫、金属-复合材料衬垫和全金属衬垫（如钢板衬垫）等多种，如图 2-16 所示。金属-石棉衬垫在所有孔边用金属板包边，以防气体和液体泄漏，该类衬垫具有良好的弹性和耐热性，可以重复使用多次。由于石棉对人体有害，近年出现了金属-复合材料衬垫，即在钢板的两面粘附耐热、耐压和耐腐蚀的新型负荷材料，孔边包不锈钢。全金属衬垫强度高、抗腐蚀和耐热能力强，多用于强化程度较高的发动机上。在安装气缸垫时，光滑的一面朝向气缸体，否则容易产生冲缸垫现象。

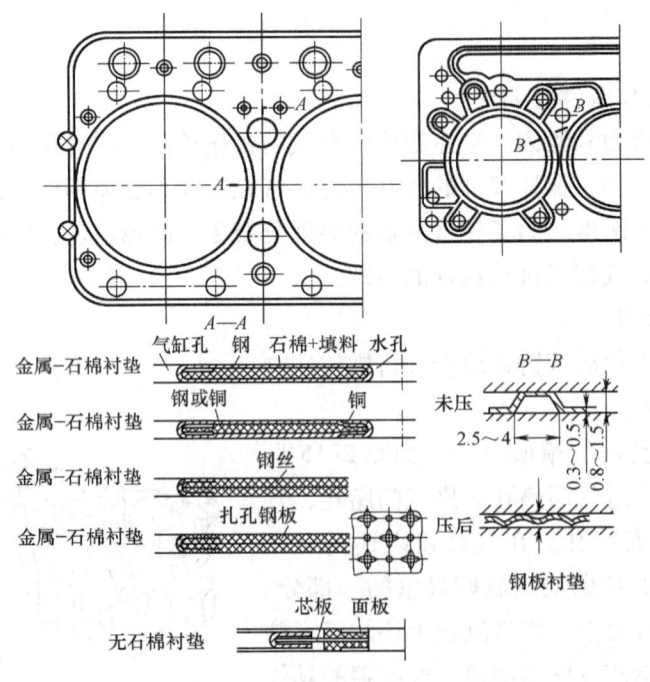

图 2-16 发动机气缸衬垫

五、气缸盖螺栓

（1）结构要求　气缸盖螺栓数目要足够，保证压紧均匀、减小局部变形、密封可靠；预紧力要足够，保证必要的密封压力，防止长期工作后发生松弛。螺栓材料通常采用 45 钢或 40Cr 钢，经调质处理，为特制件，不得随意更换。

（2）拧紧方式　按照最终拧紧力矩的要求，50N·m 以下分 2 次，50～100N·m 分 3 次，100～160N·m 分 3～4 次，160～250N·m 分 4～5 次，从中央向四周对角交错逐渐拧紧，拆卸时正好相反，如图 2-17 所示。

（3）定位方式　气缸盖与机体之间的安装通常有定位装置，以保证装配精度，定位方法有套筒定位、定位螺栓定位和销定位等。

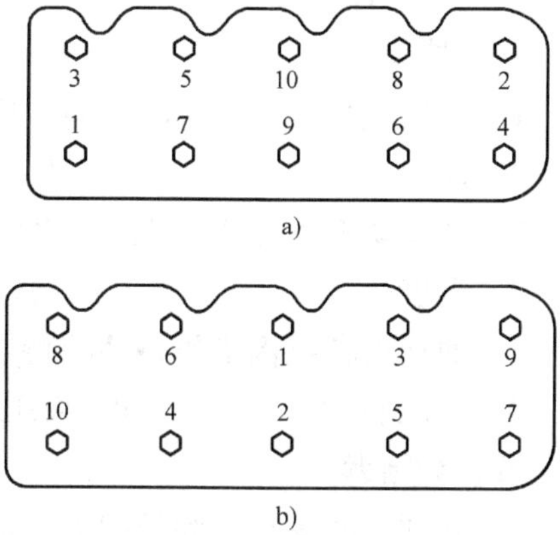

图 2-17　气缸盖螺栓的拆装顺序
a）拆卸时的顺序　b）装配时的顺序

六、油底壳

油底壳的主要功用是储存润滑油和封闭机体或曲轴箱。

如图 2-18 所示，油底壳用薄钢板冲压或铝铸制成。油底壳底部设放油螺塞。有的放油螺塞带磁性，可以吸引润滑油中的铁屑。有的油底壳用双层钢板中间夹隔音棉，以降低发动机噪声。

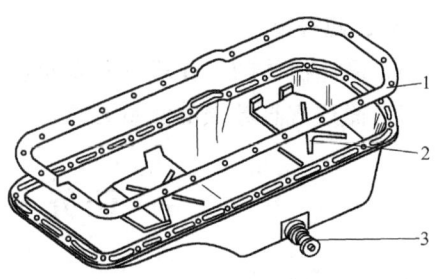

图 2-18　油底壳
1—衬垫　2—稳油挡板　3—放油螺塞

课后练习

一、填空题

1. 机体组主要由机体、_____、_____、气缸衬垫、主轴承盖以及油底壳等组成。
2. 镶气缸套的发动机，机体组还包括_____或_____气缸套。
3. 机体组是发动机的骨架，是曲柄连杆机构、配气机构和发动机各系统主要零部件的装配_____。
4. 气缸盖用来封闭气缸顶部，并与活塞顶和气缸壁一起形成_____。
5. 气缸盖、机体内的水套和油道以及油底壳又分别是_____和_____的组成部分。
6. 柴油机机体右侧安装_____、_____和发电机等。
7. 柴油机机体左侧安装_____、机油粗滤器和_____等。
8. 柴油机机体_____安装正时齿轮室、带轮减振器、_____、水泵和齿轮传动系统。

9. 柴油机机体后端安装_____等，底部安装_____。

10. 柴油机机体_____安装气缸盖垫片和气缸盖等。

二、名词解释

龙门式机体——

三、选择题

1. 根据气缸排列形式的不同，机体分为3种，即直列式、（　　）形和水平对置式。
A. H　　　　　　　　B. W　　　　　　　　C. V　　　　　　　　D. A

2. 在发动机做功时，气缸内的最高（　　）可达2500 K以上，最高压力可达5～9MPa。
A. 湿度　　　　　　　B. 速度　　　　　　　C. 温度　　　　　　　D. 力矩

3. 曲柄连杆机构工作条件的特点是高温、高压、高速和（　　）。
A. 气压驱动　　　　　B. 液压驱动　　　　　C. 机械加工　　　　　D. 化学腐蚀

四、判断题

1. 直列式机体高度和长度大，加工容易，振动较小，适合6缸以上发动机。（　　）

2. 为了保证曲轴主轴承工作可靠，主轴承座还应具有一定的刚度；同时为了使燃烧室密封严密，机体上部的密封部位也应有足够的刚度。（　　）

五、简答题

1. 简述机体的工作条件及要求。

2. 简述气缸磨损的测量方法。

任务3　活塞连杆组的维修

任务目标

☞ 知识目标：

1）掌握活塞连杆组的组成。

2）熟悉活塞环拆装钳等专用工具及常用量具的使用。

3）掌握活塞连杆组各组成部分的检修方法。

☞ 能力目标：

1）能说出活塞连杆组组件的结构。

2）能正确拆解活塞连杆组组件。

3）能熟练使用工、量具对活塞连杆组组件进行检修。

☞ 素质目标：

1）养成勤于动手的良好习惯。

2）培养学习中敢于质疑、提出自己见解的精神。

任务描述

1）拆解活塞组，了解活塞的结构。

2）拆解连杆组，了解连杆组的结构。

3）检查活塞环三隙，并对检查结果进行分析。

4）检查活塞直径。

5）活塞环漏光度检查。

任务实施

活塞连杆组的检修主要包括：活塞、活塞环和活塞销的选配；连杆的检测和校正；活塞连杆组组装时的检测、校正和装配。

一、活塞的选配

(1) 活塞的检测方法　活塞检测主要是对活塞裙部直径、活塞环槽高度和活塞销座孔尺寸的测量。

1）活塞裙部直径的检测。活塞裙部直径检测的方法之一是用外径千分尺测量活塞裙部规定的测量位置。如图 2-19 所示，将在活塞裙部规定位置测得的数据与气缸磨损最大部位的测量值相减，并用所得差值与配缸间隙值相比较，即可确定该活塞能否使用。

另一种方法是采用测量配缸间隙的方法来确定活塞能否使用。如图 2-20 所示，将活塞倒置于相关的气缸中，活塞销座孔平行于曲轴方向，在活塞受侧压力最大的一面用塞尺（宽为 13mm，长为 200mm）垂直插入气缸壁与活塞裙部之间（与活塞一起放入）。以 30N 的力能拉动（感觉有轻微阻力时）为合适。例如，康明斯 B 系列发动机的活塞配缸间隙为 0.113～0.167mm。

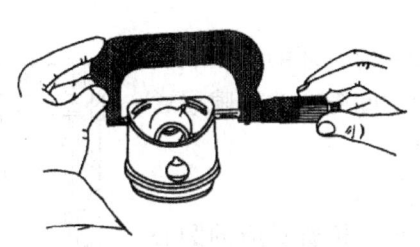

图 2-19　活塞裙部直径的测量

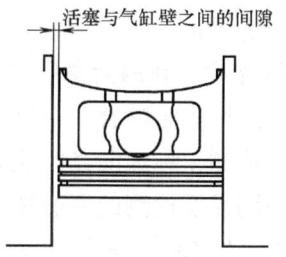

图 2-20　配缸间隙的检测

2）活塞环槽的测量。对于安装气环的环槽，用标准气环装入其内，然后用塞尺测量其侧隙，通过该侧隙值即可确定其是否符合要求。康明斯 B 系列发动机的第一道活塞环为梯形环，在测量梯形环槽时，要把活塞装入清洁的气缸中，并使环的一半压在气缸套内，一半露在外部，将塞尺插入侧隙测量，如果测得的值大于规定的极限值，则表明环槽磨损过多。油环槽和销座孔的测量可用外径千分尺直接测量。对于因磨损过多而超过装配间隙极限值的活塞，应予以更换，选用新活塞。

(2) 活塞选配的注意事项　在同一系列的发动机中，其活塞的结构不一定相同，因此，在选装活塞时，必须根据发动机的类型选用对应类型的活塞；否则，会引起发动机燃烧不良、工作粗暴、燃油经济性和动力性下降等故障。

1）活塞的选配应按气缸的修理尺寸来确定，通常加大尺寸数值标注在活塞顶上，保证配缸间隙在规定范围内。

2）同一台发动机上同一组活塞的直径差不得大于0.020mm。

3）同一台发动机内各活塞的重量差不得超过活塞重量的3%。

二、活塞环的检测和选配

活塞环在工作时，由于受高温、润滑条件差的影响，其磨损失效往往要比气缸的磨损极限速度快。随着活塞环磨损的加剧，活塞环的弹力将逐渐减弱，端隙和侧隙增大，会使活塞环的密封性能变差，造成高压气体下窜和润滑油上窜现象，降低发动机的动力性和燃油经济性。

活塞环除磨损失效外，还有一种常见的断裂损坏。由于活塞环脆性较大，如果在安装时操作不当，或活塞环侧隙和端隙过小、发动机工作粗暴、大负荷的撞击，则都会造成活塞环断裂。因此，应正确地选配和安装活塞环。

对活塞环选配的要求是：与气缸、活塞的修理尺寸一致；具有规定的弹力，以保证气缸的密封性；活塞环的漏光度、端隙、侧隙和背隙应符合设计规定。

（1）外径尺寸　活塞环有着与气缸和活塞相同加大级别的修理尺寸，以适应发动机修理的需要。当发动机气缸磨损不大时，应选配与气缸同一修理尺寸级别的活塞环。当发动机大修时，应按照气缸的修理尺寸，选用与气缸和活塞同一修理尺寸级别的活塞环。

（2）弹力　活塞环的弹力是建立背压的首要条件，也是保证气缸密封性的必要条件。如果弹力过大，则会使活塞环的磨损加剧；如果弹力过弱，则会使气缸密封性能差、燃料消耗增加、积炭严重。

（3）漏光度　新的活塞环与气缸壁在未磨合之前，环的外圆表面不可能与气缸壁完全贴合，不贴合处与气缸壁形成间隙，此间隙可通过灯光进行检测，称为漏光度检测，如图2-21所示。

活塞环漏光度检测的一般技术要求如下：

1）同一活塞环上漏光不大于两处，每处漏光弧长所对应的圆心角总和不大于45°。

2）活塞环开口两端各30°范围内不允许有漏光。

3）漏光度的最大缝隙不大于0.03mm。

（4）端面翘曲度的检测　活塞环端面与活塞环槽上、下端面的贴合是活塞环的第二密封面。此密封面不好，将造成漏气。因此，应检测活塞环端面的平面度。检测方法有两种：一种用专用设备检测，即采用表面粗糙度很小的两平行板，间距为被检测环的厚度加上0.05mm的允许翘曲范围，当被检测环能无阻碍地通过此间距时，表示合格；另一种是简易法，将活塞环自由平放在平板上，观察其接触情况或平面漏光情况，再决定是否采用，如图2-22所示。

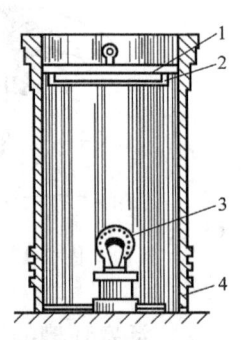

图2-21　漏光度检测
1—盖板　2—活塞环
3—灯泡　4—气缸套

（5）活塞环端隙的检测　活塞环端隙的大小与气缸的直径及各环所受温度有关，一般每100mm缸径，温度最高的第一环的端隙为0.25~0.45mm，其余各道环温度较低，端隙为0.20~0.40mm。

活塞环端隙的检测如图2-23所示，先将活塞环平整地放在待配的气缸内，用活塞头将活塞环推平（对于未加工的气缸，应推到磨损最小处），然后用塞尺插入活塞环开口处进行测量。

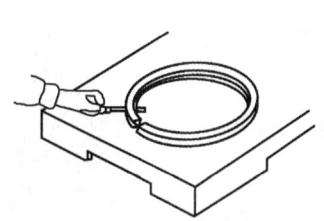

图2-22　测量活塞环端面翘曲度

图2-23　活塞环端隙的检测

（6）活塞环侧隙的检测　如果活塞环的侧隙过大，则将使活塞环的泵油作用加剧，环易疲劳破碎，加速环的断裂并导致润滑油消耗的增加；如果侧隙过小，则会使活塞环卡死在环槽内，环的弹力极度减弱，冲击应力加剧，不但使气缸密封性能降低，也容易断环。活塞环侧隙的检测如图2-24所示，将活塞环放在槽内，围绕环槽滚动一周，应能自由滚动，但既不能松动，又不能有阻滞现象。

（7）活塞环背隙的检测　活塞环背隙一般为0.5~1mm。

图2-24　活塞环侧隙的检测

为了测量方便，通常以环槽深与环槽宽之差来表示。活塞环一般应低于环槽岸边0~0.35mm，以免在气缸内卡死。

三、活塞销的选配

发动机工作时，活塞销受到气体压力和惯性力的作用，使其与活塞销座孔以及连杆衬套相配合处产生磨损，间隙增大，严重时产生敲击声，此时应更换加大级别的活塞销，恢复其正常配合。

在修理过程中，要对活塞销进行认真检查。测量活塞销直径，如图2-25所示。当活塞销直径超出使用极限时，应更换新活塞销。当活塞销的表面有烧伤、拉花、不正常磨损及裂纹时，也应更换新活塞销。

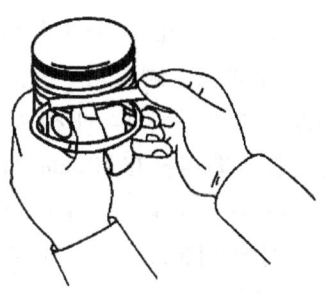

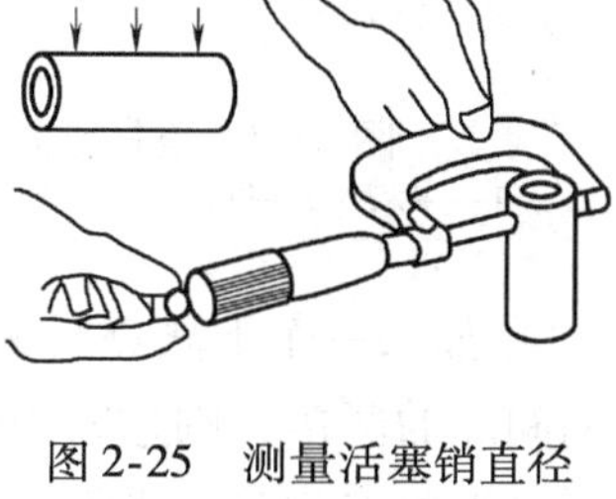

图2-25　测量活塞销直径

四、连杆的检修

（1）连杆的损伤形式　连杆的损伤有杆身的弯曲和扭曲变形、小头孔和大头侧面的磨损，其中以变形最为常见。

（2）连杆变形的检验 连杆变形的检验在连杆检验仪上进行，如图 2-26 所示。检验仪上的棱形支承轴能保证连杆大头承孔轴向与检验平板垂直。测量工具是一个带 V 形槽的"三点规"，三点规上的三个测点构成的平面与 V 形槽的对称平面垂直，两下测点的距离为 100mm，上测点与两下测点连线的距离也是 100mm。检验方法如下：

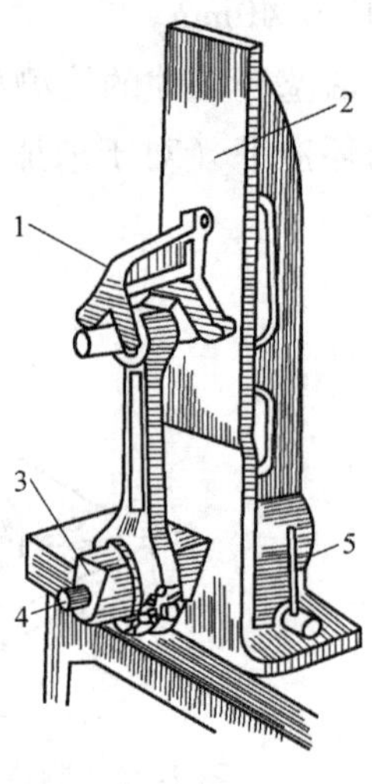

1）将连杆大头的轴承盖装好（不装轴承），按规定力矩把螺栓拧紧，检查连杆大头孔的圆度和圆柱度，应符合要求；装上已修配好的活塞销。

2）把连杆大头装在检验仪的支承轴上，拧紧调整螺钉使定心块向外扩张，把连杆固定在检验仪上。

3）将 V 形检验块两端的 V 形定位面靠在活塞销上，观察 V 形三点规的三个测点与检验平板的接触情况，即可检查出连杆的变形方向和变形量。

图 2-26 连杆检验仪
1—量规 2—检验平板
3—棱形支承轴 4—调整螺钉
5—锁紧板杆

① 三点规的三个测点都与平板接触，说明连杆没有变形。

② 如果上测点与平板接触而两下测点不接触且与平板距离一致，或两下测点与平板接触而上测点不接触，则表明连杆弯曲。用塞尺测出测点与平板间的间隙，即连杆在 100mm 长度上的弯曲度，如图 2-27 所示。

③ 如果只有一个下测点与平板接触，另一个下测点与平板不接触，且间隙为上测点与平板间的间隙的两倍，则这时下测点与平板间的间隙即连杆在 100mm 长度上的扭曲度，如图 2-28 所示。

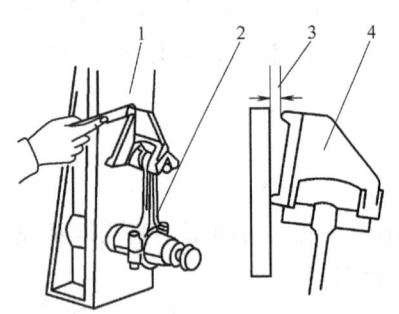

图 2-27 连杆弯曲的检验
1—平板 2—连杆 3—弯曲值 4—量规

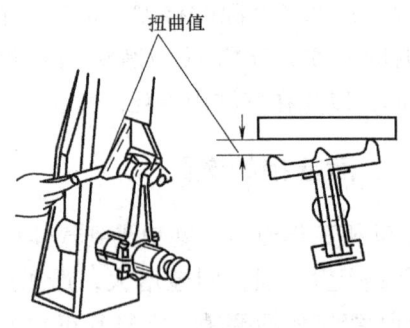

图 2-28 连杆扭曲的检验

④ 如果一个下测点与平板接触，但另一个下测点与平板间的间隙不等于上测点与平板间的间隙的两倍，则这时连杆弯、扭并存。下测点与平板间的间隙为连杆的扭曲度，上测点间隙与下测点间隙一半的差值为连杆的弯曲度。

⑤ 测出连杆小头端面与平板的距离，然后将连杆翻转 180°后再测此距离，若数值不相等，即说明连杆有双重弯曲，两次测量数值之差为连杆双重弯曲度。

（3）连杆变形的校正 经检验，如果连杆弯、扭超过规定值，则应记住弯、扭的方向和数值,并进行校正。

连杆弯曲的校正可在压床或弯曲校正器上进行,其中用弯曲校正器对连杆弯曲的校正如图 2-29 所示。

连杆扭曲的校正可通过将连杆夹在台虎钳上,用扭曲校正器、长柄扳钳或管子钳进行,其中用扭曲校正器对连杆扭曲的校正如图 2-30 所示。

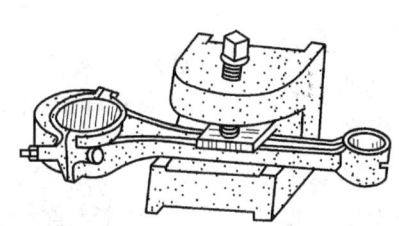 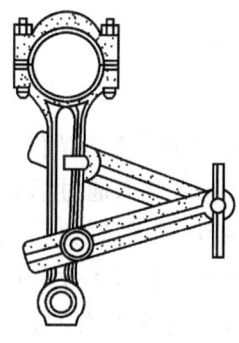

图 2-29　用弯曲校正器对连杆弯曲的校正　　图 2-30　用扭曲校正器对连杆扭曲的校正

校正时注意:先校扭,再校弯;避免反复过校正。校正后要进行时效处理,消除弹性后效作用。

五、连杆衬套的修复

(1) 连杆衬套的选配　对于全浮式安装的活塞销,连杆小头内压装有连杆衬套。发动机在大修时,在更换活塞和活塞销的同时,必须更换连杆衬套,以恢复其正常配合。

连杆衬套与连杆小头应有一定的过盈量,以保证连杆衬套在工作时不走外圆。可通过分别测量连杆小头内径和新连杆衬套外径(图 2-31)的方法求得过盈量。

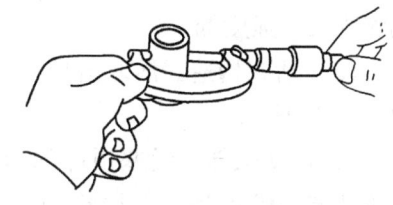

图 2-31　连杆衬套外径的测量

(2) 连杆衬套的修配　活塞销与连杆衬套的配合,在常温下应有 0.005～0.010 mm 的间隙,接触面积应在 75% 以上。如果配合间隙过小,可将连杆夹到内圆磨床上进行磨削,并留有研磨余量。再将活塞销插入连杆衬套内配对研磨,研磨时可加少量润滑油,将活塞销夹在台虎钳上,沿活塞销轴线方向扳动连杆,应有无间隙感觉(图 2-32)。加入润滑油扳动时无"气泡"产生,把连杆置于与水平面成 75°角时应能停住,轻拍连杆则徐徐下降,此时配合间隙为合适。

经过加工的连杆衬套,应能用大拇指把活塞销推入连杆衬套内,并感觉不到间隙,如图 2-33 所示。

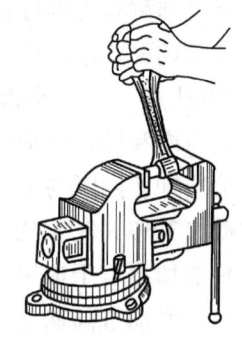

图 2-32　连杆衬套修配质量的检验

相关知识

活塞连杆组由活塞、活塞环、活塞销和连杆等零件组成,如图 2-34 所示。活塞连杆组的作用是将活塞的往复运动转变为曲轴的旋转运动,并将作用于活塞上的力转变为转矩对外输出。

一、活塞组

1. 活塞

(1) 活塞的功用及工作条件　活塞的主要功用是承受燃烧气体的压力,并将此力通过活塞销传给连杆以推动曲轴旋转。此外,活塞顶部与气缸盖、气缸壁共同组成燃烧室。

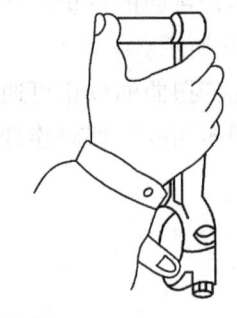

图 2-33　检验活塞销与连杆衬套的配合

活塞是发动机中工作条件最严酷的零件。作用在活塞上的力有气体力和往复惯性力,其中柴油机为 6~9MPa,增压柴油机达 14~16MPa,同时引起侧压力增大,增加了变形和磨损。活塞顶与高温燃气直接接触,使活塞顶的温度高达 600~700K。高温使活塞材料的机械强度下降,热膨胀量增大。活塞在侧压力的作用下沿气缸壁面高速滑动,平均速度达 8~12m/s,由于润滑条件差,因此摩擦损失大,磨损严重。

(2) 活塞的材料　柴油机广泛采用铝合金活塞,因为铝合金与铸铁相比,其导热性好 3 倍、重量轻 50%~70%,但热膨胀大、强度低。

(3) 活塞构造　活塞由顶部、头部和裙部 3 部分构成,如图 2-35 所示。

1) 活塞顶部。活塞顶部的形状如图 2-36 所示。其中,平顶活塞的优点是受热面积小、加工简单;而采用凹顶活塞,则可以通过改变活塞顶上凹坑的尺寸来调节发动机的压缩比。活塞顶部刻有各种标记(图 2-37),用以显示活塞及气缸的安装和选配要求,应严格按要求进行。

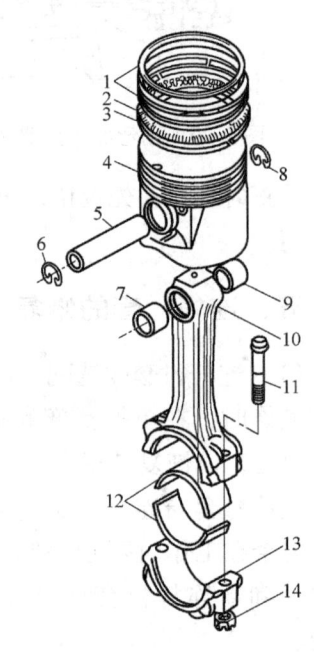

图 2-34　活塞连杆组
1—气环　2—油环衬簧　3—油环刮片
4—活塞　5—活塞销　6、8—卡环
7、9—连杆衬套　10—连杆
11—连杆螺栓　12—连杆轴瓦
13—连杆盖　14—连杆螺母

2) 活塞头部。活塞头部是最下一道活塞环槽以上的部分,分为火力岸和环带两部分。活塞头部的作用是:承受气体压力,并将力通过活塞销座、活塞销传给连杆;同时与活塞环一起实现气缸的密封;将活塞顶部吸收的热量通过活塞环传导到气缸壁(70%~80% 的热量)。

活塞头部切有若干道用以安装活塞环的环槽。发动机活塞一般有 2~3 道气环槽和 1 道油环槽,随着发动机高速化,气环数有减少的趋势。气环槽一般具有同样的宽度,油环槽比气环槽宽度大,且槽底加工有回油孔,油环刮下的润滑油从回油孔回到油底壳。

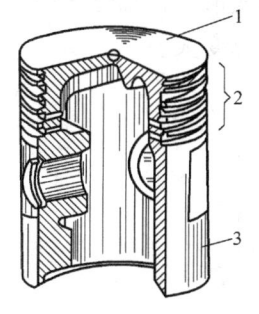

图 2-35 活塞的结构
1—顶部 2—头部 3—裙部

a) b) c)

图 2-36 活塞顶部的形状
a) 平顶 b) 凸顶 c) 凹顶

活塞环槽的宽度和深度略大于活塞环的高度和厚度,以保证发动机工作时活塞环可在环槽内运动,从而除去环槽内的积炭并保证密封性。因此,活塞环槽的磨损常常是影响发动机使用寿命的一个重要因素,特别是第一道环槽温度高,使材料硬度下降,磨损更为严重。为了保护活塞环槽,有的发动机在环槽部位铸入用耐热材料制成的环槽护圈,以提高活塞的使用寿命,如图 2-38 所示。

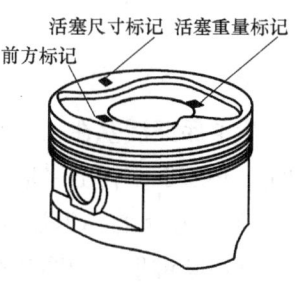

图 2-37 活塞顶部的标记

3) 活塞裙部。活塞裙部是油环槽下端以下的部分,其作用是为活塞在气缸内作往复运动作导向和承受侧压力。活塞裙部要有一定的长度和足够的面积,以保证可靠地导向和减摩。活塞裙部的基本形状为一薄壁圆筒,圆筒完整的称为全裙式;许多高速发动机为了减轻活塞重量,在活塞不受侧向力的两侧,即沿活塞销座孔轴线方向的裙部切去一部分,形成拖板式裙部,这种结构的裙部弹性较好,可以减小活塞与气缸的装配间隙,如图 2-39 所示。

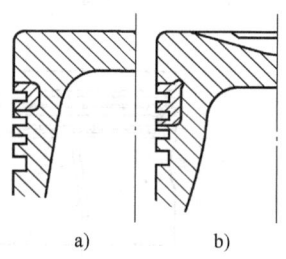

图 2-38 活塞环槽护圈
a) 一槽护圈 b) 两槽护圈

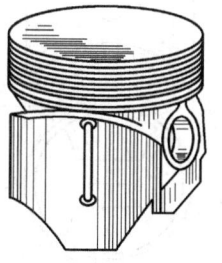

图 2-39 拖板式活塞

活塞裙部的活塞销孔用于安装活塞销,为厚壁圆筒结构。活塞销座孔内接近外端面处车有安放弹性锁环的锁环槽,锁环用来防止活塞销在工作中发生轴向窜动。

(4) 活塞的变形规律及应对措施　活塞工作时,由于机械负荷和热负荷的影响,会使其产生变形。在圆周方向,活塞裙部直径沿活塞销座轴线方向增大,使活塞裙部变成长轴在活塞销座轴线方向上的椭圆,如图 2-40 所示。这是由于气体压力和侧压力的作用,同时活塞销座附近金属堆积，受热后膨胀量大，使得活塞径向产生了椭圆变形。在高度方向，由于活塞顶部压力作用、活塞温度分布和质量分布不均匀，则使活塞头部变大。

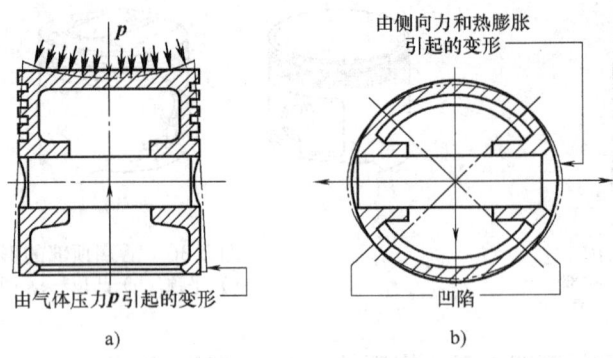

图 2-40　活塞工作时的变形

为了保证活塞在工作时与气缸壁间保持比较均匀的间隙，以免在气缸内卡死或引起局部磨损，必须在结构上采取各种措施。

1）冷态下将活塞制成其裙部断面为长轴垂直于活塞销方向的椭圆，轴线方向为上小下大的近似圆锥形，如图 2-41 所示。

2）在活塞裙部受侧压力小的一侧开 Π 形槽或 T 形槽，如图 2-42 所示。其中横槽称为隔热槽，可减少从活塞头部向活塞裙部的传热，使活塞裙部膨胀量减少；纵槽称为膨胀槽，能使活塞裙部具有弹性，这样冷态下的间隙可减小，热态下又因切槽的补偿作用使活塞不致卡死在气缸中。通常柴油机活塞受力大，活塞裙部一般不开槽。

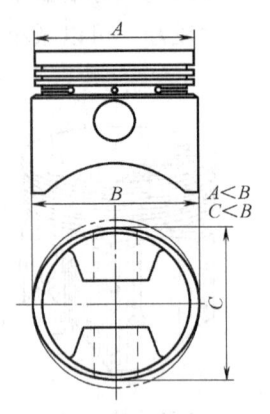

图 2-41　近似圆锥形活塞裙部

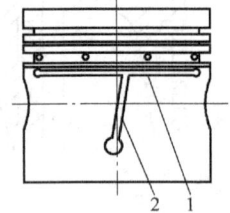

图 2-42　活塞裙部开槽
1—隔热槽　2—膨胀槽

3）采用双金属活塞。有些铝合金活塞在活塞销座孔处嵌入线膨胀系数小的恒范钢片或筒形钢片，其作用是牵制活塞裙部的膨胀量，如图 2-43 所示。

4）活塞销孔偏置结构（图 2-44）。有些高速汽油机的活塞销孔中心线偏离活塞中心线平面，向做功行程中受侧压力的一方偏移了 1～2mm。这种结构可使活塞自压缩行程进入做功行程的过程中较为柔和地从压向气缸的一面过渡到压向气缸的另一面，以减小敲缸声。安装时要注意，活塞销孔偏置的方向不能装反，否则换向敲击力会增大，使活塞裙部受损。

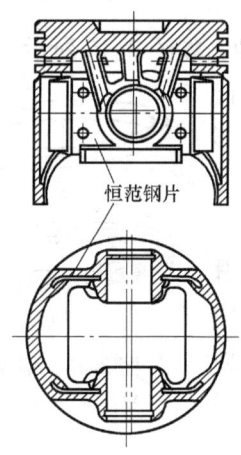

图2-43 恒范钢片活塞裙部

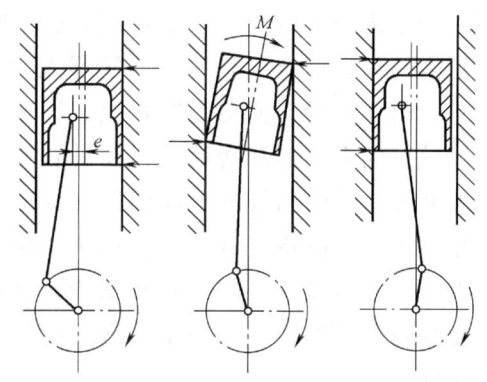

图2-44 活塞销孔偏置结构

采用上述措施后，活塞裙部与气缸壁之间的冷态装配间隙便可减小，使发动机不产生冷敲缸现象。

（5）活塞的冷却 高强化发动机，尤其是活塞顶上有燃烧室凹坑的柴油机，为了减轻活塞顶部和头部的热负荷而采用油冷活塞。如图2-45所示，用润滑油冷却活塞的方法有：

1）自由喷射冷却法。自由喷射冷却法是指从连杆小头上的喷孔或从安装在机体上的喷嘴向活塞顶内壁喷射润滑油。

2）振荡冷却法。振荡冷却法是指从连杆小头上的喷孔将润滑油喷入活塞内壁的油环槽中，由于活塞的运动使润滑油在油环槽中产生振荡而冷却活塞。

3）强制冷却法。强制冷却法是指在活塞头部铸出冷却油道或铸入冷却油管，使润滑油在其中强制流动以冷却活塞。强制冷却法广为增压发动机所采用。

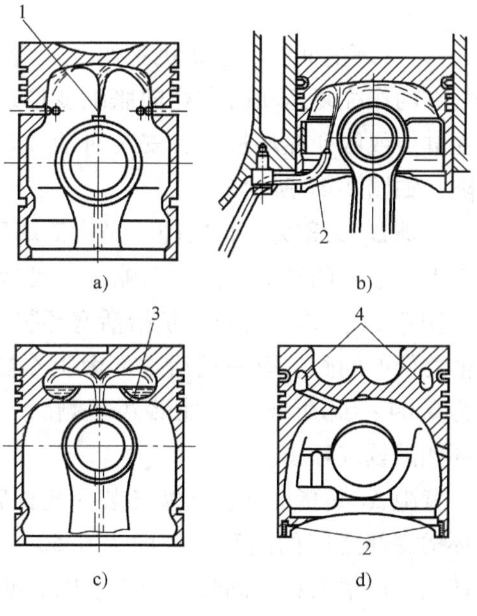

（6）活塞的表面处理 根据不同的目的和要求，对活塞进行不同的表面处理，其方法有：

1）活塞顶进行硬模阳极氧化处理，形成高硬度的耐热层，增大热阻，减少活塞顶部的吸热量。

图2-45 活塞的冷却
1—喷孔 2—喷嘴 3—油环槽 4—冷却油道

2）活塞裙部镀锡或镀锌，可以避免在润滑不良的情况下运转时出现拉缸现象，也可以起到加速活塞与气缸的磨合作用。

3）在活塞裙部涂覆石墨，石墨涂层可以加速磨合过程，可使活塞裙部磨损均匀，在润滑不良的情况下可以避免拉缸。

2. 活塞环

（1）活塞环的功用及工作条件　活塞环分为气环和油环两种，如图2-46所示。

气环的主要功用是密封和传热，保证活塞与气缸壁间的密封，防止气缸内的可燃混合气和高温燃气漏入曲轴箱，并将活塞顶部接收的热传给气缸壁，避免活塞过热。油环的主要功用是刮除飞溅到气缸壁上的多余的润滑油，并在气缸壁上涂布一层均匀的油膜。活塞环工作时受到气缸中高温、高压燃气的作用，并在润滑不良的条件下在气缸内高速滑动。由于气缸壁面的形状误差，使活塞环在上、下滑动的同时还在环槽内产生径向移动。这不仅加重了活塞环与环槽的磨损，还使活塞环受到交变弯曲应力的作用而容易折断。

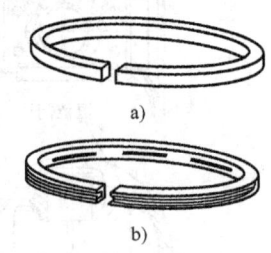

图2-46　活塞环
a）气环　b）油环

（2）活塞环材料及表面处理　根据活塞环的功用及工作条件，制造活塞环的材料应具有良好的耐磨性、导热性、耐热性、冲击韧性、弹性和足够的机械强度。目前广泛应用的活塞环材料有优质灰铸铁、球墨铸铁、合金铸铁和钢带等。第一道活塞环外圆面通常进行镀铬或喷钼处理。多孔性铬层硬度高，并能储存少量润滑油，可以改善润滑、减轻磨损。钼的熔点高，也具有多孔性，因此喷钼同样可以提高活塞环的耐磨性。

（3）气环

1）气环的间隙。发动机工作时，活塞和活塞环都会发生热膨胀，并且活塞环随着活塞在气缸内作往复运动时有径向胀缩变形现象。为防止活塞环卡死在缸内或胀死在环槽中，安装时活塞环应留有端隙、侧隙和背隙，如图2-47所示。

端隙Δ_1又称为开口间隙，是指活塞环在冷态下装入气缸后处于上止点时两端头之间的间隙，一般为0.25～0.50mm。

侧隙Δ_2又称为边隙，是指活塞环装入活塞后其侧面与活塞环槽之间的间隙。第一道活塞环因工作温度高、间隙较大，一般为0.04～0.10mm，其他活塞环侧隙一般为0.03～0.07mm。油环侧隙较气环小。

背隙Δ_3是指活塞及活塞环装入气缸后活塞环内圆柱面与活塞环槽底部之间的间隙，一般为0.50～1.00mm。油环背隙较气环大，以增大存油间隙，利于减压泄油。

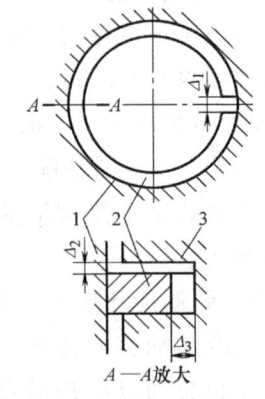

图2-47　活塞环的间隙
1—气缸　2—活塞环　3—活塞
Δ_1—端隙　Δ_2—侧隙　Δ_3—背隙

2）气环的密封原理。活塞环在自由状态下不是正圆形，其外廓尺寸比气缸直径大。如图2-48所示，当活塞环装入气缸后，在其自身的弹力作用下活塞环的外圆面与气缸壁贴紧形成第一密封面，因此高压气体不能通过第一密封面，而是通过活塞火力岸与气缸壁之间的间隙进入活塞环的侧隙和径向间隙中。一方面，把活塞环压到活塞环槽下侧面形成第二密封面；另一方面，作用在活塞环背部的气体压力又大大加强了第一密封面的密封作用。这时，漏气的唯一通道就是活塞环的端隙。如果几道活塞环的开口相互错开，那么就形成了迷宫式漏气通道。由于侧隙、径向间隙和端隙都很小，气体在通道内的流动阻力很大，致使气体压力 p_z 迅速下降，只有极少气体漏入曲轴箱，一般仅为进气量的 0.2%～1.0%。

3）气环的开口形状。气环的开口形状对漏气量有一定影响。直开口的工艺性好，但密封性差；阶梯形开口的密封性好，工艺性差；斜开口的密封性和工艺性介于前两种开口之间，斜角一般为 30°或 45°。

4）气环的断面形状。气环的断面形状多种多样，根据发动机的结构特点和强化程度，选择不同断面形状的气环组合可以得到不同的密封效果和使用性能。常见的气环断面形状如图 2-49 所示。

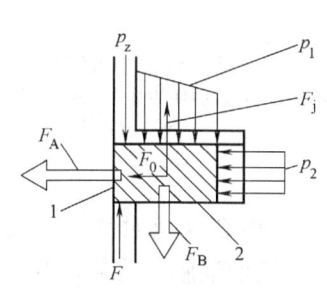

图 2-48　气环的密封原理（做功的前半行程）
1—第一密封面　2—第二密封面

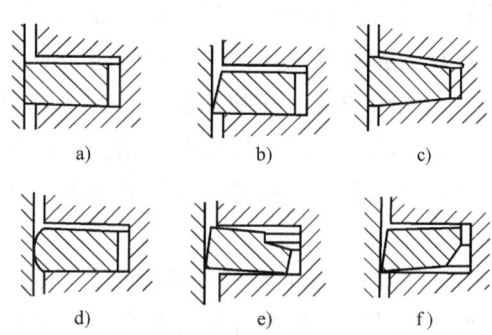

图 2-49　常见的气环断面形状
a) 矩形环　b) 锥形环　c) 梯形环
d) 桶面环　e)、f) 扭曲环

① 矩形环。矩形环的断面为矩形，形状简单，加工方便，与气缸壁接触面积大，有利于活塞散热，但磨合性差。而且，矩形环在与活塞一起作往复运动时，在环槽内上下窜动，如图 2-50 所示，把气缸壁上的润滑油不断地挤入燃烧室中，产生"泵油作用"，使润滑油消耗量增加，活塞顶及燃烧室壁面积炭。

② 锥形环。锥形环外圆面为锥角很小的锥面。理论上锥面环与气缸壁为线接触，磨合性好，增大了接触压力和对气缸壁形状的适应能力。当活塞下行时，锥面环能起到向下刮油的作用。当活塞上行时，由于锥面的油楔作用，锥面环能滑越过气缸壁上的油膜而不致将机油带入燃烧室。锥面环的传热性差，因此不用作第一道气环。由于锥角很小，一般不易识别，为避免装错，在环的上侧面标有向上的记号。

③ 扭曲环。扭曲环的断面不对称，气环装入气缸后，由于弹性内力的作用使断面发生扭转，故称为扭曲环。扭曲环的作用原理如图 2-51 所示，活塞环装入气缸之后，其断面中性层以外产生拉应力，断面中性层以内产生压应力。拉应力

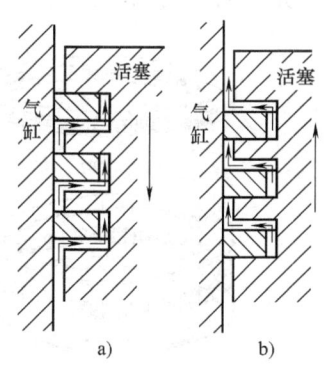

图 2-50　活塞环的泵油现象
a) 活塞下行　b) 活塞上行

的合力 F_1 指向活塞环中心，压应力合力 F_2 的方向背离活塞环中心。由于扭曲环中性层内、外断面不对称，使 F_1 与 F_2 不作用在同一平面内而形成力矩 M。在力矩 M 的作用下，使扭

曲环的断面发生扭转。当发动机工作时，在进气、压缩和排气行程中，扭曲环发生扭曲，其工作特点一方面与锥面环类似，另一方面由于扭曲环的上、下侧面与环槽的上、下侧面相接触，从而防止了活塞环在环槽内上下窜动，消除了"泵油"现象，减轻了扭曲环对环槽的冲击而引起的磨损。在做功行程中，巨大的燃气压力作用于环的上侧面和内圆面，足以克服环的弹性内力使环不再扭曲，整个外圆面与气缸壁接触，这时扭曲环的工作特点与矩形环相同。

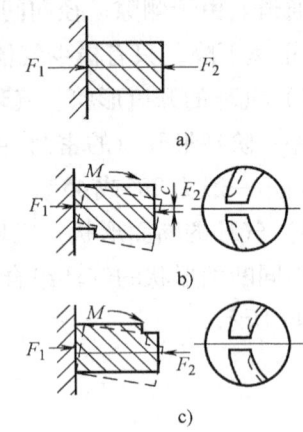

图 2-51 扭曲环的作用原理
a）矩形环的受力 b）外切环的变形
c）内切环的变形

④ 梯形环。梯形环的断面为梯形，其主要优点是抗粘结性好。当活塞头部温度很高时，窜入第一道环槽中的润滑油容易结胶并将气环粘住。在侧向力使活塞左右摆动时，梯形环的侧隙和径向间隙都发生变化，将环槽中的胶质挤出。楔形环的工作特点与梯形环相似，且由于断面不对称，装入气缸后也会发生扭曲。梯形环多用作柴油机的第一道气环。

⑤ 桶面环。桶面环的外圆面为外凸圆弧形，其密封性、磨合性及对气缸壁表面形状的适应性都比较好。桶面环在气缸内不论上行或下行均能形成楔形油膜，将环浮起，从而减轻环与气缸壁的磨损。

（4）油环　油环有两种结构形式，即整体式和组合式，如图 2-52 所示。

整体式油环用合金铸铁制造，其外圆面的中间切有一道凹槽，在凹槽底部加工出很多穿通的排油小孔或缝隙。

组合油环由上、下刮片和产生径向和轴向弹力的衬簧组成。组合油环的环片很薄，对气缸壁的比压大，刮油作用强，质量小，回油通道大，因而在高速发动机上得到广泛应用。

无论活塞上行或下行，油环都能将气缸壁上多余的润滑油刮下来经活塞上的回油孔流回油底壳。油环的刮油作用如图 2-53 所示。

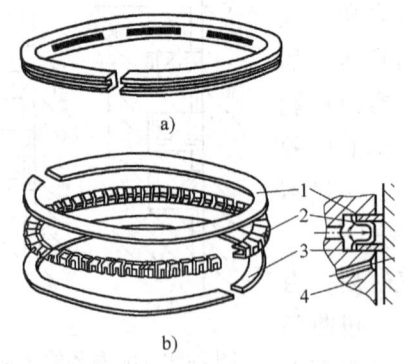

图 2-52　油环
a）整体式油环　b）组合油环
1—上刮片　2—衬簧　3—下刮片　4—活塞

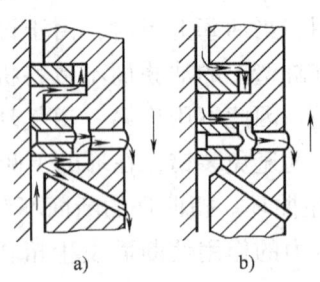

图 2-53　油环的刮油作用
a）活塞下行　b）活塞上行

3. 活塞销

（1）活塞销的功用　活塞销用来连接活塞和连杆，并将活塞承受的力传给连杆或相反。活塞销在高温条件下承受很大的周期性冲击载荷，且由于活塞销在销孔内摆动角度不大，难以形成润滑油膜，因此润滑条件较差。为此，活塞销必须有足够的刚度、强度和耐磨性，质量尽可能小，销与销孔应该有适当的配合间隙和良好的表面质量。在一般情况下，活塞销的刚度尤为重要，如果活塞销发生弯曲变形，则可能使活塞销座损坏。

（2）活塞销的材料及结构　活塞销的材料一般为低碳钢或低碳合金钢，如20、20Mn、15Cr、20Cr或20MnV等。外表面渗碳淬硬，再经精磨和抛光等精加工。这样，既提高了表面硬度和耐磨性，又保证有较高的强度和冲击韧度。

活塞销的结构很简单，基本上是一个厚壁空心圆柱，其内孔形状有圆柱形、两段截锥形和组合形，如图2-54所示。圆柱形孔加工容易，但活塞销的质量较大；两段截锥形孔的活塞销质量较小，且因为活塞销所受的弯矩在其中部最大，因此接近于等强度梁，但锥孔加工较难。

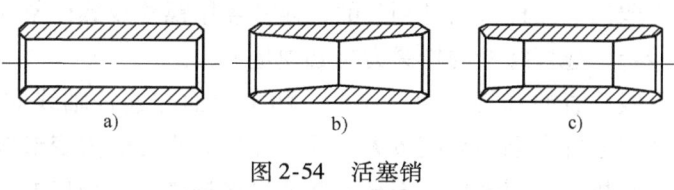

图2-54　活塞销
a）圆柱形　b）两段截锥形　c）组合形

二、连杆组

连杆组包括连杆体、连杆盖、连杆螺栓和连杆轴瓦等零件，如图2-55所示。习惯上常常把连杆体、连杆盖和连杆螺栓合起来称为连杆，有时也称连杆体为连杆。

1. 连杆组的功用及工作条件

连杆组的功用是将活塞承受的力传给曲轴，并将活塞的往复运动转变为曲轴的旋转运动。连杆小头与活塞销连接，同活塞一起作往复运动；连杆大头与曲柄销连接，同曲轴一起作旋转运动，因此在发动机工作时连杆作复杂的平面运动。连杆组主要受压缩、拉伸和弯曲等交变负荷。最大压缩载荷出现在做功行程上止点附近，最大拉伸载荷出现在进气行程上止点附近。在压缩载荷和连杆组作平面运动时产生的横向惯性力的共同作用下，连杆体可能发生弯曲变形。

2. 连杆的材料

连杆体和连杆盖由优质中碳钢或中碳合金钢（如45、40Cr、42CrMo或40MnB等）模锻或辊锻而成。连杆螺栓通常用优质合金钢40Cr或35CrMo制造而成。一般，均经喷丸处理提高连杆的

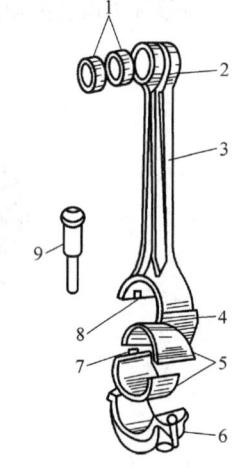

图2-55　连杆组
1—连杆衬套　2—连杆小头
3—杆身　4—连杆大头
5—连杆轴瓦　6—连杆盖
7—轴瓦上的凸键　8—凹槽
9—连杆螺栓

强度。纤维增强铝合金连杆具有重量轻、综合性能好的优点。在相同强度和刚度的情况下，纤维增强铝合金连杆比用传统材料制造的连杆要轻30%。

3. 连杆的结构

（1）连杆小头　连杆小头的结构形状取决于活塞销的尺寸及其与连杆小头的连接方式。在汽车发动机中，连杆小头与活塞销的连接方式有两种，即全浮式和半浮式。全浮式活塞销工作时，在连杆小头孔和活塞销孔中转动，可以保证活塞销沿圆周磨损均匀。为防止活塞销两端刮伤气缸壁，在活塞销孔外侧装设活塞销挡圈。半浮式活塞销是用螺栓将活塞销夹紧在连杆小头孔内，这时活塞销只在活塞销孔内转动，在连杆小头孔内不转动。连杆小头孔不装衬套，销孔中也不装活塞销挡圈。

（2）连杆杆身　连杆杆身的断面为工字形，刚度大，重量轻，适于模锻。工字形断面的中心线在连杆运动平面内。有的连杆在杆身内加工有油道，用来作为润滑连杆小头衬套或冷却活塞的必要通道。如果是后者，则必须在小头顶部加工出喷油孔。

（3）连杆大头　连杆大头除应具有足够的刚度外，还应外形尺寸小，重量轻，拆卸发动机时能从气缸上端取出。连杆大头是剖分的，连杆盖用螺栓或螺柱紧固，为使接合面在任何转速下都能紧密接合，连杆螺栓的拧紧力矩必须足够大。

接合面与连杆轴线垂直的称为平切口连杆，而接合面与连杆轴线成30°～60°夹角的称为斜切口连杆。平切口连杆大端的刚度较大，因此连杆大头孔受力变形较小，而且平切口连杆制造费用较低。汽油机均采用平切口连杆。柴油机连杆既有平切口的，也有斜切口的。一般柴油机由于曲柄销直径较大，连杆大头的外形尺寸也相应地较大，欲在拆卸时从气缸上端取出连杆体，则必须采用斜切口连杆。连杆盖装合到连杆体上时必须严格进行定位，以防止连杆盖横向移动。平切口连杆利用连杆螺栓上一段精密加工的圆柱面与精密加工的螺栓孔来实现连杆盖的定位。斜切口连杆的连杆螺栓由于承受较大的剪切力而容易发生疲劳破坏。为此，应该采用能够承受横向力的定位方法，如图2-56所示。

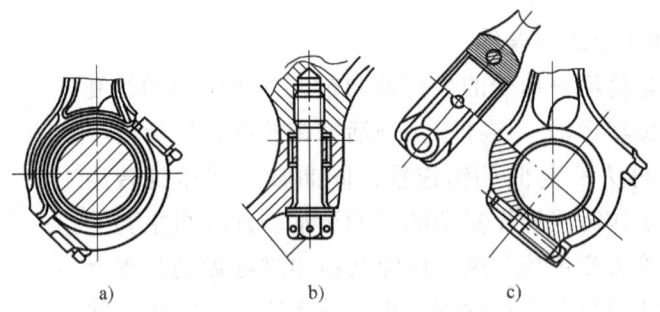

图2-56　斜切口连杆的定位方式
a）止口定位　b）套筒定位　c）锯齿形定位

4. 连杆轴瓦

连杆轴瓦（俗称小瓦）装在连杆大头内，用于保护曲轴连杆轴颈和连杆大头孔。由于连杆轴瓦工作时承受较大的交变载荷，且润滑困难，要求其具有足够的强度、良好的减摩性和耐腐蚀性。

连杆轴瓦由钢背和减摩层组成，为两半分开形式。钢背由厚为 1~3 mm 的低碳钢制成，是轴承的基体，减摩层是由浇注在钢背内圆上厚为 0.3~0.7mm 的薄层减摩合金制成，减摩合金具有保持油膜、减小摩擦阻力和易于磨合的作用，如图 2-57 所示。

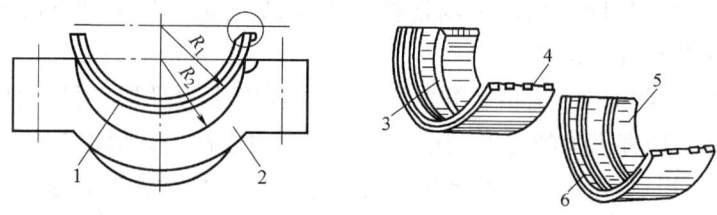

图 2-57　连杆轴承
1—轴承　2—连杆轴承盖　3—油槽　4—定位凸唇　5—减摩合金层　6—钢背

目前汽车发动机的轴瓦减摩合金主要有白合金（巴氏合金）、铜铅合金和铝基合金，其中巴氏合金轴承的疲劳强度低，只能用于负荷不大的汽油机，而铜铅合金或高锡铝合金轴承均具有较高的承载能力和耐疲劳性。含锡量在 20% 以上的高锡铝合金轴瓦，在汽油机和柴油机上均得到广泛应用。

连杆轴瓦在自由状态下并不是半圆形的，也就是说 $R_1 > R_2$（图 2-57），当它们装入连杆大头孔内时又有过盈，故能均匀地紧贴在连杆大头孔壁上及连杆盖上，具有很好的承载和导热能力。为了防止连杆轴承在工作中发生转动或轴向移动，在两个连杆轴承的剖分面上分别冲压出高于钢背面的两个定位凸唇。装配时，这两个定位凸唇分别嵌入连杆大头和连杆盖上的相应凹槽中。在连杆轴承内表面上还加工有油槽，用以储油，保证可靠润滑。

5. 连杆螺栓

工作时连杆螺栓承受交变载荷，因此在结构上应尽量增大连杆螺栓的弹性；而在加工方面要精加工过渡圆角，消除应力集中，以提高其抗疲劳强度。连杆螺栓用优质合金钢制造，如 40Cr、35CrMo 等，经调质后滚压螺纹，表面进行防锈处理。维修中，连杆螺栓不可用其他螺栓替代。

6. V 形发动机连杆

V 形发动机左、右两个气缸的连杆安装在同一个曲柄销上，其结构随安装形式的不同而不同，如图 2-58 所示。

（1）并列连杆　两个完全相同的连杆一前一后并列地安装在同一个曲柄销上。并列连杆结构与上述直列式发动机的连杆基本相同，只是连杆大头宽度稍小一些。并列连杆的优点是前、后连杆可以通用，左、右两列气缸的活塞运动规律相同；缺点是两列气缸沿曲轴纵向必须相互错开一段距离，从而增加了曲轴和发动机的长度。

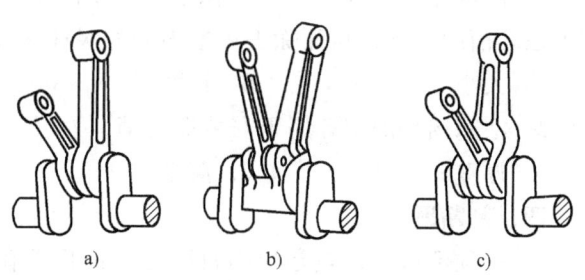

图 2-58　V 形发动机连杆的布置形式
a）并列连杆式　b）主副连杆式　c）叉形连杆式

（2）主副连杆　一个主连杆和一个副连杆组成主副连杆，副连杆通过销轴铰接在主连杆体或主连杆盖上。一列气缸装主连杆，另一列气缸装副连杆，主连杆大头安装在曲轴的曲柄销上。主、副连杆不能互换，且副连杆对主连杆作用以附加弯矩。两列气缸中活塞的运动规律和上止点位置均不相同。采用主副连杆的 V 形发动机，其两列气缸不需要相互错开，因而也就不会增加发动机的长度。

（3）叉形连杆　叉形连杆是指一列气缸中的连杆大头为叉形；另一列气缸中的连杆与普通连杆类似，只是连杆大头的宽度较小，一般称为内连杆。叉形连杆的优点是两列气缸中活塞的运动规律相同，两列气缸无须错开；缺点是叉形连杆大头结构复杂，制造比较困难，维修也不方便，且连杆大头刚度较差。

课后练习

一、填空题

1. 活塞连杆组由_____、_____、_____和连杆等零件组成。
2. 活塞连杆组的作用是将活塞的_____运动转变为曲轴的_____运动。
3. 活塞连杆组将作用于活塞上的力转变为_____对外输出。
4. 活塞的主要功用是承受_____压力，并将此力通过活塞销传给连杆以推动曲轴旋转。
5. _____与气缸盖和气缸壁共同组成燃烧室。
6. 活塞是发动机中工作条件最恶劣的零件。作用在活塞上的有_____力和_____力。
7. 柴油机广泛采用_____活塞，铝合金与铸铁相比，导热性好 3 倍，重量轻 50% ~ 70%，但热膨胀大，强度低。

二、名词解释

端隙——

三、选择题

1. 活塞环槽的（　　）和深度略大于活塞环的高度和厚度，以保证发动机工作时活塞环可在环槽内运动，从而除去环槽内的积炭和保证密封。

   A. 大小　　　　B. 长度　　　　C. 宽度　　　　D. 多少

2. 活塞裙部的销孔用于安装活塞销，为（　　）圆筒结构。

   A. 厚壁　　　　B. 薄壁　　　　C. 长　　　　　D. 短

四、判断题

1. 平顶活塞的优点是受热面积大，加工简单。采用凹顶活塞，可以通过改变活塞顶上凹坑的尺寸来调节发动机的压缩比。（　　）
2. 活塞由顶部、头部和裙部三部分构成。（　　）
3. 活塞头部是最下一道活塞环槽以上的部分，分为火力岸和环带两部分。（　　）
4. 活塞头部切有一道用以安装活塞环的环槽。（　　）

五、简答题

简述活塞的变形规律。

任务4　曲轴飞轮组的维修

任务目标

☞ 知识目标：

1）掌握曲轴飞轮组的组成。
2）熟悉常用量具的使用。
3）掌握曲轴飞轮组各组成部分的检修方法。

☞ 能力目标：

1）能说出曲轴飞轮组组件的结构。
2）能正确拆解曲轴飞轮组组件。
3）能熟练使用工量具对曲轴飞轮组组件进行检修。

☞ 素质目标：

1）养成勤于动手的良好习惯。
2）培养学习中敢于质疑、提出自己见解的精神。

任务描述

1）拆解曲轴组，了解曲轴的结构。
2）拆解飞轮组，了解飞轮组的结构。
3）检查曲轴，并对检查结果进行分析。
4）检查飞轮，并对检查结果进行分析。

任务实施

一、曲轴的检修

（1）曲轴磨损的检修

1）轴颈磨损的检测。轴颈磨损的检测主要是指用外径千分尺测量轴颈的直径、圆度误差和圆柱度误差。根据轴颈的磨损规律，在每一道轴颈上选取两个截面，在每一道截面上取与曲柄平行及垂直的两个方向，用外径千分尺进行测量，如图 2-59 所示。此时，轴颈同一截面上测得的最大的数值差的一半即圆度误差，轴颈在两截面上测得的最大的差数值的一半即圆柱度误差。一般根据圆柱度误差确定轴颈是否需要进行修磨，同时也可确定修理尺寸。

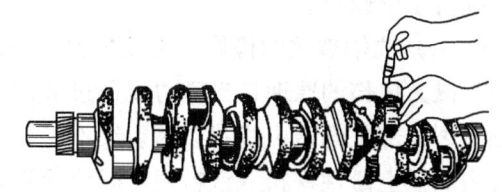

图 2-59　测量主轴颈和连杆轴颈的直径

2)轴颈的修磨 发动机大修时,对轴颈磨损已超过规定的曲轴,可用修理尺寸法对曲轴主轴颈和连杆轴颈进行光磨修理,同名轴颈必须为同级修理尺寸,以便选择统一的轴承,其修理尺寸查阅相关维修手册。

(2) 曲轴弯曲变形的检修

1)弯曲变形的检测。检测弯曲变形应以两端主轴颈的公共轴线为基准,检查中间主轴颈的径向圆跳动误差,如图2-60所示。检测时,将曲轴两端主轴颈分别放置在检验平板的V形架上,将百分表触头垂直地抵在中间主轴颈上,缓慢转动曲轴一圈,百分表指针所指示的最大读数与最小读数之差即中间主轴颈的径向圆跳动误差值。

2)弯曲变形的校正。曲轴的径向圆跳动误差不得大于0.15mm,否则应进行校正。

曲轴弯曲变形的校正,一般采用冷压校正或敲击校正法。当变形量不大时,可采用敲击校正法,即用锤子敲击曲柄边缘的非工作表面,使被敲击表面产生塑性残余变形,从而达到校正弯曲的目的。冷压校正是指用V形架架住曲轴两端主轴颈,用油压机沿曲轴弯曲相反的方向加压,如图2-61所示。由于钢制曲轴的弹性作用,压弯量应为曲轴弯曲量的10~15倍,并保持2~4min,为减小弹性后效作用,最好采用人工时效法消除。

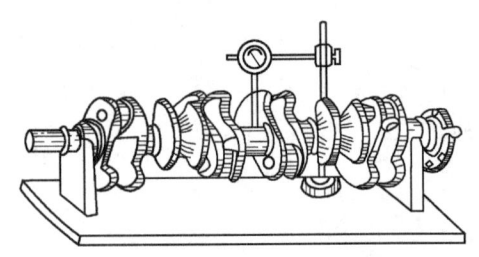

图2-60 曲轴弯曲变形的检测

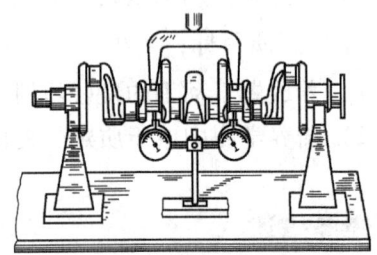

图2-61 曲轴弯曲的冷压校正

(3) 曲轴扭曲变形的检修

1)扭曲变形的检测。曲轴扭曲变形检测的支撑方法和弯曲变形检测的一样,即将曲轴两端主轴颈分别放置在检验平板的V形架上,保持曲轴水平,使两端同一曲柄平面内的两个连杆轴颈位于水平位置,用百分表测量两轴颈最高点至平板的高度差ΔA,据此求得曲轴主轴线的扭曲角θ。

$$\theta = \frac{360\Delta A}{2\pi R} = \frac{57\Delta A}{R}$$

式中 R——曲柄半径(mm)。

2)扭曲变形的校正。曲轴扭曲变形量一般很小,可直接在曲轴磨床上结合对连杆轴颈磨削时予以修正。

(4) 曲轴裂纹的检修 裂纹的检验方法有磁力探伤法和浸油敲击法。

磁力探伤的原理是当磁力线通过被检验的零件时,零件被磁化。如果零件表面有裂纹,则在裂纹部位的磁力线就会因裂纹不导磁而被中断,使磁力线偏散而形成磁极。此时,在零件表面撒上磁性铁粉,铁粉便被磁化并吸附在裂纹处,从而显现出裂纹的部位和大小。

浸油敲击法是将曲轴置于煤油中浸一段时间,取出后擦净表面的煤油并撒上白粉,然后分段用小锤轻轻敲击，如有明显的油迹出现，即说明该处有裂纹。如果曲轴出现裂纹，则一般应更换曲轴。

（5）曲轴轴向间隙和径向间隙的检查与调整

1）轴向间隙的检查与调整。为了适应发动机机件正常工作的需要，曲轴必须留有合适的轴向间隙。如果轴向间隙过小，则会使机件因受热膨胀而卡死；如果轴向间隙过大，则曲轴工作时将产生轴向窜动，加速气缸的磨损，活塞连杆组也会不正常磨损，还会影响配气相位和离合器的正常工作。因此，曲轴装到气缸体上之后，应检查其轴向间隙。

曲轴轴向间隙的检查可采用百分表或塞尺进行。检查时，将曲轴装入气缸体轴承座内，将百分表触头顶在曲轴平衡重上，用撬棒前、后撬动曲轴，观察百分表指针针摆动数值，指针的最大摆差即曲轴轴向间隙，如图2-62所示；或者用撬棒将曲轴撬向一端，再用塞尺检查止推轴承和曲轴止推面之间的间隙，即曲轴轴向间隙，如图2-63所示。

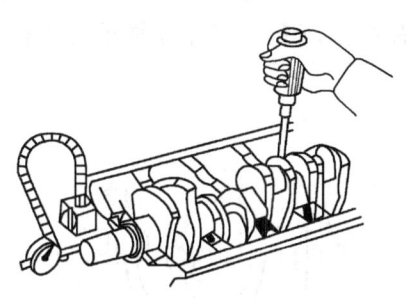

图2-62 用百分表检查曲轴轴向间隙

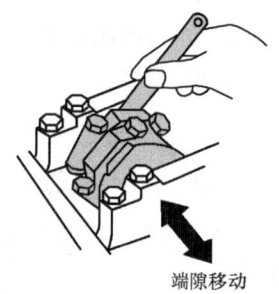

图2-63 用塞尺检查曲轴轴向间隙

轴向间隙应符合规定，当轴向间隙过小或过大时，应更换不同厚度的止推垫片进行调整。

2）径向间隙的检查与调整。曲轴的径向也必须留有适当的间隙，因为轴承的适当润滑和冷却取决于曲轴径向间隙的大小。曲轴径向间隙过小会使阻力增大，加重磨损，使轴瓦划伤。曲轴径向间隙过大，则曲轴会上下敲击，使润滑油压力降低，曲轴表面过热并与轴瓦烧熔到一起。曲轴的径向间隙可用塑料塞尺检查，如图2-64所示。

首先清洁曲轴主轴颈、连杆轴颈、轴瓦和轴承盖，将塑料塞尺（或软金属丝）放置在曲轴轴颈上（不要将油孔盖住），盖上轴承盖并按规定拧紧力矩拧紧螺栓。注

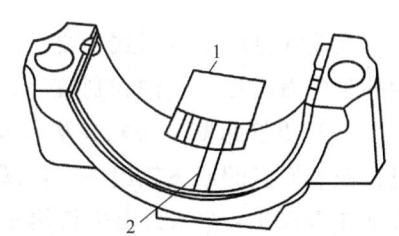

图2-64 曲轴径向间隙的检查
1—塑料塞尺 2—被压扁的塑料塞尺

意：不要转动曲轴。然后，取下轴承盖和塑料塞尺，用被压扁的塑料塞尺和间隙条宽度进行对照，如图2-65所示，查得塞尺宽度（或测量软金属丝厚度）对应的间隙值即曲轴的径向间隙。

（6）曲轴主轴瓦的选配

1）选择轴瓦内径。根据曲轴轴承的直径和规定的径向间隙选择合适内径的轴瓦。现代发动机曲轴轴瓦在制造时，根据选配的需要，其内径直径已制成一个尺寸系列。

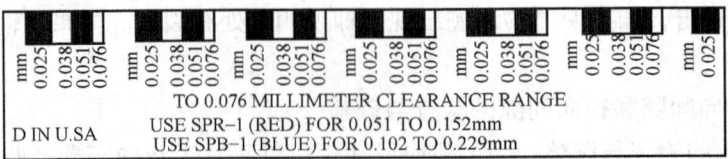

图 2-65　塑料塞尺

2）检查轴瓦钢背的质量。检查轴瓦钢背的质量，要求定位凸点完整，轴瓦钢背光整无损。

3）检测轴瓦的自由弹开量。检测轴瓦的自由弹开量，要求轴瓦在自由状态下的曲率半径大于座孔的曲率半径，保证轴瓦压入座孔后可借助轴瓦自身的弹力作用与轴承座贴合紧密，如图 2-66 所示。

4）检测轴瓦的高出量。轴瓦装入座孔内，上、下两片轴瓦的每端均应高出轴承座平面 $0.03\sim0.05\mathrm{mm}$，称为高出量 h，如图 2-67 所示。轴瓦高出座孔，以保证轴承与座孔紧密贴合，提高散热效果。

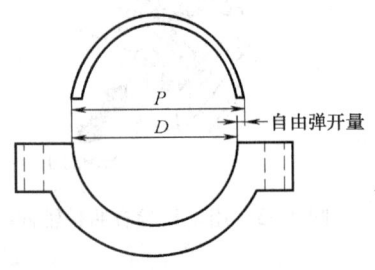

图 2-66　轴瓦自由弹开量的检测

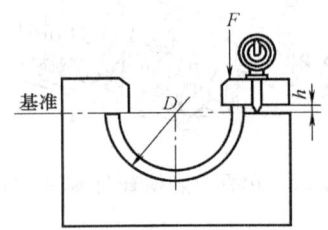

图 2-67　轴瓦高出量的检测

二、飞轮的检修

飞轮常见的损伤形式主要是齿圈磨损、打坏、松动和端面打毛，飞轮与离合器摩擦片接触的工作面磨损、起槽和刮痕等。

（1）更换齿圈　飞轮齿圈有断齿或齿端冲击耗损，与起动机齿轮的啮合状况发生变化时，应更换齿圈或飞轮组件。齿圈与飞轮配合的过盈量为 $0.30\sim0.60\mathrm{mm}$，更换时应先将齿圈加热至 $623\sim673\mathrm{K}$，再进行热压配合。

（2）修整飞轮的工作平面　当飞轮工作平面有严重烧灼或磨损沟槽深度超过 $0.50\mathrm{mm}$，或者飞轮端面圆跳动误差超过 $0.50\mathrm{mm}$ 时，应进行光磨修整。

（3）曲轴、飞轮和离合器总成组件后进行动平衡试验　组件动不平衡量应不大于原厂规定。更换飞轮或齿圈、离合器压盘或总成之后，都应重新进行组件的动平衡试验，并在规定的方位去除重量以满足动平衡要求。

相关知识

曲轴飞轮组主要包括曲轴和飞轮等机件，如图 2-68 所示。

在发动机工作过程中，燃料燃烧产生的气体压力直接作用在活塞顶上，推动活塞作往复直线运动，经活塞销、连杆和曲轴将活塞的往复直线运动转变为曲轴的旋转运动。发动机产生的动力大部分经曲轴后端的飞轮输出，还有一部分通过曲轴前端的齿轮和带轮驱动其他机构和系统。

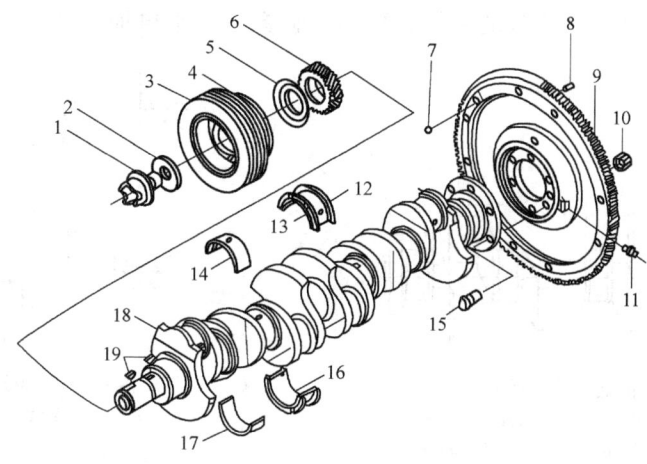

图 2-68　曲轴飞轮组
1—起动爪　2—锁紧垫圈　3—扭转减振器　4—带轮　5—挡油片　6—正时齿轮
7—6 缸上止点记号用钢球　8—离合器盖定位销　9—飞轮与齿圈　10—螺母　11—润滑脂嘴
12—止推片　13、14、16、17—主轴瓦　15—飞轮螺栓　18—曲轴　19—半圆键

一、曲轴

1. 曲轴的功用及工作条件

曲轴的功用是把活塞和连杆传来的气体力转变为转矩，用以驱动传动系统和发动机的配气机构以及其他辅助装置。曲轴在周期性变化的气体力和惯性力及它们的力矩的共同作用下工作，承受弯曲和扭转的交变载荷。因此，曲轴应有足够的抗弯曲、抗扭转的疲劳强度和刚度，轴颈应有足够大的承压表面和耐磨性，曲轴的质量应尽量小，对各轴颈的润滑应该充分。

2. 曲轴的材料

曲轴一般由 45、40Cr、35Mn2 等中碳钢和中碳合金钢模锻而成，轴颈表面经高频淬火或氮化处理，最后进行精加工。现代中、小型柴油机广泛采用球墨铸铁曲轴，球墨铸铁价格便宜，耐磨性能好，轴颈无须硬化处理，同时金属消耗量少，机加工量也少。为提高曲轴的疲劳强度，消除应力集中，轴颈表面应进行喷丸处理，圆角处要经滚压处理。

3. 曲轴的结构

曲轴的基本结构包括曲轴前端、主轴颈、连杆轴颈、曲柄臂、平衡重和后端凸缘等，如图 2-69 所示。

（1）曲轴前端　曲轴前端是指曲轴第一道主轴颈之前的部分，用以安装正时齿轮（正时同步带轮或链轮）和带轮等。为防止润滑油外漏，在曲轴前端装有油封装置；为减小扭转振动，曲轴前端还装有扭转减振器。

(2) 主轴颈　主轴颈是曲轴的支承部分。按曲轴主轴颈的数目，可以把曲轴分为全支承曲轴和非全支承曲轴两种。如图 2-70 所示，在每个连杆轴颈两边都有一个主轴颈，称为全支承曲轴，否则为非全支承。显然，全支承曲轴的主轴颈数比连杆轴颈数多一个，这种支承方式曲轴刚度好，但长度较长。由此可见，直列式发动机全支承曲轴的主轴颈数比气缸数多一个，V 形发动机全支承曲轴的主轴颈数是气缸数的一半再加一个。

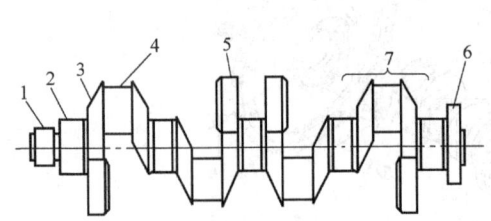

图 2-69　曲轴的基本结构
1—曲轴前端　2—主轴颈　3—曲柄臂　4—连杆轴颈
5—平衡重　6—后端凸缘　7—单元曲拐

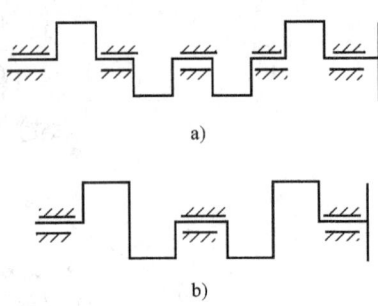

图 2-70　曲轴的支承形式
a) 全支承式　b) 非全支承式

(3) 连杆轴颈　连杆轴颈是曲轴和连杆相连的部分，连杆大头安装在曲轴的连杆轴颈上。

(4) 曲柄　曲柄是连接曲轴主轴颈和连杆轴颈的部分。在曲轴的主轴颈、曲柄和连杆轴颈上钻有贯通的油道，如图 2-71 所示，以使主轴颈内的润滑油经此油道流至连杆轴颈进行润滑。

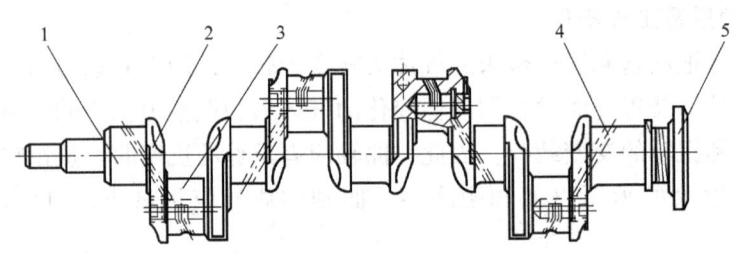

图 2-71　曲轴的油道
1—曲轴主轴颈　2—曲柄　3—连杆轴颈　4—油道　5—后端凸缘

(5) 平衡重　平衡重用来平衡连杆大头、连杆轴颈和曲柄等产生的离心力及力矩，有时还平衡部分往复惯性力，使发动机运转平稳。如图 2-72 所示，从整体来说，其惯性力及力矩是平衡的，但曲轴局部却受弯矩 M_{1-2}、M_{3-4} 作用，造成曲轴弯曲变形。如果在曲柄的相反方向上设置平衡重，就能使其产生的力矩与上述惯性力矩 M_{1-2}、M_{3-4} 相平衡。

(6) 曲轴后端　曲轴后端是最后一道主轴颈之后的部分。有安装飞轮用的凸缘，为防止润滑油从后端泄漏，后端也安装有油封装置。

4. 曲轴的轴向定位

当柴油机工作时，曲轴经常受到离合器施加于飞轮的轴向力及其他力的作用，从而可能发生轴向窜动的情况。过大的轴向窜动将影响活塞连杆组的正常工作并破坏正确的配气定时

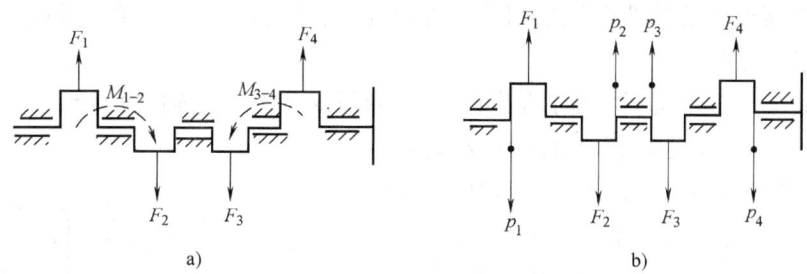

图 2-72 曲轴平衡重作用示意
a）无平衡重　b）加平衡重

和柴油机的喷油定时。为了保证曲轴轴向的正确定位，需要装设止推轴承，而且只能在一处设置止推轴承，以确保曲轴受热膨胀时能自由伸长。曲轴止推轴承有翻边轴瓦、止推环和止推片等多种形式，如图 2-73 所示。

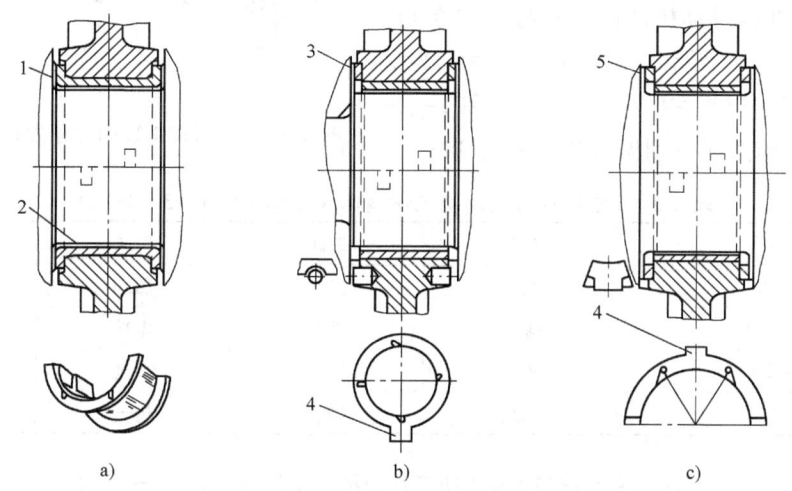

图 2-73 曲轴止推装置
a）翻边轴瓦　b）止推环　c）止推片
1—上翻边轴瓦　2—下翻边轴承　3—止推环　4—定位舌　5—止推片

（1）翻边轴瓦　翻边轴瓦是将轴瓦两侧翻边作为止推面，在止推面上浇注减摩合金。轴瓦的止推面与曲轴止推面之间留有 0.06～0.25mm 的间隙，从而限制了曲轴的轴向窜动量。

（2）止推片　半圆环止推片一般为四片，上、下各两片，分别安装在机体和主轴承盖上的浅槽中，用定位舌或定位销定位，以防止其转动。装配时，需将有减摩合金层的止推面朝向曲轴的止推面，不能装反。

（3）止推环　止推轴承环为两片止推圆环，分别安装在第一主轴承盖的两侧。

5. 曲拐布置与多缸发动机的工作顺序

各曲拐的相对位置或曲拐布置取决于气缸数、气缸排列形式和发动机工作顺序。当气缸数和气缸排列形式确定之后，曲拐布置就只取决于发动机工作顺序。发动机工作时，遵循以下规律：

1）应该使接连做功的两个气缸相距尽可能地远，以减轻主轴承载荷和避免在进气行程中发生"抢气"现象。

2）各气缸发火的间隔时间应该相同。发火间隔时间若以曲轴转角计，则称为发火间隔角。在发动机完成一个工作循环的曲轴转角内，每个气缸都应发火做功一次。对于气缸数为 i 的四冲程发动机，其发火间隔角应为 $720°/i$，即曲轴每转 $720°/i$ 时，就有一个气缸发火做功，以保证发动机运转平稳。

3）V形发动机左、右两列气缸应交替发火。

常见的几种多缸发动机的曲拐布置和工作顺序如下：

（1）直列式4缸四冲程发动机的曲拐布置 直列4缸四冲程发动机的曲拐对称布置在同一平面内，如图2-74所示。做功间隔角为 $720°/4=180°$，各缸工作顺序有1—3—4—2和1—2—4—3两种，工作循环分别见表2-1和表2-2。

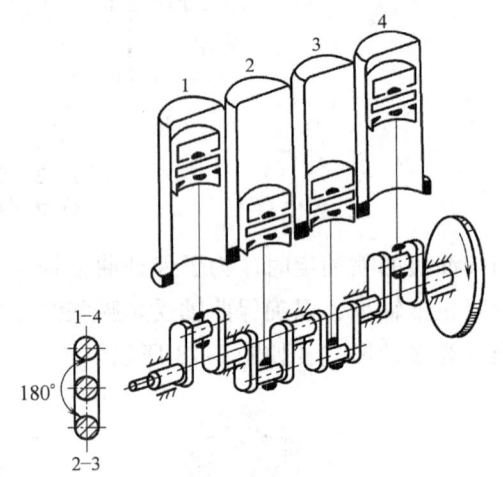

图2-74 直列式4缸四冲程发动机的曲拐布置

表2-1 4缸四冲程发动机工作循环（工作顺序1—3—4—2）

曲轴转角/(°)	1缸	2缸	3缸	4缸
0～180	做功	排气	压缩	进气
180～360	排气	进气	做功	压缩
350～540	进气	压缩	排气	做功
540～720	压缩	做功	进气	排气

表2-2 4缸四冲程发动机工作循环（工作顺序1—2—4—3）

曲轴转角/(°)	1缸	2缸	3缸	4缸
0～180	做功	压缩	排气	进气
180～360	排气	做功	进气	压缩
350～540	进气	排气	压缩	做功
540～720	压缩	进气	做功	排气

（2）直列式6缸四冲程发动机的曲拐布置 直列式6缸四冲程发动机发火间隔角为 $720°/6=120°$，六个曲拐分别布置在互成120°的三个平面内，如图2-75所示。

发火顺序是1—5—3—6—2—4和1—4—2—6—3—5，以第一种应用较为普遍，其工作循环见表2-3。

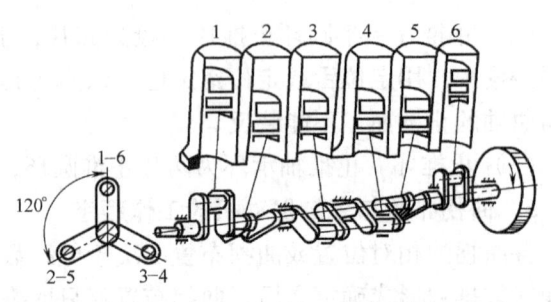

图2-75 直列式6缸四冲程发动机的曲拐布置

表 2-3　6 缸四冲程发动机工作循环（工作顺序 1—5—3—6—2—4）

曲轴转角/(°)	子区间	1缸	2缸	3缸	4缸	5缸	6缸
0~180	0—60	做功	排气	进气	做功	压缩	进气
	60—120	做功	排气	压缩	排气	压缩	进气
	120—180	做功	进气	压缩	排气	做功	进气
180~360	180—240	排气	进气	压缩	进气	做功	压缩
	240—300	排气	进气	做功	进气	做功	压缩
	300—360	排气	压缩	做功	进气	排气	压缩
360~540	360—420	进气	压缩	做功	压缩	排气	做功
	420—480	进气	压缩	排气	压缩	排气	做功
	480—540	进气	做功	排气	压缩	进气	做功
540~720	540—600	压缩	做功	排气	做功	进气	排气
	600—660	压缩	做功	进气	做功	进气	排气
	660—720	压缩	排气	进气	做功	压缩	排气

（3）V 形 8 缸四冲程发动机的曲拐布置　V 形 8 缸四冲程发动机有四个曲拐，其布置可以与直列式 4 缸四冲程发动机一样，四个曲拐布置在同一平面内，也可以布置在两个相互错开 90°的平面内，如图 2-76 所示。做功间隔角为 720°/8 = 90°，V 形发动机工作顺序随气缸序号的排列方法而定，图 2-76 中为 1—8—4—3—6—5—7—2，工作循环见表 2-4。

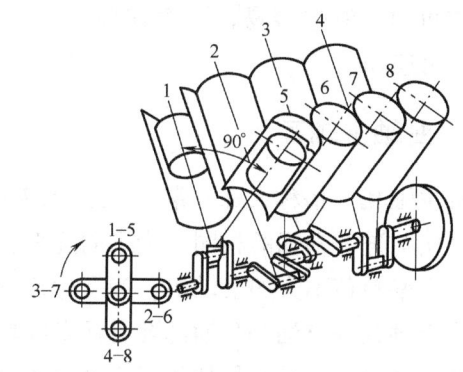

图 2-76　V 形 8 缸四冲程发动机的曲拐布置

表 2-4　8 缸四冲程发动机工作循环（工作顺序 1—8—4—3—6—5—7—2）

曲轴转角/(°)	子区间	1缸	2缸	3缸	4缸	5缸	6缸	7缸	8缸
0~180	0—90	做功	做功	进气	压缩	排气	进气	排气	压缩
	90—180	做功	排气	压缩	压缩	进气	进气	排气	做功
180~360	180—270	排气	排气	压缩	做功	进气	压缩	进气	做功
	270—360	排气	进气	做功	做功	进气	压缩	进气	排气
360~540	360—450	进气	进气	做功	排气	压缩	做功	压缩	排气
	450—540	进气	压缩	排气	排气	做功	做功	压缩	进气
540~720	540—630	压缩	压缩	排气	进气	做功	排气	做功	进气
	630—720	压缩	做功	进气	进气	排气	排气	做功	压缩

二、曲轴扭转减振器

当发动机工作时，曲轴在周期性变化的转矩作用下，各曲拐之间发生周期性相对扭转的现象称为扭转振动，简称扭振。当发动机转矩的变化频率与曲轴扭转的自振频率相同或成整数倍时，就会发生共振。共振时，扭转振幅增大，并导致传动机构磨损加剧，发动机功率下降，甚至使曲轴断裂。为了消减曲轴的扭转振动，现代柴油机多在扭转振幅最大的曲轴前端装设扭转减振器。柴油机上多采用橡胶扭转减振器、摩擦式及粘液（硅油）式等几种。

橡胶扭转减振器如图 2-77 所示。减振器壳体与曲轴连接，并与扭转振动惯性质量粘接在硫化橡胶层上。发动机工作时，减振器壳体与曲轴一起振动，由于惯性质量滞后于减振器壳体，因而在两者之间产生相对运动，使橡胶层来回揉搓，振动能量被橡胶的内摩擦阻尼吸收，从而使曲轴的扭振得以消减。橡胶扭转减振器结构简单、工作可靠、制造容易，因而在柴油机上广为应用。

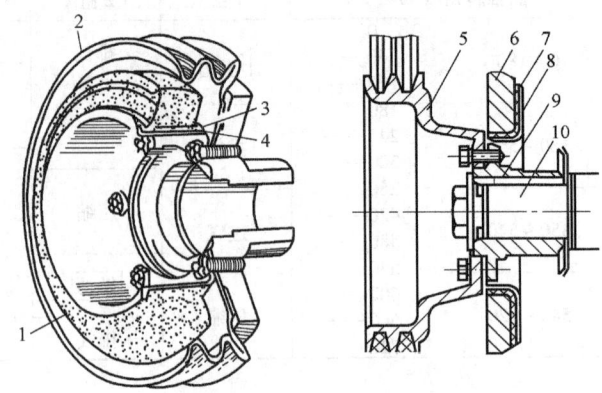

图 2-77　橡胶扭转减振器
1、6—惯性盘　2、5—曲轴带轮　3、7—橡胶环
4、8—减振圆盘　9—带轮轮毂　10—曲轴前端

三、曲轴主轴瓦

曲轴主轴瓦（俗称大瓦）装于主轴承座孔中，用于将曲轴支承在发动机的机体上。主轴瓦的结构与连杆轴瓦的相同，为了向连杆轴瓦输送润滑油，在主轴瓦上都开有周向油槽和通油孔。有些负荷不大的发动机，为了通用化起见，上、下两半轴瓦上都制有油槽，有些发动机只在上轴瓦开有油槽和通油孔，而负荷较重的下轴瓦则不开油槽。在相应的主轴颈上开径向通孔，这样，主轴承便能不间断地向连杆轴瓦供给润滑油。

> ⚠ 注意：
> 后一种主轴瓦上、下两片不能互换，否则主轴承的来油通道将被堵塞。

四、飞轮

飞轮的主要功用是通过储存和释放能量来提高柴油机运转的均匀性，以改善柴油机克服短暂的超负荷能力，与此同时，又将柴油机的动力传给离合器。

飞轮是一个转动惯量很大的圆盘。为了保证在有足够转动能量的前提下，尽可能减小飞轮的质量，应使飞轮的大部分质量都集中在轮缘上，因而轮缘通常做得宽而厚。

飞轮多采用灰铸铁制造，当轮缘的圆周速度超过 50m/s 时，要采用强度较高的球墨铸铁或铸钢制造。

飞轮外缘上压装有一个齿环，其作用是在柴油机起动时与起动机齿轮啮合，从而带动曲轴旋转。飞轮上通常刻有供油正时记号，以便校准供油时间。

飞轮与曲轴装配后应进行动平衡，否则在旋转时因质量不平衡而产生的离心力将引起柴油机的振动并加速主轴承的磨损。作动平衡后曲轴与飞轮的位置是固定而不能再变的。为避免装错或引起错位，使平衡受到破坏，飞轮与曲轴之间应有严格的相对位置，用定位销或不对称布置的螺栓予以保证。

>>> 知识拓展

曲轴质量定心机

曲轴在生产过程中会使用到曲轴质量定心机，如图 2-78 所示。这个设备是利用动平衡原理，通过计算机测量控制系统，找出曲轴毛坯的中心惯性主轴（通称为质量中心轴）并在此轴线上加工中心孔的设备。

曲轴质量定心机可有效减小曲轴加工后的初始不平衡量，从而达到提高曲轴的最后平衡精度和生产率。对于带有平衡配重块的曲轴，尤为重要。不平衡量小，则意味着平衡校正时在平衡配重块上去掉的质量少。

对于一般的柴油机，由于负荷大，会在曲轴上加装平衡块（环）；而对于汽油机，部分机型为了减小曲轴平衡的误差、减少动力损失和降低零部件的损坏，会再加装一个平衡机构。由于生产厂家不同，有的发动机并未再加装平衡机构，这个跟发动机的设计也有很大的关系。

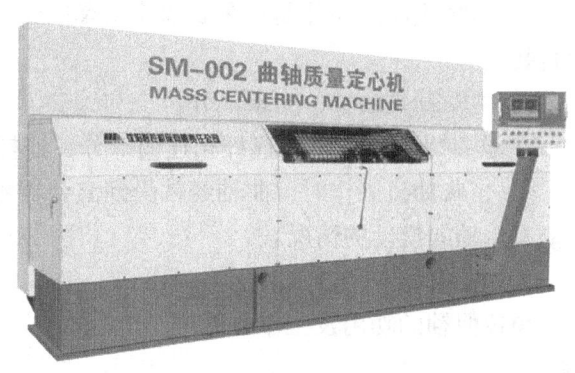

图 2-78　曲轴质量定心机

>>> 课后练习

一、填空题

1. 曲轴飞轮组主要包括_____和_____等机件。

2. 在发动机工作过程中，燃料燃烧产生的气体压力直接作用在活塞顶上，推动活塞作往复直线运动，经_____、_____和_____，将活塞的往复直线运动转变为曲轴的旋转运动。

3. 发动机产生的动力大部分经曲轴后端的_____输出，还有一部分通过曲轴前端的_____和_____驱动其他机构和系统。

4. 曲轴在周期性变化的气体力和惯性力及它们的力矩的共同作用下工作，承受_____和_____的交变载荷。

5. 曲轴的基本结构包括前端、_____、_____、_____、平衡重和后端凸缘等。

6. 按曲轴主轴颈的数目，可以把曲轴分为_____和_____两种。

二、名词解释

1. 曲轴前端——

2. 曲拐——

三、选择题

1. 曲轴一般由 45、40Cr、35Mn2 等中碳钢和中碳合金钢（　　）而制成。
   A. 铸造　　　　　　B. 模锻　　　　　　C. 车削　　　　　　D. 磨削
2. 现代中、小型柴油机广泛采用（　　）曲轴。
   A. 铸钢　　　　　　B. 生铁　　　　　　C. 球墨铸铁　　　　D. 合金

四、判断题

1. 为防止润滑油外漏，在曲轴前端有扭转减振器；为减小扭转振动，曲轴前端还装有油封装置。　　（　　）
2. 主轴颈是曲轴的支承部分。　　（　　）
3. 连杆轴颈是曲轴和连杆相连的部分，连杆大头安装在曲轴的连杆轴颈上。　　（　　）
4. 当柴油机工作时，曲轴经常受到离合器施加于飞轮的轴向力及其他力的作用，从而可能发生轴向摆动的情况。　　（　　）

五、简答题

简述曲轴的功用及工作条件。

项目三 配气机构构造与维修

【项目描述】

配气机构的功用是按照发动机每一气缸内所进行的工作循环和发火顺序的要求，定时开启和关闭各气缸的进、排气门，使可燃混合气（汽油机）或新空气（柴油机）得以及时进入气缸，废气得以及时从气缸内排出。配气机构由气门组和气门传动组组成。

【项目目标】

1) 掌握配气机构的分类、布置形式及功用与组成和基本工作原理。
2) 掌握配气机构各部件的结构特点和拆装要求。
3) 掌握配气机构故障的现象、原因及诊断与排除方法。
4) 掌握配气机构相关部件的检测与维修方法。

任务1 配气机构的基本认知

任务目标

知识目标：
1) 掌握配气机构的功用及基本组成。
2) 掌握配气门间隙的含义及调整方法。
3) 理解发动机的换气过程和配气相位。

能力目标：
1) 能够对配气机构主要部件进行拆装。
2) 能够理解气门间隙的含义并对其进行调整。
3) 掌握配气机构的装配连接关系。

素质目标：
1) 培养善于思考和自主学习的习惯。
2) 培养团队协作精神。
3) 具有良好的工作场所安全意识。

任务描述

1) 通过相关知识的学习，对配气机构的功用、种类及组成有基本的了解，掌握气门间隙的含义及调整方法。

2）利用教学模型、多媒体课件以及发动机配气机构各组件，观察发动机配气机构。

3）掌握发动机配气机构的结构并理解配气相位关系。

任务实施

一、配气机构的功用及组成

1. 功用

配气机构的功用是按照发动机各缸的做功次序和每缸工作循环的要求，准时地将各缸进、排气门打开与关闭，并向气缸供给新空气并及时排出废气，以便发动机进行进气、压缩、做功和排气行程。

新空气被吸入气缸越多，则柴油机可能输出的功率越大。新空气充满气缸的程度，用充气效率 η_v 表示。η_v 越高，表明进入气缸的新空气越多，燃烧时可能放出的热量就越大，柴油机的功率也就越大。

在进气行程中，实际进入气缸内的新空气的质量与理想状态下充满气缸工作容积的新空气的质量之比称为充气效率。即

$$\eta_v = M/M_0$$

式中　M——进气行程中，实际进入气缸的新空气的质量；

　　　M_0——在理想状态下，充满气缸工作容积的新空气的质量。

2. 组成

柴油机装了顶置气门式配气机构，由气门组和气门传动组组成，如图3-1所示。

气门组的作用是封闭进、排气道，由气门、气门座圈、气门导管、气门弹簧、气门弹簧座和气门锁夹等组成。

气门传动组的作用是使进、排气门按配气相位规定的时刻开闭，且保证有足够的开度。气门传动组零件则包括凸轮轴、挺柱、推杆、摇臂、摇臂轴、摇臂轴座和气门间隙调整螺钉等。

3. 工作原理

柴油机凸轮轴是通过正时齿轮由曲轴齿轮驱动的。柴油机每完成一个工作循环，曲轴旋转两圈（720°），各缸进、排气门各开启一次，凸轮轴只需转一圈，因此曲轴转速与凸轮轴转速之比为2∶1。

当凸轮基圆部分与挺柱接触时，挺柱不升高；当凸轮凸起部分与挺柱接触时，将挺柱顶起，挺柱通过推杆和调整螺钉使摇臂绕摇臂轴顺时针方向摆动，摇臂的长臂端向下推动气门，压缩气门弹簧，将气门头部推离气门座而打开气门。当凸轮凸起部分的顶点转过挺柱之后，便减小了对挺柱的推力，

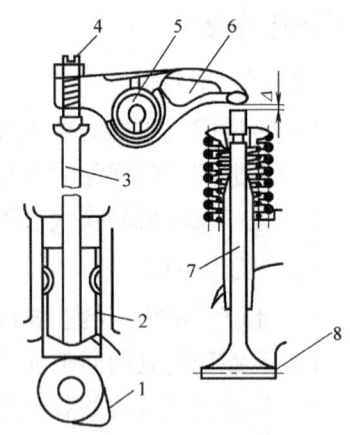

图3-1　柴油机配气机构结构
1—凸轮轴　2—挺柱　3—推杆
4—气门间隙调整螺钉
5—摇臂轴　6—摇臂
7—气门　8—气门座
Δ—气门间隙

气门在其弹簧张力的作用下,开度逐渐减小,直至最后关闭,使气门密封。

从上述过程可以看出,气门的开启是通过气门传动组的作用来完成的,而气门关闭则是由气门弹簧来完成的。气门的开闭时刻与规律完全取决于凸轮的轮廓曲线形状。每次气门打开时,压缩弹簧为气门关闭积蓄能量。

二、气门间隙

1. 气门间隙的定义

发动机工作时,气门及其传动件(如挺柱、推杆等)都将因为受热膨胀而伸长。如果气门与其传动件之间在冷态时不预留间隙,则在热态下由于气门及其传动件膨胀伸长而顶开气门,破坏气门与气门座之间的密封,造成气缸漏气,从而使发动机功率下降,导致起动困难,甚至不能正常工作。为此,发动机在冷态下,当气门处于完全关闭状态时,在气门与其传动件之间(一般是气门杆尾端与摇臂)需要预留适当的间隙,即气门间隙(见图3-1中的Δ)。

气门间隙既不能过大,也不能过小。间隙过小,则不能完全消除上述弊病;间隙过大,则进、排气门开启滞后,缩短了进、排气时间,降低了气门的开启高度,改变了正常的配气相位,使发动机因进气不足、排气不净而功率下降,此外,还使配气机构零件的撞击增加,产生响声且磨损加快。

不同的机型,气门间隙的大小也不同,最适当的气门间隙由发动机制造厂根据试验确定。一般冷态时,排气门间隙大于进气门间隙(排气门受热多),进气门间隙为0.25~0.3mm,排气门间隙为0.3~0.35mm。

2. 气门间隙的调整

在组装好配气机构后或使用中气门间隙不符合要求时,应调整气门间隙。气门间隙调整的条件是气门完全关闭,调整方法有逐缸调整法和两次调整法两种。

(1)逐缸调整法 逐缸调整法是通用方法,适用于各种类型的配气机构。当活塞位于压缩上止点时,该气缸的进、排气门都是完全关闭的,因此进、排气门间隙都可以进行调整。为了调整简便,调整时按发动机各缸做功次序逐缸调整各缸的气门间隙。转动飞轮,使飞轮上的上止点标记对准气缸体上的刻线,如图3-2所示,此时1缸处于压缩上止点。

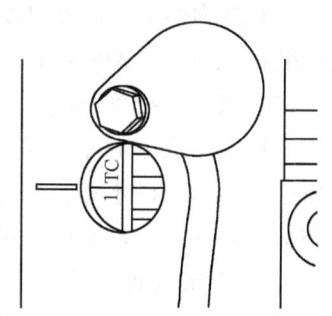

图3-2 飞轮上止点标记

按图3-3中的方法,选择适当厚度的塞尺插片插入气门摇臂与气门杆尾端之间,测量1缸进、排气门的气门间隙。测量时,来回抽动塞尺几次,当插入或抽出塞尺时,若手感略有阻滞(即无间隙滑动)或用手转动气门推杆也略有阻滞感,则表明气门间隙符合规定;若用规定厚度的塞尺规片插不进去或插进后有较大的间隙,则应调整气门间隙。然后,根据各缸做功间隔角,依次将曲轴按工作方向旋转相应的角度来确定其余各缸活塞的压缩上止点,从而调整相应缸的气门间隙。

判断活塞是否处于压缩上止点的方法是当活塞处于压缩行程上止点时,通过齿轮室观察孔观察，此时喷油泵凸轮应顶在喷油泵滚轮上，或此时稍微转动飞轮，并观察进、排气门均应保持不动。

调整气门间隙时，先松开气门间隙调整螺钉锁紧螺母，再用螺钉旋具边拧动气门间隙调整螺钉、边用塞尺测试间隙，直到间隙达到规定值为止。然后，在此位置上保持螺钉旋具固定不动，并拧紧锁紧螺母后再用塞尺验证一下气门间隙，若不符合规定，则应重新进行调整。

（2）两次调整法 两次调整法又称"双排不进"法，仅用于6缸（含6缸）以下的发动机。"双排不进"由多缸发动机工作循环表和配气相位的气门重叠现象而推导出，它是确定两次调整法可调整气门的依据。其中，"双"是指该缸进、排气门间隙均可调整；"排"是指该缸仅排气门间隙可调整；"不"是指该缸的进、排气门间隙都不可调整，

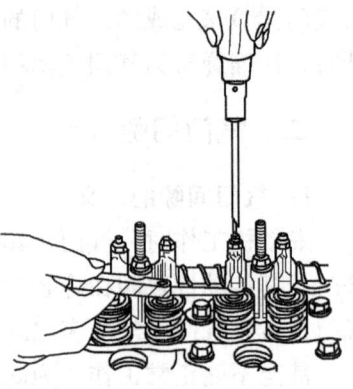

图3-3 调整气门间隙

"进"是指该缸仅进气门间隙可调整。用两次调整法调整多缸发动机的气门间隙，具有简便、迅速和准确等特点。

两次调整法调整气门间隙的方法是第一次，将1缸活塞定位于压缩行程上止点，按双、排、不、进和发动机各缸做功次序确定可调整的气门间隙并进行调整；第二次，转动曲轴一圈，再调整第一次没有调整过的气门间隙。例如，对于按1缸、3缸、4缸、2缸依次做功的4缸机，第一次可调整的气门为1缸的进、排气门，3缸的排气门和2缸的进气门；第二次可调整的气门为3缸的进气门，4缸的进、排气门和2缸的排气门。

三、配气相位

配气相位（配气定时）就是用曲轴转角表示进、排气门的开闭时刻和开启持续时间的。

传统的自然吸气式柴油机在换气过程中，若能够做到排气彻底且进气充分，则可以提高充气效率，增大柴油机的输出功率。因此，柴油机都采用延长进、排气时间，使气门早开晚关，以改善进、排气状况，提高柴油机的动力性。目前，柴油机已发展到增压中冷式，由于排气背压的增大（它不再是排往大气中），若进气门早开，会造成废气倒流。因此，增压柴油机进气门早开的不多；反之，排气门开启时间滞后的也不多，因为增压中冷柴油机进气压力较大，若气门关闭较晚，则会造成进入气缸的气体外流。

1. 配气相位图

用曲轴转角表示的进、排气门开闭时刻及其开启的持续时间称为配气定时，或称为配气相位。配气相位通常用环形图——配气相位图来表示，如图3-4所示。

（1）进气门早开晚关 活塞到达进气行程下止点时，由于进气吸力的存在，气缸内的气体压力仍然低于大气压，在大气压的作用下仍能进气；另外，此时进气流还有较大的惯性。由此可见，进气门晚关可以增加进气量。进气门早开，可使进气一开始就有一个较大的通道面积，以减小进气阻力，使进气顺畅，同样可增加进气量。

进气门在进气行程上止点之前开启称为早开。从进气门开启到上止点曲轴所转过的角度

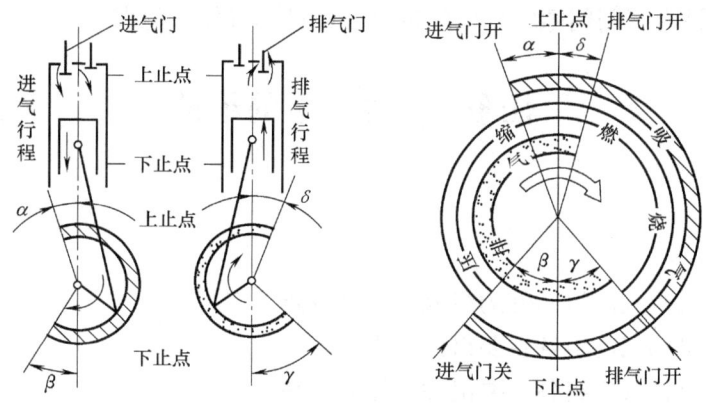

图 3-4 配气定时（配气相位）图

称为进气提前角，记作 α。进气门在进气行程下止点之后关闭称为晚关。从进气行程下止点到进气门关闭曲轴转过的角度称为进气滞后角，记作 β。整个进气过程持续的时间或进气持续角为 $(180°+\alpha+\beta)$ 曲轴转角。一般，$\alpha=0°\sim30°$ 曲轴转角，$\beta=30°\sim80°$ 曲轴转角。

（2）排气门早开晚关　在做功行程快要结束时，排气门打开，可以利用做功的余压使废气高速冲出气缸，排气量约占 50%。排气门早开，势必造成功率损失，但因气压低，损失并不大，而早开可以减少排气所消耗的功，又有利于废气的排出，因此总功率仍是提高的。而在活塞到达排气行程上止点时，气缸内废气压力仍然高于外界大气压，加之排气气流的惯性，排气门晚关可使废气排得更干净一些。

排气门在做功行程结束之前，即在做功行程下止点之前开启，称为排气门早开。从排气门开启到下止点曲轴所转过的角度称为排气提前角，记作 γ。排气门在排气行程结束之后，即在排气行程上止点之后关闭，称为排气门晚关。从上止点到排气门关闭曲轴所转过的角度称为排气滞后角，记作 δ。整个排气行程持续时间或排气持续角为 $(180°+\gamma+\delta)$ 曲轴转角。一般，$\gamma=40°\sim80°$ 曲轴转角，$\delta=0°\sim30°$ 曲轴转角。

（3）气门重叠角　由于进气门早开和排气门晚关，致使活塞在上止点附近出现进、排气门同时开启的现象，称为气门重叠。重叠期间的曲轴转角称为气门重叠角，它等于进气提前角与排气滞后角之和，即 $\alpha+\delta$。

2. 配气相位对柴油机工作性能的影响

配气相位四个角度的大小对柴油机性能有很大的影响。进气提前角增大或排气滞后角增大将使气门重叠角增大，会出现废气倒流、新空气随废气排出的现象，影响废气的排出量和进气量大小；相反，若气门重叠角过小，则又会造成排气不彻底和进气减少的问题。

合理的配气相位是根据柴油机的结构形式及转速等因素通过反复试验而确定的。

课后练习

简答题

1. 配气机构作用是什么？
2. 什么叫做配气相位？为什么进、排气门早开晚关？

3. 为什么要留有气门间隙？气门间隙过大或过小有什么危害？

任务2　气门组的维修

▶▶ 任务目标

☞ 知识目标：

1）了解配气机构气门组零件的组成及常见故障。
2）熟悉配气机构气门组各主要组件的损伤。
3）掌握配气机构气门组各主要组件的检验方法。

☞ 能力目标：

1）能够对配气机构气门组主要零件进行拆装。
2）能够对配气机构气门组常见故障进行诊断与检修。
3）能够对配气机构气门组进行常规保养。
4）培养独立操作能力。

☞ 素质目标：

1）培养善于思考和自主学习的习惯。
2）培养团队协作精神。
3）具有良好的工作场所安全意识。

▶▶ 任务描述

1）通过对气门组零件的维修实践，学习配气机构的作用、种类及组成。
2）利用教学模型、多媒体课件以及发动机配气机构气门组各零件实物，观察发动机配气机构气门组各主要组件的损伤，学习检验方法。
3）掌握发动机配气机构气门组各主要组件的检修方法。

▶▶ 任务实施

一、气门杆的检验与修理

气门杆的检验主要包括检验气门杆的直径和弯曲情况等。

（1）外观检验　当发现气门有裂纹、破损或烧损时，必须更换气门。

（2）气门杆磨损的检查　气门杆磨损，使气门杆与导管孔的间隙增大，易使气门歪斜，导致气门关闭不严而漏气。当高温废气通过导管孔间隙时，会使气门及导管过热，加速它们的磨损，并可能由于导管中润滑油烧结，使气门卡死而无法动作。当气门杆与气门导管的配合间隙过大时，应更换气门和气门导管。用外径千分尺测量气门杆的磨损程度，如图3-5所示，在气门杆上、中和下三个部位分别测量油量，将测量的尺寸与标准值进行比较，若超过规定范围，则更换气门或镀铬修复。

（3）气门杆弯曲和气门头部歪斜的检查　气门杆的弯曲可用百分表来测定，如图3-6所示。清除气门积炭并将气门擦净，将气门杆支承在两个距离100mm 的 V 形架上，然后用百分表测量气门杆中部的弯曲度。转动气门头部一圈，气门头部百分表读数最大值与最小值之差的1/2 即气门头部的倾斜度误差。气门杆弯曲或气门头部歪斜超过规定范围后，需要更换或校正气门。

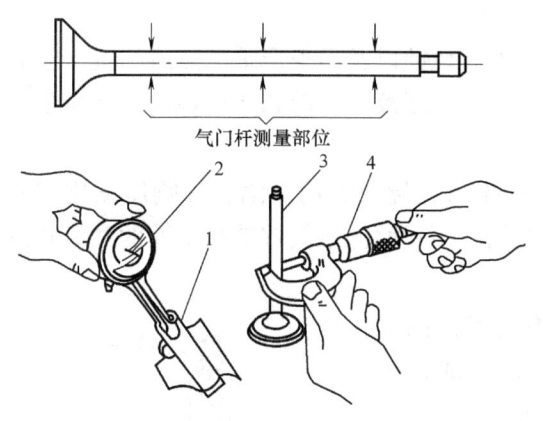

图3-5　气门杆和气门导管直径的测量
1—气门导管　2—内径百分表
3—气门杆　4—外径千分尺

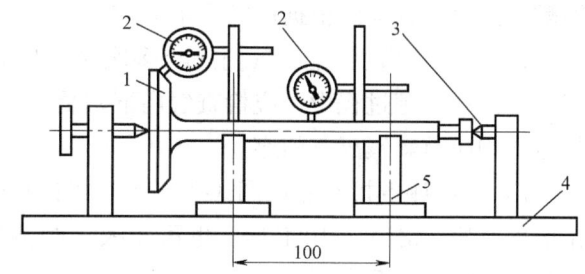

图3-6　气门变形的检查
1—气门　2—百分表　3—顶尖
4—平板　5—V 形架

二、气门导管的检修

气门导管用来引导气门作直线运动，保证气门和气门座同心，配合严密而使其不漏气。因此，气门杆与气门导管之间需要有一定的配合间隙。若因磨损使其值超限过大，气门在运动时就会出现摆动和受到冲击，造成气门磨损不均匀，气门关闭不严，引起漏气以致气门烧损。同时，润滑杆身的润滑油也会大量漏入气缸燃烧，不仅浪费润滑油，也会造成严重积炭，加速零件磨损。间隙过小时，会影响气门的自由运动，在杆身受热膨胀时可能卡死，使气门不能关闭。因此，在维修时不要忽略检查气门导管间隙值。

（1）气门导管配合间隙的检查　气门导管与气门杆配合间隙的经验检查方法是将气门杆和导管孔擦净，在气门杆上涂一层润滑油，放入导管内，上、下拉动几次，然后气门能靠本身重量缓慢下降，则认为配合适当。若配合间隙超限，就应更换新气门导管。

配合间隙的量具测量是将气门提起至气缸盖平面的一定高度（$L=15$mm），用百分表触头抵在气门头的边缘处，如图3-7所示，然后反复摆动气门，百分表测得一个摆差，即气门导管的磨损情况。磨损极限是指进气门摆差不得超过 1.00mm，排气门摆差不得超过 1.30mm，

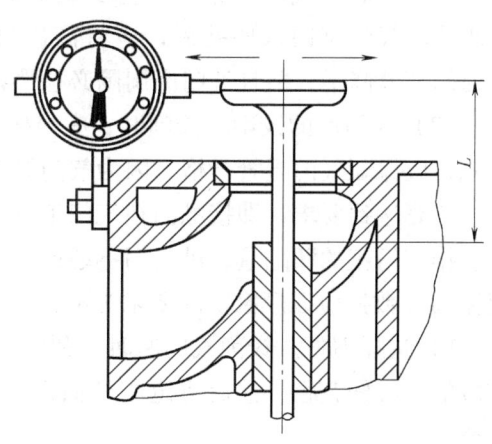

图3-7　气门杆与导管配合间隙的检查

否则应更换气门导管。

（2）气门导管内径的测量　气门导管内径的测量方法如图3-5所示，用分球式内径百分表测量图中箭头所示的部位，表的读数即气门导管的内径。当气门导管内径超出磨损极限时，应用气门导管拆装器拆下气门导管，更换新的气门导管。

三、气门座的检修

检查气门座的工作面，若气门座工作面过度磨损、烧蚀以及出现严重斑点或凹坑，应通过铰削、修磨等工艺来恢复其工作性能；如果气门座圈有裂纹、松动和严重烧伤，则应重新镶配气门座。具体应根据厂家要求而定。

（1）气门座的镶配　气门座经多次铰削后直径增大，导致气门下陷，影响压缩比和充气效率。在修理过程中，应检查气门下陷量，如果气门顶平面低于气缸盖底平面的数值超过规定，则应重新镶配气门座。

1）气门座的拆卸。如图3-8所示，最好用专用工具拉出旧气门座。若无专用工具，也可用铰刀削薄气门座或在气门座内侧点焊几个焊点，敲击焊点，拆下气门座。

2）气门座的选配。测量气门座圈孔的直径，按直径孔的大小选择相应的新座圈。为了防止松落，新座圈与座孔应有一定的过盈量（如0.075~0.125mm）；气门座圈的材料应采用在工作温度下塑性变形较小而硬度较高的合金材料，一般采用合金铸铁和球墨铸铁，也有采用合金钢的。通常座圈的硬度比气门工作面的硬度稍低一些。

3）气门座镶嵌。通常采用冷缩法或加热法将气门座镶入座孔内。冷缩法是将气门座在液氮中冷冻至-195℃后，压入气门座孔。热胀法是实际生产中的常用方法，即将座孔加热到规定温度（用油浴加热，温度一般为80~100℃），然后将气门座涂油，垫以软金属迅速将气门座压入座孔。气门座镶入座孔后，应将高出气缸体（气缸盖）平面的部分修平，并且气门座周围必须严密、牢固、可靠。

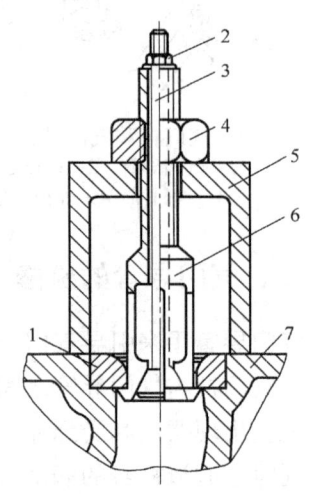

图3-8　气门座的拆卸
1—气门座　2—张开螺母　3—张开锥
4—旋力螺母　5—套筒
6—弹簧卡头式拉爪　7—气缸盖

（2）气门座的铰削　铰削时，应根据实际情况，用专用工具对气门座进行铰削。注意：首先，应保证气门导管合格，因为气门导管是铰削的定位基准；其次，边铰削、边与气门试配，最终达到要求，即接触面在气门工作锥面的中部偏下，接触面宽为1.0~1.8mm；检查进、排气门座的凹陷量，进气门不超过1.88mm，排气门不超过2.807mm。否则，应更换气门座圈（数据应以厂家实际要求为准）。气门座的铰削顺序如图3-9所示。

1）选择刀杆。铰削气门座时，利用气门导管作为定位基准。根据气门导管的内径选择相应的定心杆直径，然后将定心杆插入气门导管内，保证铰削的气门座与气门导管中心线重合。

2）粗铰。选用与气门工作面角度相同的粗铰刀粗铰工作面。15°铰刀，用于铰削气门

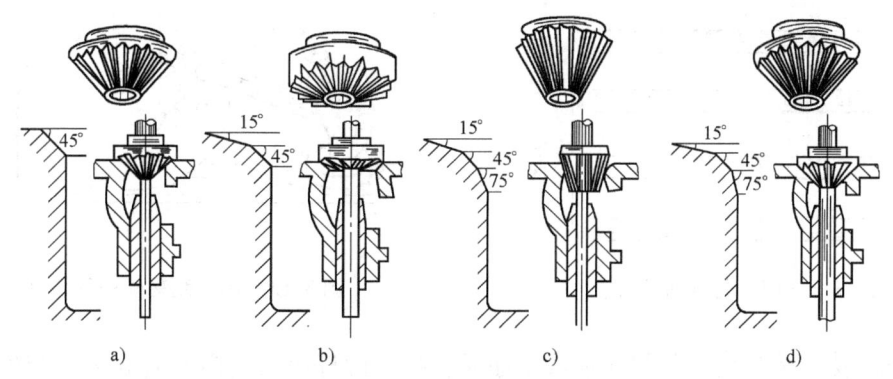

图 3-9 气门座的铰削顺序
a) 粗铰 b) 接触面偏上,铰上口 c) 接触面偏下,铰下口 d) 精铰

座上平面角,使气门座工作锥面下移;30°铰刀和45°铰刀,作为气门工作锥面铰刀;75°铰刀,用于扩大气门座孔内径,使工作锥面上移。铰削时,双手要均匀用力。如果由于工作面硬化层使铰刀打滑,可用砂布垫于铰刀下砂磨工作面,然后进行铰削,直至将表面的凹陷斑点全部去掉。

3)试配。粗铰后,用光磨过的同一组气门进行试配,查看接触面所处的位置。接触面应位于气门的中下部,接触面宽度应符合要求,保证进气门的密封性和排气门的散热作用。

4)精铰。选用与工作面角度相同的细刃铰刀进行精铰,或在铰刀下面垫以细砂布进行光磨,保证工作面平整光滑。

如果气门座材质坚硬,不易铰削,可用气门座光磨机进行铰削。光磨机修磨气门速度快、质量好,特别是修磨硬度高的气门座效果更好,但砂轮消耗较大,需要经常进行修整。磨削前应将气门导管孔及气门座圈擦净,以气门导管为基准,选择适合于气门导管孔径的定心杆插入气门导管孔,不准有摇摆或偏斜现象,然后按规定角度和要求进行修磨。

(3)气门的研磨 气门座铰削完毕后,应对其进行研磨,研磨可分为机器研磨和手工研磨两种。手工研磨工艺:首先,将相关部位清洁干净;然后,在气门工作面上涂一层粗气门研磨砂,将气门杆上涂一些润滑油后,将其插入气门导管内;最后按照图 3-10 所示,用手捻转气门捻子进行研磨,当气门与气门座的工作面出现一条较整齐且无斑痕、无麻点的接触环带时,将粗研磨砂洗去,换用细气门研磨砂继续研磨。当气门工作面出现一条整齐而灰色无光的环带时,洗去细砂,涂上润滑油再研磨几分钟即可。

(4)气门与气门座的密封性检验 为检验气门座的修复是否合格(图 3-11),需要检查气门与气门座的气密性,以保证发动机正常工作。通常有以下几种方法检查气密性:

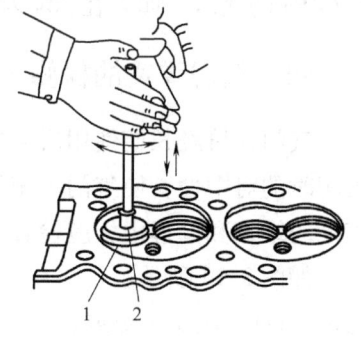

图 3-10 手工研磨气门
1—气门 2—气门捻子

1)划线法(图 3-12)。用软铅笔在气门锥面上沿垂直于密封带方向划若干条线,将气门放入气门座内,不装气门弹簧,转动气门1/4圈,取出气门检查。如果线条在密封带处均已中断,则说明气门密封性能好。

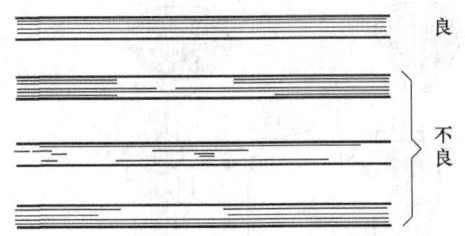

图 3-11 气门密封锥面的检查

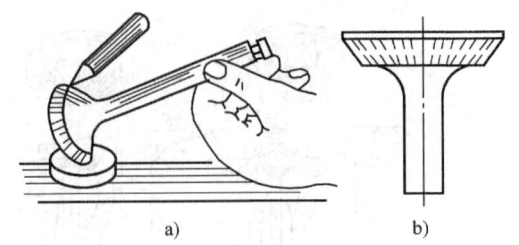

图 3-12 用划线法检查气门密封性

2）敲击法。将气门与气门座清洗干净后，把气门杆放入气门导管孔内，当气门头距离气门座 25mm 左右时，用手轻拍气门，使其沿气门导管孔垂直落下，连续数次后取出气门检查气门座密封锥面。若气门座密封锥面上有明亮、完整的光环且无斑点，即可认为气密性良好。

3）涂色法。在气门密封锥面涂上一层红丹油，并把气门放入气门导管孔内，然后用力将气门压在气门座上旋转 1/8～1/4 圈后取出，最后检查气门座上的红丹油情况。如果气门座密封锥面上全部沾上红丹油，并且均匀整齐，则说明气密性良好。

4）渗油法。将与气门座配套使用的气门放入气门导管孔内，并使气门紧贴气门座的密封锥面，然后在气门上涂抹足够的煤油，经 3～5min 后，如果没有出现漏油现象，则可认为气密性良好。

5）气压试验法。用带有气压表的气门密封检验器（图 3-13）进行检查，即将检测器的空气容筒紧压在气门座的外缘上，并使空气容筒与气缸盖接合面保持良好的气密性，然后用手捏橡皮球向空气容筒内充气，使其具有 0.6～

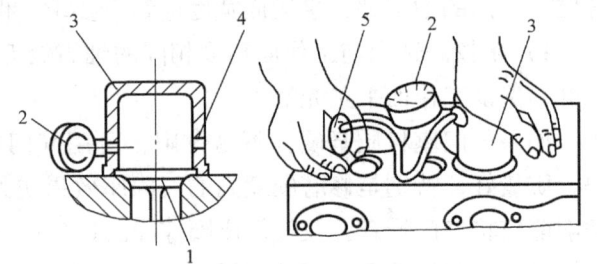

图 3-13 用气门密封检验器检验气门密封性
1—气门 2—气压表 3—空气容筒
4—与橡皮球相连的气孔 5—橡皮球

0.7MPa 的气压。如果在 30s 内气压表的读数不下降，则表示气密性良好。

四、气门弹簧的检修

气门弹簧经长期使用后会出现断裂、歪斜、弹力减弱现象。气门弹簧的歪斜将影响气门关闭时的对中性，使气门关闭不严，容易烧蚀密封带，并破坏气门旋转机构的正常工作。在车辆的维护和修理中，应检查气门弹簧的技术状况，如果发现有裂损，应更换新件。

如图 3-14 所示，可采用直角尺检测气门弹簧，如果弹簧的自由长度缩短超过规定尺寸（如 2mm），应予以更换，在 2mm 之内可加垫片调整；如果弹簧的弯曲变形超过 2°，应予以更换，气门弹簧的外圆柱在全长上对底面的垂直度公差不允许超过 1.5mm。

用弹簧检验仪检测气门弹簧弹力是否合乎技术规范（图 3-15），弹力的减小不能大于标准值的 10%，必要时更换新件。在无弹簧的原厂数据时，一般可采用新、旧弹簧对比来判断。对于气门旋转机构的检验，如片弹簧出现变形、断裂、弹力减弱现象，应予以更换。

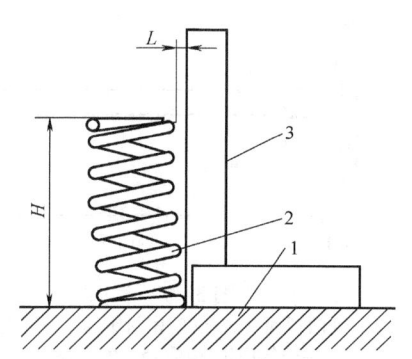

图 3-14 气门弹簧垂直度和自由高度的检查
1—平板 2—气门弹簧 3—直角尺
L—间隙值 H—自由高度

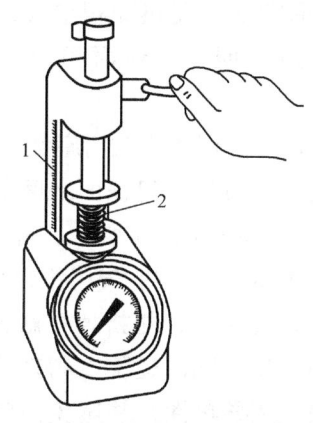

图 3-15 用弹簧检验仪检验
弹簧的自由高度和弹力
1—标尺 2—弹簧

相关知识

气门组的作用是封闭进、排气道，它由气门、气门座（气门座圈）、气门导管、气门弹簧、气门弹簧座和气门锁夹等组成，如图 3-16 所示。

一、气门

1. 气门的工作条件

气门的工作条件非常恶劣：一是气门直接与高温燃气接触，受热严重，进气门处的温度为 297～397℃；排气门处的温度高达 777～927℃；二是气门在关闭时承受很大的落座冲击力，柴油机转速越高，冲击力越大，还要承受气体压力和传动组零件的冲击力；三是气门在润滑条件很差的情况下以极高的速度启闭，并在气门导管内作高速往复运动；四是气门由于与高温燃气中有腐蚀性的气体接触而受到腐蚀。

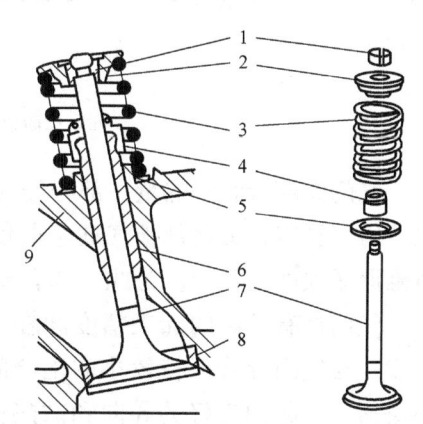

图 3-16 气门组
1—气门锁夹 2—气门弹簧座 3—气门弹簧
4—气门油封 5—气门弹簧垫 6—气门导管
7—气门 8—气门座 9—气缸盖

2. 气门的材料

进气门一般采用中碳合金钢（如镍钢、镍铬钢及铬钼钢等），排气门多采用耐热合金钢。为了节约耐热合金钢，降低材料成本，有些柴油机排气门的头部采用耐热合金钢，杆身采用中碳合金钢，然后将两者焊接在一起。一些排气门还在头部锥面喷涂一层钨钴等特种合金材料，以提高其耐高温及耐腐蚀性。

3. 气门的结构

发动机的进、排气门均为蘑菇形气门，由气门头部和气门杆两部分构成，如图 3-17 所示。气门顶面有平顶、凹顶和凸顶等形状，如图 3-18 所示。凹顶质量小、惯性小，头部与杆部有较大的过渡圆弧，使气流阻力小，以及具有较大的弹性，对气门座的适应性好，容易获得较好的磨合，但受热面积大，易存废气，容易过热及受热易变形，因此仅用于进气门。

凸顶的刚度大，受热面积也大，用于某些排气门。目前应用最多的是平顶气门，其结构简单，制造方便，受热面积小，进、排气门都可采用。

气门与气门座或气门座圈之间靠锥面密封。

气门锥面与气门顶面之间的夹角称为气门锥角，如图3-17中的3所示。进、排气门的气门锥角一般为30°或45°。气门锥角可以使气门落座时有自动定位作用，能挤掉接触面上的沉积物，具有自净作用，同时还能获得较大的压合力，以提高密封性和导热性，并避免使气流拐弯过大而降低流速。

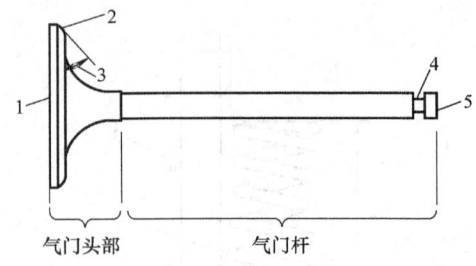

图3-17 气门
1—气门顶面 2—气门密封锥面 3—气门锥角
4—气门锁夹槽 5—气门尾端面

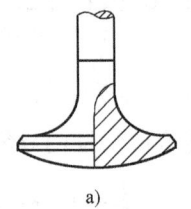 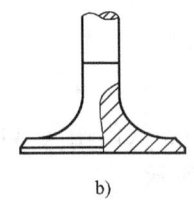 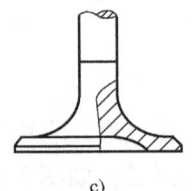 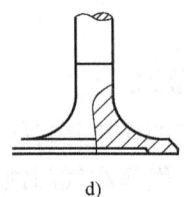

a)　　　　　b)　　　　　c)　　　　　d)

图3-18 气门顶部形状
a) 球面顶　b) 平顶　c) 喇叭形顶　d) 凹顶

气门头部接收的热量一部分经气门座圈传给气缸盖；另一部分则通过气门杆和气门导管也传给气缸盖，最终都被气缸盖水套中的冷却液带走。为了增强传热，气门与气门座圈的密封锥面必须严密贴合。为此，二者要配对研磨，研磨之后不能互换。

气门杆有较高的加工精度和较低的表面粗糙度，与气门导管保持较小的配合间隙，以减小磨损，并起到良好的导向和散热作用。气门尾端的形状取决于气门弹簧座的固定方式，如图3-19所示。采用剖分成两半且外表面为锥面的气门锁夹来固定气门弹簧座，结构简单，工作可靠，拆装方便，因此得到了广泛的应用。气门锁夹内表面有多种形状，相应地，气门尾端也有各种形状的气门锁夹槽。

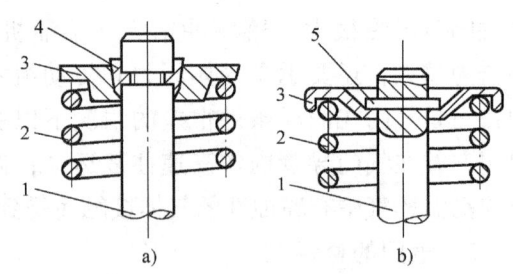

图3-19 气门弹簧座固定方式
a) 锁夹式　b) 锁销式
1—气门杆 2—气门弹簧
3—弹簧座 4—锁夹 5—锁销

二、气门座与气门座圈

气缸盖上与气门锥面相贴合的部位称为气门座，如图3-16中的8所示。气门座的温度很高，又承受频率极高的冲击载荷，容易磨损，因此，铝气缸盖和大多数铸铁气缸盖均镶嵌有由合金铸铁或粉末冶金或奥氏体钢制成的气门座圈。在气缸盖上镶嵌气门座圈可以延长气缸盖的使用寿命。也有一些铸铁气缸盖不镶气门座圈，直接在气缸盖上加工出气门座。

三、气门导管与气门油封

气门导管的功用是对气门的运动进行导向，保证气门作直线往复运动，使气门与气门座或气门座圈能正确贴合，如图 3-16 中的 6 所示。此外，还将气门杆接收的热量部分地传递给气缸盖。气门导管的工作温度较高，而且润滑条件较差，靠配气机构工作时飞溅起来的润滑油来润滑气门杆和气门导管孔。气门导管由灰铸铁、球墨铸铁或铁基粉末冶金制造而成。在以一定的过盈量将气门导管压入气缸盖上的气门导管座孔之后，再精铰气门导管孔，以保证气门导管与气门杆的正确配合间隙。

发动机高速化后，进气管中的真空度显著地增高，气门室中的润滑油会通过气门杆与气门导管之间的间隙被吸入进气管和气缸内，除增加润滑油的消耗外，还会在气门和燃烧室中产生积炭。为此，发动机的气门杆上部一般还装有气门油封，如图 3-16 中的 4 所示。

四、气门弹簧

气门弹簧的功用是保证气门关闭时能紧密地与气门座或气门座圈贴合，并克服在气门开启时配气机构产生的惯性力，使传动件始终受凸轮控制而不相互脱离。

气门弹簧一般为等螺距圆柱形螺旋弹簧。当气门弹簧的工作频率与其固有的振动频率相等或为整数倍时，气门弹簧就会发生共振。共振时，将使配气定时遭到破坏，使气门发生反跳和冲击，甚至使弹簧折断。为防止共振的发生，可采取以下结构措施：

（1）采用双气门弹簧　在柴油机和高性能汽油机上广泛采用每个气门安装直径不同且旋向相反的内、外两个弹簧，即双气门弹簧，如图 3-20 所示。由于两个弹簧的固有频率不同，当一个弹簧发生共振时，另一个弹簧能起到阻尼减振作用。采用双气门弹簧可以减小气门弹簧的高度，而且当一个弹簧折断时，另一个弹簧仍可维持气门工作。弹簧旋向相反，可以防止折断的弹簧圈卡入另一个弹簧圈内而使其不能工作或损坏。

（2）采用变螺距单气门弹簧　某些高性能汽油机采用变螺距单气门弹簧，如图 3-21 所示。变螺距单气门弹簧的固有频率不是定值，从而可以避免产生共振。

（3）采用锥形气门弹簧　锥形气门弹簧的刚度和固有振动频率沿弹簧轴线方向是变化的，因此可以消除发生共振的可能性。

图 3-20　双气门弹簧

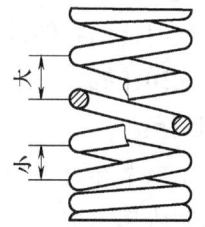

图 3-21　变螺距单气门弹簧

>>> 课后练习

一、判断题

1. 为了提高气门与气门座的密封性能，气门与气门座圈的密封带宽度越小越好。
（　　）
2. 进气门头部直径通常比排气门的大，而气门锥角有时比排气门的小。（　　）
3. 进气门关闭不严会引起回火，排气门关闭不严会引起排气管放炮。（　　）

二、选择题

1. 下述各零件不属于气门传动组的是（　　）。
   A. 气门弹簧　　　B. 挺柱　　　C. 摇臂轴　　　D. 凸轮轴
2. 增压柴油机的进气门锥角可以增大到（　　）。
   A. 90°　　　B. 120°　　　C. 45°　　　D. 60°
3. 气门座圈的磨损，将使气门间隙（　　）。
   A. 增大　　　B. 减小　　　C. 不变
4. 气门与气门座圈的密封带应该在（　　）。
   A. 气门工作锥面的中部　　　B. 气门工作锥面的中间靠里
   C. 气门工作锥面的中间靠外

三、简答题

1. 气门组由哪些部件组成？各起什么作用？
2. 配气机构有哪些常见故障？主要原因是什么？

任务3　气门传动组的维修

>>> 任务目标

☞ 知识目标：

1) 了解气门传动组件的常见故障。
2) 掌握气门传动组件的作用、种类和组成。
3) 掌握气门传动组件的结构。

☞ 能力目标：

1) 能够对气门传动组件主要部件进行拆装。
2) 能够对气门传动组件常见故障进行诊断与检修。
3) 能够对气门传动组件进行常规保养。
4) 培养独立操作能力。

☞ 素质目标：

1) 培养善于思考和自主学习的习惯。
2) 培养团队协作精神。
3) 具有良好的工作场所安全意识。

任务描述

1) 通过对气门传动组零件的检修，学习气门传动组件的作用、种类及组成。
2) 利用教学模型、多媒体课件以及发动机气门传动组件实物，观察发动机气门传动组件的损伤，学习检验方法。
3) 掌握发动机气门传动组件的检修方法。

任务实施

一、凸轮轴及轴承的检修

（1）检查凸轮轴轴颈的尺寸　用千分尺测量凸轮轴轴颈尺寸，如图3-22所示。若凸轮轴轴颈尺寸的测量值小于磨损极限，则需要更换新的凸轮轴。

（2）检查凸轮的总高度　用千分尺测量凸轮总高度（基圆加升程），如图3-23所示。若凸轮总高度的测量值超出极限范围，则需要更换新的凸轮轴。

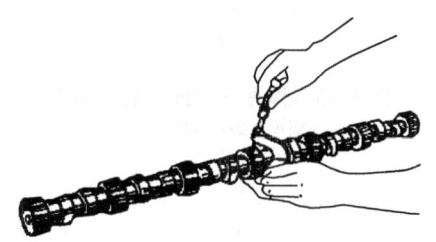

图3-22　测量凸轮轴轴颈

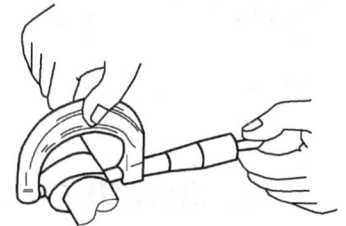

图3-23　测量凸轮总高度

（3）检查凸轮轴的弯曲变形　检查凸轮轴弯曲变形（图3-24）时，可将凸轮轴前、后两轴颈搁置在V形架内，用百分表抵触在中间轴颈上。转动凸轮轴一圈，百分表指针前后指示的读数之差即该轴颈对前、后两轴颈的径向圆跳动量。若该值超出极限值，则需要更换凸轮轴。

（4）检查凸轮轴的轴向间隙　检查凸轮轴的轴向间隙时，用适当的工具将凸轮轴向后移至极限位置，将百分表指针调至零位，这时将使凸轮轴轴向前移至最前处，读取表针所指示的读数，此读数即凸轮轴的轴向间隙。也可拆去相关件，直接用塞尺插入间隙处测量。如果超过规定尺寸，应根据具体的定位方式采取相应的修理方法，如更换凸轮轴承、加大推力面或更换调整环等。

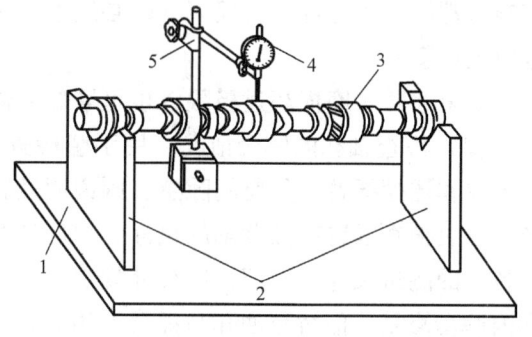

图3-24　检查凸轮轴的弯曲变形
1—平板　2—V形架　3—凸轮轴
4—百分表　5—磁性表座

二、挺柱的检查

用外径千分尺测量挺柱的外径,如图3-25所示。例如,YC6105QC型柴油机挺柱外径的规定值为27.959~27.980mm,使用极限为27.919mm。当挺柱外径的测量值小于使用极限时,则应更换新的挺柱。

若挺柱底面有拉花、裂纹和严重烧伤,则应更换新的挺柱。

三、推杆的检查

如图3-26所示,测量推杆的直线度。当推杆的直线度误差超过使用极限(0.4mm)时,应更换新的推杆。

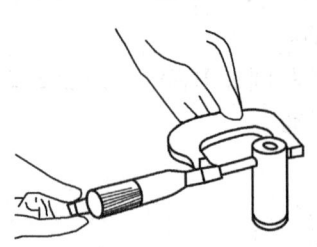

图3-25 测量挺柱的外径

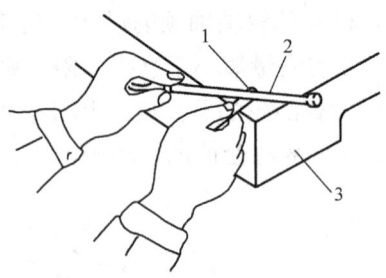

图3-26 检查气门推杆的弯曲变形
1—塞尺 2—推杆 3—平板

四、摇臂、摇臂轴及其组件的检修

摇臂的损伤主要是摇臂头的磨损和衬套的磨损,摇臂轴的损伤主要是轴颈的磨损和弯曲变形。

(1)外观检查 检查摇臂和摇臂轴工作面有无缺口、凹陷、沟槽、麻点和划伤等缺陷,若有,则必须进行修磨或更换;若有裂纹、机械损伤和严重的磨损,则应更换新件。

如果摇臂弹簧折断变形,应予以更换。检查并疏通摇臂组件润滑油孔。检查气门间隙调整螺钉螺纹是否完好,若损坏,则必须予以更换。当气门间隙调整螺钉的尖端磨损严重时,也应更换新件。

如果摇臂头磨损超过极限,也可堆焊后修磨,但应满足正常使用要求。

(2)检查轴孔的配合情况 用手感检查摇臂与摇臂轴的配合情况,在单独装配的情况下推拉和摇摆摇臂,如有间隙感,则说明摇臂与摇臂轴之间出现了磨损。用外径千分尺和内径百分表检查摇臂和摇臂轴的尺寸,然后计算出配合间隙。如果该间隙超过规定值,则应根据各自的测量尺寸,对照标准尺寸规定,决定更换哪个零件,或者两个都更换;也可在摇臂孔内镶套修复,但衬套油孔与摇臂上的油孔要重合,以保证润滑油流动畅通。若修复后不能保证使用要求,则必须予以更换。

(3)检查摇臂轴的弯曲变形 摇臂轴弯曲变形的检查方法同凸轮轴弯曲变形的检查方法一样,当超过使用限度时,可用木锤矫正变形或更换。

>> **相关知识**

一、凸轮轴

（1）凸轮轴的作用 凸轮轴由柴油机曲轴驱动而旋转，用于驱动和控制各缸气门的开启和关闭，使其符合柴油机的工作顺序、配气相位及气门开度的变化规律等要求。

（2）凸轮轴的材料 凸轮轴一般采用优质钢加工而成，也可用合金铸铁或球墨铸铁铸造而成。凸轮与轴颈表面经过热处理，使之有足够的硬度和耐磨性。

（3）凸轮轴的结构 凸轮轴主要由凸轮和凸轮轴轴颈等组成，如图3-27所示。

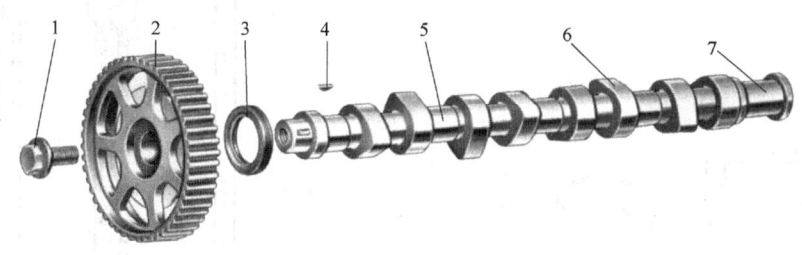

图3-27　凸轮轴组件
1—螺栓　2—凸轮轴正时齿轮　3—密封圈　4—半圆键
5—凸轮轴轴颈　6—凸轮　7—凸轮轴

进气门和排气门的启闭时刻、持续时间以及启闭的速度等分别由凸轮轴上的进、排气凸轮控制，因此，凸轮的轮廓尤为重要，如图3-28所示。O点为凸轮轴回转中心，凸轮轮廓上的AB段和DE段为缓冲段，BCD段为工作段。挺柱或摇臂在A点开始动作，在E点停止运动，凸轮转到AB段内的某一点处气门间隙消除，气门开始开启。此后，随着凸轮继续转动，气门逐渐开大，至C点气门开度达到最大。再后，气门逐渐关闭，在DE段内的某一点处气门完全关闭，接着气门间隙恢复。气门最迟在B点开始开启，最早在D点完全关闭。由于气门开始开启和关闭落座时均在凸轮升程变化缓慢的缓冲段内，其运动速度较小，从而可以防止强烈的冲击。

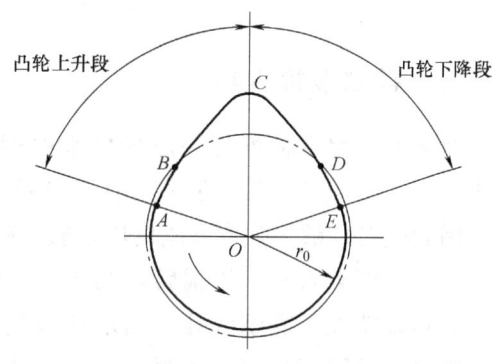

图3-28　凸轮轮廓

（4）凸轮轴的润滑 凸轮轴轴承和轴颈的润滑采用压力润滑，气缸体或气缸盖上钻有油道并与轴承相通。凸轮与挺柱间采用飞溅润滑。

二、挺柱

挺柱在气门传动组中起到传力的作用，将凸轮的推力传给推杆，再传至摇臂和气门。
挺柱的材料为碳素钢、合金钢及合金铸铁等。
挺柱的常见形式有筒式和滚轮式两种，如图3-29所示。大型柴油机常采用滚轮式挺柱，可以显著减小摩擦力和侧向力,但结构复杂且质量较大。挺柱的下端设置有油孔,以便将漏入挺柱内的润滑油引到凸轮处进行润滑。

三、推杆

侧置凸轮轴式配气机构利用推杆将挺柱传来的力传给摇臂。推杆下端与挺柱接触,上端与摇臂调整螺钉接触。推杆有实心结构的,也有空心结构的,如图3-30所示。推杆承受压力,很容易弯曲变形。

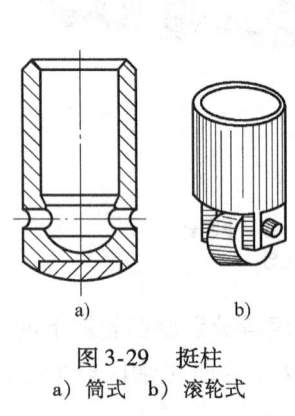

图3-29 挺柱
a)筒式 b)滚轮式

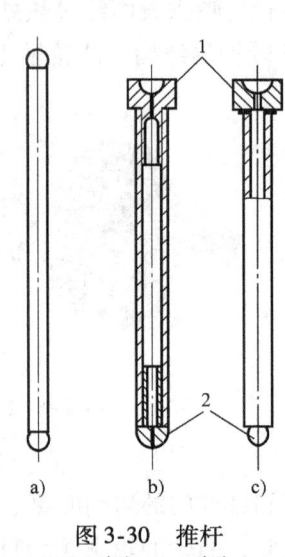

图3-30 推杆
1—球座 2—球头

四、摇臂及摇臂组件

摇臂的功用是将推杆和凸轮传来的运动和作用力改变方向后传给气门使其开启,如图3-31所示。摇臂在摆动过程中承受很大的弯矩,因此应有足够的强度和刚度以及较小的质量。摇臂是一个双臂杠杆,以摇臂轴为支点,两臂不等长。短臂端加工有螺纹孔,用来拧入气门间隙调整螺钉。长臂端加工成圆弧面,是推动气门的工作面。

摇臂孔内镶有衬套并通过空心的摇臂轴支承在摇臂轴座上,后者则固定在气缸盖上。摇臂在摇臂轴上的位置由限位弹簧或挡圈限定,如图3-32所示。摇臂衬套与摇臂轴、摇臂工作面与

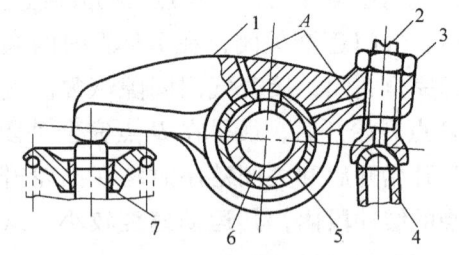

图3-31 摇臂及其相关件
1—摇臂 2—气门间隙调整螺钉 3—锁紧母
4—推杆 5—摇臂衬套 6—摇臂轴 7—气门
A—润滑油孔

气门杆尾端面以及气门间隙调整螺钉的球头或球座与推杆的球座或球头均需要润滑。为此,将润滑油从机体经气缸盖和摇臂轴座中的油道引入摇臂轴,再从摇臂轴、摇臂衬套和摇臂上的油孔流向摇臂两端。

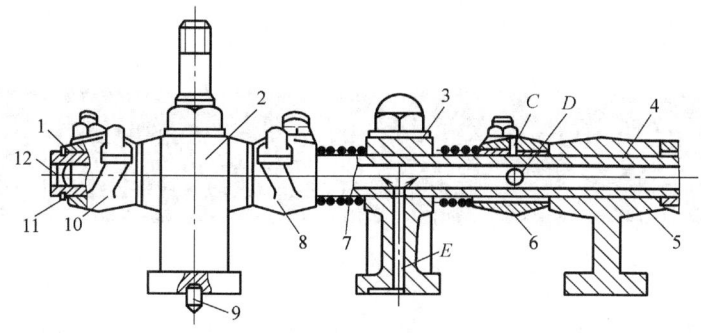

图 3-32 摇臂组
1—垫圈　2、3、4—摇臂轴支座　5—摇臂轴　6、8、10—摇臂　7—弹簧
9—定位销　11—锁簧　12—堵头　C、D、E—润滑油孔

> 课后练习

一、填空题

1. 凸轮轴通过正时齿轮由_____驱动，四冲程发动机一个工作循环凸轮轴转_____圈，各气门开启一次。
2. 曲轴与凸轮轴之间的传动方式有_____、_____和_____三种。

二、选择题

1. 曲轴与凸轮轴的传动比是（　　）。
A. 1∶1　　　　　　B. 1∶2　　　　　　C. 2∶1
2. 气门的升程取决于（　　）。
A. 凸轮的轮廓　　　B. 凸轮轴的转速　　C. 配气相位
3. 由于气门传动组零件的磨损，配气相位的变化规律是（　　）。
A. 早开早闭　　　　B. 早开晚闭　　　　C. 晚开早闭

三、判断题

1. 凸轮轴的转速比曲轴的转速快一倍。（　　）
2. 挺柱在工作时，既有上下运动，又有旋转运动。（　　）
3. 采用液力挺柱的发动机，其气门间隙等于零。（　　）

四、简答题

1. 气门传动组件的检修要点是什么？
2. 简述气门传动组件的组成。

项目四 汽油机燃油系统认知

【项目描述】

汽油机燃油系统的基本功用是定时、定量地向各缸供给洁净的可燃混合气,以保证其动力性、燃油经济性及排放性能。本项目主要对汽油机燃油系统进行基本认知,并结合实物对现代汽油机化油器进行认知。

【项目目标】

1) 掌握汽油的特性及使用性能。
2) 熟知汽油机燃油供给系统的功用及组成。
3) 掌握现代化油器的基本结构及工作原理。
4) 能够对化油器主要零部件进行拆装及检修。

任务1 汽油机燃油系统的基本认知

任务目标

☞ 知识目标:

1) 熟知汽油的特性及使用性能。
2) 熟知发动机运转工况对可燃混合气成分的要求。
3) 熟悉汽油在气缸内的燃烧过程情况。
4) 熟知汽油机燃油供给系统的功用及组成。

☞ 能力目标:

1) 能够对汽油的特性及使用性能有所了解。
2) 能够对发动机运转工况对可燃混合气成分的要求有所了解。
3) 能够对汽油在气缸内的燃烧过程进行初步分析。
4) 熟悉汽油机燃油供给系统的功用及组成。

☞ 素质目标:

1) 培养对信息的分析评价能力。
2) 培养团队协作精神。
3) 培养严谨的学习和工作态度。
4) 在学习中善于讨论和交流。

任务描述

1）通过相关内容的学习，了解汽油的特性及使用性能、发动机运转工况对可燃混合气成分的要求和汽油在气缸内的燃烧过程等基本理论知识。

2）利用教学模型、多媒体课件和汽油机燃料供给系统各组件，观察汽油机燃料供给系统。

3）掌握混合气形成和混合气浓度对发动机性能的影响及理想发动机供油特性。

任务实施

汽油机多用于中小型面包车、轿车和部分农用机械上，其特点是结构紧凑、体积小，可在安装时留有足够的空间来布置其他的附属设施；另外，其起动性能优于柴油机，具有工作稳定、噪声小等优点。

在汽油机中，化油器式汽油机逐步被淘汰，其原因是排放污染大，破坏环境。电控喷射式汽油机广泛用于微型车辆和轿车；单缸汽油机多用于摩托车和小型的农用机械，如田间喷药机械和果园整地机械等；多缸汽油机则多用于小型汽车。

汽油机燃油系统的基本功用是定时、定量地向各缸供给洁净的可燃混合气，以保证其动力性、燃油经济性及排放性能。

一、汽油及其使用性能

汽油是汽油机的燃料。汽油属于石油制品，是多种烃的混合物，其主要组成元素是碳（C）和氢（H）。若完全燃烧，则其产物为二氧化碳（CO_2）和水（H_2O）；若不完全燃烧，则产物中还包含有害物质一氧化碳（CO）和碳氢化合物（HC），对环境造成污染。

汽油使用性能的好坏对发动机的动力性、燃油经济性、可靠性和使用寿命都有很大的影响。汽油使用性能主要包括蒸发性、抗爆性和热值。

(1) 蒸发性 蒸发性是指液态汽油汽化的难易程度，用馏程和饱和蒸气压来评定。蒸发性越好，汽油越易在极短的时间内完全蒸发汽化，并与空气均匀混合形成可燃混合气，保证发动机在各种条件下都能迅速起动、加速和正常运转。若蒸发性不好，则汽油不能完全汽化，不能形成均匀的混合气，致使燃烧不完全，从而造成燃油消耗量增加，有害排放物增多。同时，未蒸发的气油还会冲掉气缸壁上的润滑油膜，使气缸和活塞磨损加剧。但若汽油的蒸发性太好，则在使用中容易发生"气阻"，即汽油在管路中蒸发形成气泡，阻碍汽油流通，使供油不畅，甚至中断，造成发动机熄火。汽油蒸发性能通常用汽油的10%、50%、90%、100%蒸发温度来评价，相应的蒸发温度越低，则蒸发性越好。

(2) 抗爆性 抗爆性是指汽油在发动机气缸内燃烧时不发生爆燃的能力。汽油的抗爆性用辛烷值评定，辛烷值越高，抗爆性越好。在我国，汽油的牌号就是以辛烷值划分的，通常有两种辛烷值，一种是研究法辛烷值（RON），一种是马达法辛烷值（MON），它们的试验条件和方法略有区别，同一种汽油的研究法辛烷值大于马达法辛烷值。例如：90号、93号和97号汽油使用的是研究法辛烷值，其数值越大，汽油品质越好。

(3) 热值　汽油热值是指 1kg 的汽油完全燃烧后所产生的热量，其值越大越好。汽油的热值约为 46 000kJ/kg。

汽油的选用应根据具体的发动机而定，主要依据发动机的压缩比。因为压缩比越大，汽油在发动机气缸内燃烧产生爆燃的可能性越大，所以压缩比高的汽油机应采用辛烷值高的汽油。

二、发动机运转工况对可燃混合气成分的要求

1. 可燃混合气成分的表示法

可燃混合气成分是指可燃混合气中空气与燃油的比例，又称为可燃混合气浓度，通常用空燃比 α 和过量空气系数 φ_a 表示。

(1) 空燃比　可燃混合气中空气质量与燃油质量之比称为空燃比，即 $\alpha = A$（空气质量）$/F$（燃油质量）。

根据化学反应关系，1kg 汽油完全燃烧所需空气质量约为 14.7kg，因此，把 $\alpha = 14.7$ 称为理论空燃比，其可燃混合气称为理论混合气；则当 $\alpha < 14.7$ 时，为浓混合气，当 $\alpha > 14.7$ 时，为稀混合气。

(2) 过量空气系数　燃烧 1kg 燃油实际供给的空气质量与完全燃烧 1kg 燃油所需空气质量之比称为过量空气系数，记作 φ_a，也即气缸内的实际空气质量与气缸内燃油完全燃烧所需的理论空气质量之比。

$\varphi_a = 1$，为理论混合气；$\varphi_a < 1$，为浓混合气；$\varphi_a > 1$，为稀混合气。

2. 对可燃混合气成分的要求

汽车发动机在实际工作中，其运转工况经常发生变化。为适应这种变化，可燃混合气成分应随之作相应的调整。

(1) 稳定工况　稳定工况是指发动机已经预热，进入正常运转，且在一定时间内没有突变的状态。稳定工况一般分为怠速、小负荷、中等负荷、大负荷和全负荷。

1) 怠速。怠速是指发动机空载时以最低稳定转速运转的工况，这时发动机的动力全部用来克服自身内部的阻力。在怠速工况下，进入气缸内的混合气数量很少，混合气被相对增多的残余废气严重稀释，加之此时因转速低、空气流速小而使汽油蒸发和雾化不良，导致混合气不均匀，使燃烧速度减慢甚至熄火，所以要供给 $\varphi_a = 0.6 \sim 0.8$ 的浓混合气。

2) 小负荷。在小负荷工况下，节气门（控制进气量大小的装置，汽油机由进气量决定供油量）开度在 25% 以内。随着进入气缸内混合气数量的增多，汽油雾化和蒸发的条件有所改善，残余废气对混合气的稀释作用相对减弱。因此，为了保证小负荷工况的稳定性，应供给 $\varphi_a = 0.7 \sim 0.9$ 的较浓混合气。

3) 中等负荷。在中等负荷工况下，节气门开度在 25%～85% 的范围内。这种工况下燃烧条件较好，且汽车发动机大部分时间在中等负荷下工作，因此应供给 $\varphi_a = 1.05 \sim 1.15$ 的可燃混合气，即在理论空燃比附近的经济混合气，以保证发动机有较好的燃油经济性。

4) 大负荷和全负荷。发动机在大负荷或全负荷工况下工作时，节气门接近或达到全开位置。在这种工况下，需要发动机发出最大功率，以克服较大的外界阻力或加速行驶。为

此，应供给 $\varphi_a = 0.85 \sim 0.95$ 的稍浓功率混合气。

(2) 过渡工况　过渡工况是指发动机在工作中所必须经历的短暂特殊阶段。这种工况发生的次数较频繁，但每次时间很短。

1) 冷起动。冷起动是指发动机熄火，机体温度降至与外界温度相等或接近后的再次起动过程。此时，因温度低，尤其是冬天，汽油不容易蒸发汽化，再加上起动时发动机转速低，进气流速小，汽油雾化不良，致使进入气缸的混合气中汽油蒸气太少，混合气过稀，不能着火燃烧。为使发动机能够顺利起动，要供给 $\varphi_a \approx 0.2 \sim 0.6$ 的很浓混合气。

2) 暖机。暖机一般是指冷起动后，发动机的温度逐渐升高到正常工作温度的过程。在这种工况下，由于燃烧条件的逐步改善，混合气的浓度应随发动机的温度升高而减小，直至达到稳定怠速浓度，这样有利于减少燃油消耗和降低排放。因此，汽油机燃油供给系统一般都有暖机控制装置。

3) 加速。汽车在行驶过程中，有时需要在短时间内迅速提高车速（如超车）。为此，驾驶员要猛踩加速踏板，使节气门突然开大，以期迅速增加发动机功率。这时，由于汽油的惯性比空气大，汽油流量的增加比空气流量的增加慢得多，会出现混合气瞬时变稀的现象。这不仅不能使发动机功率增加，反而有可能造成发动机熄火。因此，在加速时，燃油供给系统必须能保证额外增加供油量。

三、汽油在气缸内的燃烧过程

汽油机工作的过程就是将汽油燃烧的热能转化为机械能对外输出，因此汽油在气缸内燃烧过程的好坏对汽油机性能影响很大。

1. 汽油的正常燃烧

汽油在气缸内燃烧时间很短，要求在上止点附近迅速完成燃烧（若以转速 5 000r/min 为例，不到 6ms）。根据汽油在气缸内正常燃烧过程中气缸压力的变化及其点火因素，将燃烧过程分为着火延迟期、速燃期和后燃期三个阶段，如图 4-1 所示。

(1) 着火延迟期　从火花塞开始点火（1 点）到形成完整的燃烧火焰中心（2 点）的这段时期，称为着火延迟期。这一时期汽油主要进行燃烧前的物理、化学准备。由于着火延迟期的存在，为使活塞在上止点时混合气能迅速燃烧而

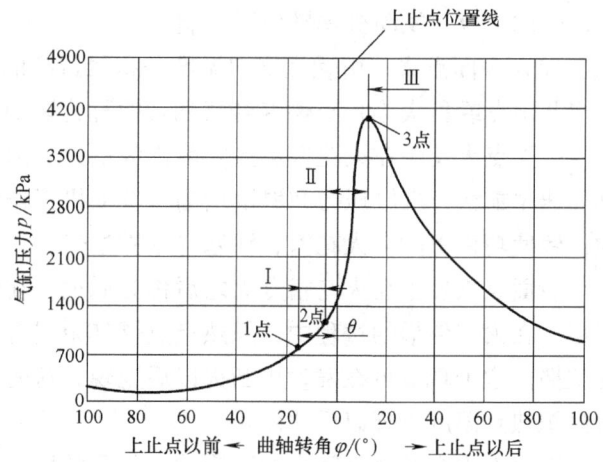

图 4-1　汽油在气缸内的正常燃烧过程
Ⅰ—着火延迟期　Ⅱ—速燃期　Ⅲ—后燃期
1—开始点火　2—形成火焰中心　3—最高压力点

使气缸压力达到最大，必须使点火在活塞到达上止点之前开始。火花塞开始点火到活塞行至上止点时所转过的曲轴转角称为点火提前角，它对发动机的动力性、燃油经济性和排放性能影响极大。

(2) 速燃期 从火焰中心形成（2 点）开始，到气缸内出现最高压力点（3 点）为止，这段时间称为速燃期。速燃期是整个燃烧过程的主要阶段，火焰由中心向外迅速扩散燃烧，直至整个燃烧室。混合气绝大部分在此阶段内燃烧，气缸中的压力和温度迅速上升。最高压力点产生的时刻（用曲轴转角表示的活塞行程位置）对发动机的性能有重大影响。过早，则活塞还没到上止点，负功增大；过晚，则活塞已经下行一定距离，膨胀功减小，都会使发动机的动力性和燃油经济性下降。最高压力点可以用点火提前角 θ 调整。

(3) 后燃期 从气缸内最高压力点到汽油基本燃烧完的这段时间称为后燃期。在此阶段，部分未燃烧的混合气和可燃烧的中间产物（如 CO 和 HC）继续燃烧，因活塞下行，气缸容积增大，故气缸压力不再增加。这段时间如果过长，则有可能造成排气管放炮（部分可燃混合气从排气门排出而在排气管中燃烧）。点火过迟往往会造成这种现象。

2. 汽油的非正常燃烧

汽油在气缸内的非正常燃烧主要有爆燃和表面点火。

(1) 爆燃 当火花塞点火之后，正常火焰传来之前，处在末端还未燃烧的混合气由于受到压缩和热辐射的作用，温度不断升高，加速了反应过程，最终导致自燃并急速燃烧的现象称为爆燃。

轻微的爆燃可以使发动机功率上升，油耗下降，但当爆燃严重时，产生的压力冲击波反复撞击气缸壁，气缸内会发出特别尖锐的金属敲击声，破坏了气缸壁表面的层流边界层和附着油膜，传热大大增加，导致发动机过热、功率下降和油耗增加，成为汽油机最有害的一种故障现象。

严重的爆燃还会造成活塞或气门烧坏、轴瓦破裂、火花塞绝缘体破坏、润滑油氧化成胶质及活塞环卡死在环槽内等故障；同时，它还会促使另一非正常燃烧现象——表面点火的发生，因此，应对发动机爆燃加以控制。

(2) 表面点火 由燃烧室内温度易积聚过高的炽热部分（排气门头端面、火花塞电极、金属凸出点或积炭等）点燃混合气的现象称为表面点火。

表面点火发生在火花塞点火之前称为早火。由于它提前点火且热点表面比火花大，使得燃烧速率加快，气缸压力和温度增高，发动机工作粗暴，并且压缩功增大，向气缸壁传热增加，致使功率下降，火花塞、活塞等零件过热。

表面点火发生在火花塞点火之后称为后火。在炽热点的温度比较低时，电火花点燃混合气后，在火焰传播的过程中，炽热点点燃其余混合气，但此时形成的火焰前锋仍以正常的速度传播。这种现象可在发动机断火以后发现，这时发动机仍像有火花塞点火一样继续运转，直到炽热点温度下降以后才停止。

表面点火和爆燃之间会相互影响，强烈的爆燃必然增加向气缸壁的传热，从而促成燃烧室炽热点的形成，导致表面点火。早火又使气缸压力升高和最高燃烧压力增大，使未燃混合气受到较大的压缩和传热，从而促使爆燃发生。

3. 影响燃烧过程的因素

影响汽油机燃烧过程的因素较多，主要有汽油品质、混合气浓度、点火提前角、发动机转速、发动机负荷和冷却液温度等。

(1) 汽油品质　汽油品质对燃烧过程的影响见前文所述的相关内容。

(2) 混合气浓度　当 $\varphi_a = 0.85 \sim 0.95$ 时，火焰传播速度最快，燃烧速度最高，发动机输出最大功率，因而称这种混合气为功率混合气。

当 $\varphi_a = 1.05 \sim 1.15$ 时，火焰传播速度仍较高，且此时空气相对充足，燃油能完全燃烧，热效率最高，燃油消耗率最低，因而称这种混合气为经济混合气。

当 $\varphi_a = 1.3 \sim 1.4$ 时，混合气过稀，火焰不能传播，造成发动机无法稳定运转，此 φ_a 称为火焰传播下限；当 $\varphi_a = 0.4 \sim 0.5$ 时，由于缺氧严重，火焰也无法传播，此 φ_a 称为火焰传播上限。

(3) 点火提前角　点火提前角过大（点火过早），则压缩功增加，有效功率下降，工作粗暴程度增加，敲缸，爆燃倾向增加。在这种情况下，只要适当减小点火提前角，就可以消除爆燃。点火提前角过小（点火过迟），则散热损失增多，最高压力降低，且膨胀不充分，使排气温度过高，发动机过热，功率下降，耗油量增多，有时还会造成排气管"放炮"现象。

(4) 发动机转速　发动机转速增加，火焰传播速度加快，爆燃的倾向下降。这是发动机转速升高，导致气缸内可燃混合气涡流、湍流增强，且漏气及传热损失减少所致。虽然以时间计的燃烧速度加快，但以曲轴转角计的燃烧延续角仍然过大，因此，汽油机转速提高后，应将点火提前角加大，以保证燃烧过程在上止点附近完成。

(5) 发动机负荷　当发动机转速一定而负荷减小时，进入气缸的新鲜混合气量减少，而残余废气量基本不变，使残余废气所占比例相对增加，导致燃烧速度减慢。为保证燃烧过程在上止点附近完成，应该随着负荷的减少增大点火提前角。当发动机负荷减少时，气缸中残余废气的稀释作用增加，气缸内的温度和压力下降，故爆燃倾向减小。因此，发生爆燃时，可以采用放松加速踏板的方法，以临时消除爆燃。

(6) 冷却液温度　发动机冷却液温度应控制在合适的范围内，过高或过低均影响混合气的燃烧和发动机的正常使用。当冷却液温度过高时，会使燃烧室壁过热，爆燃及表面点火倾向增加。同时，进入气缸的混合气因温度升高、密度下降、充量减少而使发动机动力性和经济性下降。

(7) 燃烧室积炭　在发动机工作过程中，由于燃烧不完全的燃油和窜入燃烧室的润滑油在氧气和高温作用下，凝聚在燃烧室壁面及活塞顶部，形成积炭，其厚度可达几毫米。积炭传热性差，温度较高，在进气、压缩行程中不断加热混合气，使温度升高很快。积炭本身有体积，减小了燃烧室的容积，因而提高了压缩比。这些都促使爆燃倾向增加。积炭表面温度很高，形成炽热表面或炽热点，易引起表面点火。

(8) 压缩比　提高压缩比，可提高压缩行程终了时混合气的温度和压力，加快火焰传播速度；但会增加未燃混合气自燃的倾向，容易产生爆燃。因此，汽油机不可能像柴油机那样采用高压缩比。随着汽油品质的提高、燃烧室设计和汽油机电控喷射等技术的发展，允许汽油机压缩比有所提高，目前可达 $10 \sim 11$。

(9) 气缸直径　气缸直径增大，火焰传播距离长，从火焰核心形成到火焰传播至末端混合气的时间增长，爆燃倾向增加，因此汽油机的气缸直径通常在 100mm 以下。

四、化油器式汽油供给系统的功用及组成

化油器式汽油供给系统的功用是根据发动机不同工况的要求，提供一定数量和浓度的、清洁的、雾化良好的可燃混合气进入气缸，以保证发动机的正常运转。化油器式汽油供给系统的组成中最重要的部件是化油器，它是完成可燃混合气配制的主要装置。此外，化油器式汽油供给系统还包括燃油箱 1、汽油滤清器 3、汽油泵 4 和油管 2 等，如图 4-2 所示。

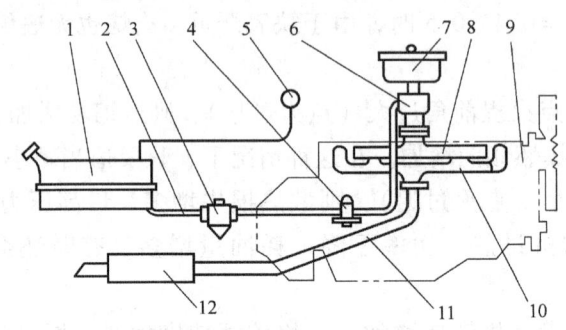

图 4-2　化油器式汽油供给系统组成
1—燃油箱　2—油管　3—汽油滤清器　4—汽油泵　5—油量表　6—化油器
7—空气滤清器　8—进气总管　9—发动机机体　10—排气总管　11—排气管　12—消声器

课后练习

一、填空题

1. 怠速时，发动机需要＿＿＿＿＿＿＿＿＿混合气。
2. 评定汽油抗爆燃性能的指标是＿＿＿＿＿＿＿＿。

二、选择题

1. 发动机在冷起动时需要供给（　　）混合气。
   A. 极浓　　　　B. 极稀　　　C. 经济混合气　　　D. 功率混合气
2. 过量空气系数 φ_a 值在 0.85～0.95 之间，这是（　　）。
   A. 功率混合气　　　　　　　B. 经济混合气
   C. 浓混合气　　　　　　　　D. 稀混合气

三、问答题

1. 简述汽油机供给系统的组成及功用。
2. 简述发动机理想供油特性。
3. 简述汽油机正常燃烧三个阶段的特点。

任务 2　结合实物对现代汽油机化油器的认知

任务目标

☞ 知识目标：

1) 掌握现代化油器的基本结构。

2) 熟悉化油器五大供油装置的工作原理。

☞ 能力目标：

1) 能够对化油器主要零部件进行拆装。
2) 能够分析化油器式燃油供给系统的工作过程。

☞ 素质目标：

1) 培养对信息的分析评价能力。
2) 培养团队协作精神。
3) 培养严谨的学习和工作态度。
4) 在学习中善于讨论和交流。

任务描述

1) 学习现代化油器的基本结构。
2) 利用教学模型、多媒体课件和化油器实物，观察现代化油器的基本结构。
3) 掌握现代化油器五大供油装置的工作过程。

任务实施

一、可燃混合气的形成过程

可燃混合气形成时间很短，从进气行程开始到压缩行程结束为止，仅有 0.01～0.02s 的时间。要在这样短的时间内形成均匀的可燃混合气，关键在于汽油的雾化和蒸发。所谓雾化，就是将汽油分散成细小的油滴或油雾。良好的雾化可以大大增加汽油的蒸发表面积，从而提高汽油的蒸发速度。另外，混合气中汽油与空气的比例应符合发动机运转工况的需要。因此，混合气形成过程就是汽油雾化、蒸发以及与空气配比和混合的过程。

在进气行程中，进气门开启，空气经空气滤清器 1、化油器 2、进气歧管 11 和进气门 9 流入气缸 10 内（图 4-3）。在整个空气流道中，喉管 13 处的截面较小，空气流过时流速增大，静压力减小，从而造成喉部压力低于大气压力。浮子室 5 与大气相通，故浮子室液面上的压力基本上是大气压力。主喷管 7 的出口位于喉管 13 的喉部，因此，其出口压力等于喉部压力。在大气压力与喉部压力之差（即喉管真空度）的作用下，汽油从浮子室 5 经主量孔 6 和主喷管 7 喷入喉管 13 中，并受到流经喉管的高

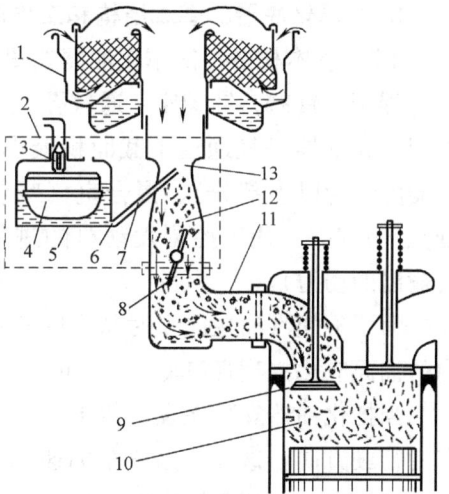

图 4-3 可燃混合气的形成过程
1—空气滤清器 2—化油器 3—进油针阀
4—浮子 5—浮子室 6—主量孔
7—主喷管 8—节气门 9—进气门
10—气缸 11—进气歧管
12—油气混合室 13—喉管

速空气流的冲击,分散成细小的油滴。这些细小的油滴在随空气流动的过程中不断蒸发汽化并与空气混合,其中粒径较大的油滴将沉积在进气歧管的内壁上形成油膜。油膜在气流的推动下缓慢地流向气缸。汽油蒸发并与空气混合形成均匀可燃混合气的过程将一直持续到压缩行程结束。

二、理想化油器特性

为保证发动机稳定工作,可燃混合气中空气与汽油的比例必须符合发动机运转工况的要求,需要控制空气流量和汽油流量。具体要求:从小负荷到中等负荷阶段,要求化油器能随着负荷的增加供给由浓逐渐变稀的混合气,直到供给经济混合气,以保证发动机工作的燃油经济性;从大负荷到全负荷阶段,又要求混合气由稀变浓,最后加浓到功率混合气,以保证发动机输出最大功率。满足上述要求的化油器特性称为理想化油器特性,图4-4中曲线1即理想化油器特性曲线。

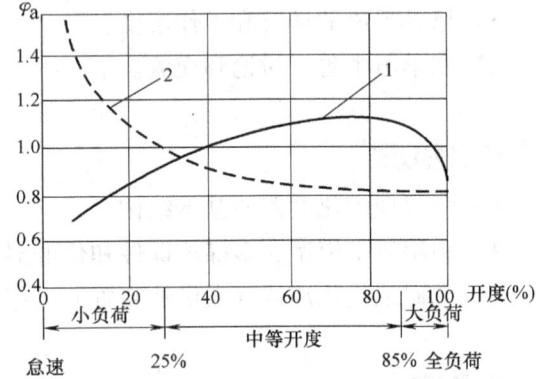

图4-4 化油器特性曲线
1—理想化油器特性曲线 2—简单化油器特性曲线

三、现代化油器

化油器的功用是发动机在任何转速、负荷和大气状况下,向气缸供给一定数量且成分符合发动机工况要求的可燃混合气。这一功用的实现需借助油器各工作系统及其附加装置。

1. 简单化油器的基本结构和工作原理

(1) 基本构造 简单化油器如图4-5所示,由浮子室(浮子、针阀,针阀座、通气孔)、主喷管、主量孔、喉管(化油器进气通道中截面积最小处)、空气室(化油器内喉管以上部分)、混合室(喉管下至节气门部分)、节气门(用于控制发动机的进气量,以改变发动机输出的动力)。

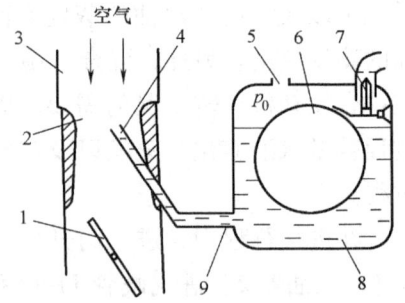

图4-5 简单化油器
1—节气门 2—喉管 3—进气管
4—主喷管 5—浮子室通气孔 6—浮子
7—针阀 8—浮子室 9—主量孔

为了不使汽油在停车时从主喷管自动溢出,浮子室内的油面应比主喷管口低5~8mm。

当把化油器安装在发动机上时,应把浮子室朝向汽车的行驶方向。这样,当汽车加速或上坡时,混合气有加浓的倾向,有利于提高发动机功率;当汽车减速或下坡时,混合气有变稀的倾向,有利于改善发动机的燃油经济性。

(2) 工作原理 在进气行程中,当空气流经化油器喉管处时,流速升高,压力下降,产生一定的真空度。在浮子室内与喷管口处压力差的作用下,浮子室中的汽油经量孔从喷管喷出,并随即被高速空气流冲散,成为大小不等的雾状颗粒(雾化)。

（3）简单化油器供油特性　如图4-4中曲线2所示，发动机转速不变时，简单化油器所供给的混合气随节气门开度的增大而变浓。在节气门开度很小时，喉管处的真空度很低，不足以将汽油吸出。在节气门开度增加到一定值时，才开始有汽油流出。随着节气门开度的继续增加，空气量也增加，但吸入空气量的增长率低于汽油供给量的增长率，因此，混合气随节气门开度的增大而变浓。

由图4-4可知，简单化油器供油特性与理想化油器特性的变化趋势正好相反，不能适应发动机实际工作时对混合气的要求，需要进行修正。为此，增加了主供油系统、怠速系统、加浓系统、加速系统和起动系统等，以满足发动机工作的需要。

2. 主供油系统

主供油系统的功用是在怠速以外的所有工况都供给汽油。在发动机从小负荷到大负荷时，使φ_a随节气门开度的增加而增大（0.75→1.15），即混合气由浓变稀。主供油系统的调节原理是降低主量孔处的真空度。

如图4-6所示，在主量孔和主喷管之间增设了通气管和空气量孔。不工作时，通气管内的油面与主喷管和浮子室的油面是等高的。

当发动机工作时，随着节气门开度的增大，汽油从主喷管2中喷出，由于主喷管内径大于主量孔的孔径，通气管7中的油面迅速下降，同时空气通过空气量孔3进入通气管7。当喉管真空度大到能使通气管7中的油

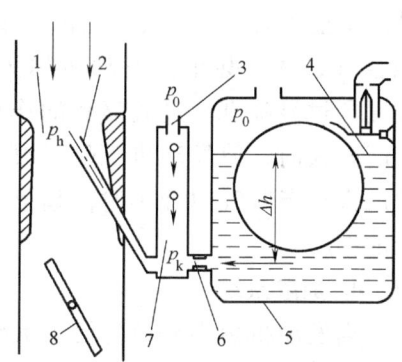

图4-6　化油器主供油系统结构示意
1—喉管　2—主喷管　3—空气量孔
4—浮子室油面　5—浮子室
6—主量孔　7—通气管　8—节气门

面降到主喷管2的入口处时，空气渗入油流中形成泡沫，随油流经主喷管2流入喉管，有利于汽化。由于空气量孔具有节流作用，使得主量孔处的压力p_k小于大气压力p_0而大于喉管处压力p_h，即$p_h < p_k < p_0$。这时，决定通过主量孔的汽油流量的压力差已不再是$p_0 - p_h = \Delta p_h$，而是通气管中的真空度$\Delta p_k = p_0 - p_k$。由于$\Delta p_k < \Delta p_h$，导致空气流量增大比汽油流量增大快，使得混合气随节气门开度的增大而逐渐变稀。只要选择尺寸合适的主量孔和空气量孔，就能使主供油系统在中、小负荷范围内供给所要求的$\varphi_a = 0.75 \sim 1.15$的混合气。

3. 怠速系统

怠速系统的功用是向在怠速工况下工作的发动机供给浓混合气。发动机在怠速时，转速很低，节气门接近关闭，流过化油器喉管的空气量很少，流速也很低。这时，喉管真空度很小，不足以将汽油从主喷管吸出。因此，发动机在怠速工况工作时必须由另外设置的怠速系统供油。

如图4-7所示，化油器怠速供油系统结构上增设了怠速喷孔、过渡喷孔、怠速量孔、怠速空气量孔、怠速调整螺钉、怠速油道和限位螺钉等。

怠速时，发动机转速低，节气门开度很小，节气门前方喉管处的空气流速很低，真空度很小，不能吸出汽油或吸出的汽油很少，但节气门后面的真空度却很大。因此，怠速喷孔设在节气门的后面。汽油由怠速量孔经油道上升，同来自空气量孔以及过渡喷孔的空气混合形成泡沫乳剂从怠速喷孔喷出，并被节气门边缘气流吹散。

急速调整螺钉可以根据发动机具体情况调节混合气成分。

急速空气量孔的作用：急速工况时，不过多地供给汽油；防止急速工作后停车（发动机不工作）产生"虹吸"作用，使汽油自动由浮子室经急速喷口流出。

当发动机由急速过渡到承受一定负荷时，节气门逐渐开启，急速喷孔处的真空度迅速降低，喷油量很快减少，而主喷管处的真空度又不大，喷油量也不多。这时，混合气过稀，甚至使发动机熄火。为此，设置了过渡喷孔。过渡喷孔的作用：当节气门开大时，使发动机工作过渡圆滑，不致熄火；当节气门开小时，起第二空气量孔的作用。

4. 加浓系统

当发动机由中等负荷转入大负荷或全负荷工作时，通过加浓系统额外地供给部分燃油，使混合气由经济混合气加浓到功率混合气，以保证发动机输出最大功率，

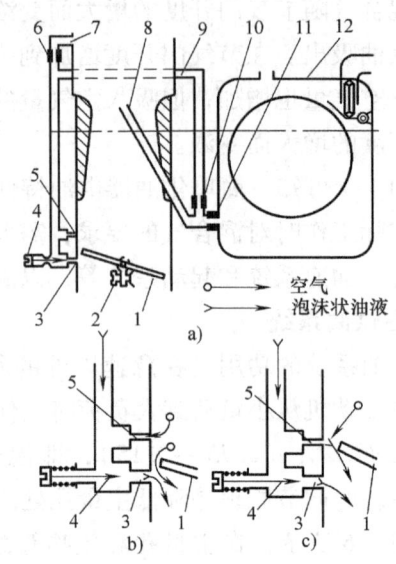

图 4-7　化油器急速供油系统结构示意
a) 急速系统　b) 低急速　c) 高急速
1—节气门　2—节气门最小开度限位螺钉
3—急速喷孔　4—急速调整螺钉　5—过渡喷孔
6—急速空气量孔　7—急速空气通道　8—主喷管
9—急速油道　10—急速量孔　11—主量孔　12—浮子室

满足理想化油器特性在大负荷工况下的加浓要求。加浓系统按其控制方法的不同分为机械式和真空式两种。

（1）机械式加浓系统　在化油器机械式加浓系统（图4-8）中，浮子室内装有加浓量孔8和加浓阀2，加浓量孔8与主量孔7并联，加浓阀2上方的推杆3与拉杆4固连为一体，拉杆4又通过摆臂6与节气门轴相连。当节气门开启时，摆臂转动，带动拉杆和推杆一起向下移动，只是在节气门开度达到80%~85%时，推杆才开始顶开加浓阀，于是汽油便从浮子室经加浓阀和加浓量孔流入主喷管，与自主量孔来的汽油汇合，一起由主喷管喷出，使混合气加浓。当节气门开度减小时，拉杆与推杆上移，加浓阀在弹簧弹力的作用下关闭。

显然，机械式加浓系统起作用的时刻只与节气门开度有关，即只与负荷有关，而与发动机转速无关。

（2）真空式加浓系统　在化油器真空式加浓系统（图4-9）中，活塞杆3上装有活塞杆弹簧6，加浓气缸5的下方借空气通道2与喉管前面的空间连通，加浓气缸5的上方有真空通道10通到节气门后面。

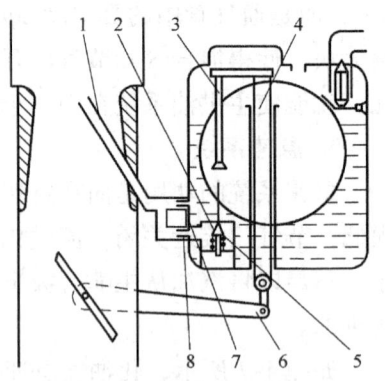

图 4-8　化油器机械式
加浓系统结构示意
1—主喷管　2—加浓阀　3—推杆
4—拉杆　5—加浓阀弹簧
6—摆臂　7—主量孔　8—加浓量孔

在中等负荷时，节气门开度不大，喉管前面的压力接近大气压力，而节气门后面的压力

则比大气压力小很多（即活塞上部的压力）。因此，在真空度的作用下，活塞压缩弹簧使其处于最上面的位置。这时，加浓阀被弹簧压紧在进油口上，真空式加浓系统不起作用。

在大负荷或全负荷时，节气门开度很大或接近全开，节气门后面的压力增大，则真空度减小，当其小于弹簧的弹力时，活塞杆就在弹簧力的作用下下移，推开加浓阀，汽油便经加浓量孔流入主喷管，与主量孔来的汽油汇合，一起由主喷管喷出，从而加浓混合气。

真空式加浓系统的工作由节气门后面真空度的大小决定，而真空度的大小不仅与负荷和节气门开度有关，还与发动机转速有关。在同样的节气门开度下，转速越高，真空度越大。

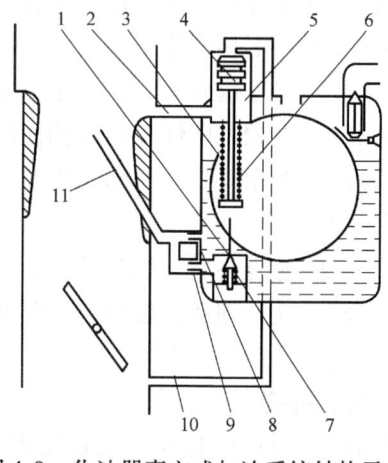

图 4-9　化油器真空式加浓系统结构示意
1—加浓阀　2—空气通道　3—活塞杆　4—活塞
5—加浓气缸　6—活塞杆弹簧　7—加浓阀弹簧
8—主量孔　9—加浓量孔　10—真空通道　11—主喷管

比较两种加浓系统，有以下区别：

1）机械式加浓系统在节气门开度大到一定程度时才起加浓作用，即只与节气门开度有关，而与发动机转速无关。

2）真空式加浓系统起作用的时刻完全取决于节气门后面的真空度，因此，与节气门的开度和发动机转速都有关系。

3）真空式加浓系统在小负荷、低转速时也能起加浓作用。

5. 加速系统

在一定的使用条件下，当需要增大发动机功率时，就要急速地加大节气门开度。此时，要求供给浓混合气。但是，由于采用简单化油器，在节气门突然开大时短时间内气缸中的混合气会变得过稀，不但不能加速，反而还可能熄火。为了解决这一矛盾，化油器上增设了加速系统。

加速系统又称为加速泵，有活塞式和膜片式两种。其中，活塞式加速泵因为结构简单、传动容易而应用较广泛。如图 4-10 所示，在浮子室内有一加速泵缸 1，加速泵缸 1 内有活塞 3，活塞 3 通过活塞杆 4 及弹簧 5、连动板 6 与拉杆 8 相连。拉杆 8 由固装在节气门轴上的摆臂 14 操纵，加速泵腔与浮子室之间装有进油阀 2，泵腔与加速量孔 10 之间的油道中装有出油阀 11。当不加速时，进油阀在本身重力的作用下经常开启或关闭不严；而出油阀则靠重力经常保持关闭，只有当加速时方能开启。

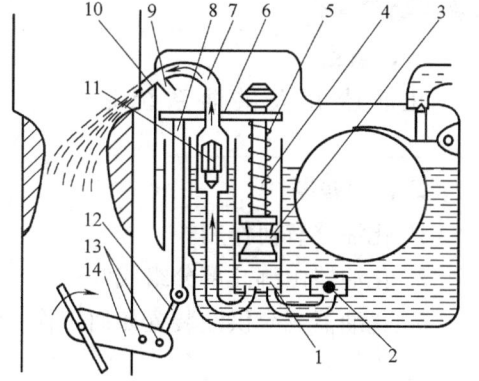

图 4-10　化油器加速供油系统结构示意
1—加速泵缸　2—进油阀　3—活塞　4—活塞杆
5—弹簧　6—连动板　7—加速油道　8—拉杆
9—通气道　10—加速量孔　11—出油阀
12—连接板　13—季节调节孔　14—摆臂

当节气门开度减小时，摆臂逆时针回转，从而带动拉杆、连动板、活塞杆及活塞向上移动，泵腔内产生真空度，汽油便自浮子室经进油阀充入泵腔。

当一般地增加负荷，即节气门缓慢开大时，活塞便缓慢下降，泵腔内形成的油压不大，进油阀在自身重力的作用下处于开启或关闭不严的状态，于是，汽油又通过进油阀流回浮子室，加速装置并不起作用。

但当节气门迅速开大时，由于活塞下移很快，泵腔油压迅速增大，使进油阀关闭，同时顶开出油阀，泵腔内所储存的汽油便从加速量孔喷入喉管内，从而加浓混合气。

这种加浓作用只是暂时的，当节气门停止运动后，即使节气门保持很大的开度，加速泵也不再供油。

发动机转速升高后，加速喷孔处真空度较高，可能将出油阀吸开而使加速系统不适时地喷油。为解决这一问题，可以使加速油道经通气道与浮子室相通，使加速油道中的真空度降低。

6. 起动系统

起动系统的功用是在发动机冷起动时，供给足够多的汽油，以使进入气缸内的混合气中有充足的汽油蒸气，保证其成分在火焰传播界限之内，实现发动机的顺利起动。最常用的起动系统是在化油器入口处装设一个阻风门，如图4-11所示。起动时，将阻风门关闭，并使节气门处于小开度位置。当发动机被起动机拖转时，在阻风门后方产生极大的真空度，使主供油系统和怠速系统同时供油。这时，通过阻风门边缘缝隙处流入的空气量很少，致使混合气极浓。

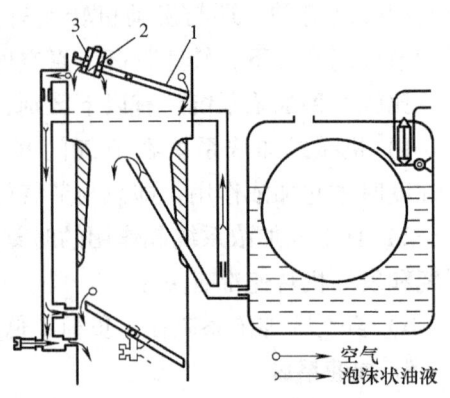

图4-11　化油器起动供油系统结构示意
1—阻风门　2—自动阀　3—弹簧

课后练习

一、填空题

化油器五大供油系统是＿＿＿＿＿＿、＿＿＿＿＿＿、＿＿＿＿＿＿、＿＿＿＿＿＿、＿＿＿＿＿＿。

二、简答题

1. 化油器有何作用？
2. 化油器由哪几部分组成？
3. 化油器五套供油装置如何工作？

项目五　柴油机燃料供给系统构造与维修

【项目描述】

柴油机燃料供给系统的功用是完成柴油的储存、滤清和输送工作,按柴油机不同工况的要求,定时、定量、定压并以一定的喷油质量将柴油喷入燃烧室,使其与空气迅速而良好地混合与燃烧,最后将废气排入大气中。本项目主要是结合实物对柴油机燃料供给系统进行基本认知,并对柴油机喷油器和喷油泵进行调试与维修。

【项目目标】

1）熟知柴油机燃油供给系统的功用及组成。
2）掌握柴油机喷油器和喷油泵的调试与维修。
3）了解柴油机调速器及柴油机燃料供给系统其他装置。

任务1　柴油机燃料供给系统的基本认知

任务目标

☞ 知识目标：

1）熟知柴油机可燃混合气的形成与燃烧过程。
2）了解各种柴油机燃烧室。
3）掌握燃油供给系统的功用、组成。

☞ 能力目标：

1）能够对柴油机可燃混合气的形成与燃烧过程有所了解。
2）能够知道各种柴油机燃烧室。
3）能够熟知燃油供给系统的功用及组成。

☞ 素质目标：

1）培养对信息的分析评价能力。
2）培养团队协作精神。
3）培养严谨的学习和工作态度。
4）在学习中善于讨论和交流。

任务描述

1）通过相关内容的学习，了解柴油机燃料供给系统的功用及组成。

2）利用教学模型、多媒体课件和发动机柴油机燃料供给系统各组件实物，观察柴油机各种燃烧室及燃料供给系统其他零件。

3）掌握混合气形成和混合气浓度对发动机性能的影响及理想发动机供油特性。

任务实施

一、可燃混合气的形成与燃烧过程

柴油机可燃混合气的形成和燃烧都是直接在燃烧室内进行的。在接近压缩行程终了时，柴油喷入气缸内，柴油油滴在温度极高的空气中受热、蒸发、扩散并与空气混合形成可燃混合气，最终自行着火燃烧，边喷射、边燃烧。

1. 可燃混合气的形成特点

1）柴油的混合和燃烧是在燃烧室内进行的，空间小，混合气形成时间极短，只占150°~350°曲轴转角（按发动机转速为3 000r/min 计，只占$8.3 \times 10^{-4} \sim 1.9 \times 10^{-3}$s）。

2）柴油粘度大，不易挥发，分布（浓度）不均，需要较大的过量空气系数。

3）可燃混合气的形成和燃烧过程是同时、连续、重叠进行的，即边喷射、边混合、边燃烧，气缸内各处混合气浓度很不均匀。

2. 可燃混合气的形成与燃烧

（1）可燃混合气的形成方式　在压缩行程终了时，柴油通过喷油器高压喷入燃烧室，继而分散成百万计的细小油滴（直径在0.001~0.05mm之间），并与空气进行混合。可燃混合气形成的方式对柴油机的性能影响较大，通常分为以下几种：

1）空间雾化混合。空间雾化是指将柴油高压喷向燃烧室空间，形成雾状，并与空气进行混合。为了使混合均匀，要求喷出的柴油与燃烧室形状相配合，并充分利用燃烧室中空气的运动。

2）油膜蒸发混合。油膜蒸发混合是指将大部分柴油喷射到燃烧室壁面上，95%形成一层油膜，5%在空间形成着火源，油膜在空间火源的热能作用下，受热逐层蒸发，在燃烧室中强烈的旋转气流的作用下，与空气形成均匀的可燃混合气。

3）复合式。复合式是指以上两种方式混合使用，只是根据需要有所侧重。

（2）可燃混合气的燃烧过程　根据柴油机燃烧过程进展的实际特征，燃烧分为以下四个阶段：

1）备燃期。备燃期也称为着火延迟期，是指从喷油开始（A点）到柴油开始着火（B点）的时期（图5-1中的Ⅰ）。

这个时期主要进行柴油着火前的物理、化学准备过程，喷入的雾化柴油从气缸内600℃左右的高温空气中吸收能量，逐渐雾化、吸热、扩散、蒸发、氧化、分解；同时，柴油不断喷入，约占循环喷油量的40%~50%。

备燃期时间虽短（0.000 7~0.003s），但对整个燃烧过程影响很大。若备燃期长，则喷

出的油量多，导致速燃期压力急剧升高，柴油机工作粗暴；但若备燃期过短，则又会导致可燃混合气形成困难，柴油机动力性和燃油经济性恶化。

2）速燃期。速燃期是指从柴油开始着火（B 点）到气缸内最高压力点（C 点）的时期（图 5-1 中的 Ⅱ）。

速燃期柴油燃烧非常迅速，而且是在活塞靠近上止点、气缸容积较小的情况下燃烧，因此气缸压力和温度急剧增加，是对外做功的关键时期。在这个时期，针阀仍然开启，柴油继续喷入，燃烧条件变差，故要控制该时期的喷油量和加强气缸内气体的流动，促进油气混合。

3）缓燃期。缓燃期是指从最高压力点（C 点）到最高温度点（D 点）的时期（图 5-1 中的 Ⅲ）。

在缓燃期，由于活塞下行，气缸容积变大，氧气变少，废气增多，混合气燃烧速度减缓，气缸内压力增加不显著，而温度却继续升高。若此时喷油还在继续，则由于燃烧恶化，柴油易裂解成黑烟排出。

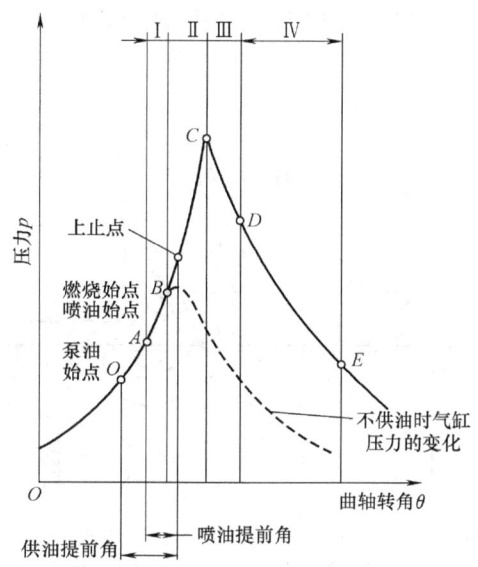

图 5-1　柴油机燃烧过程
Ⅰ—备燃期　Ⅱ—速燃期　Ⅲ—缓燃期　Ⅳ—后燃期

4）后燃期。后燃期是指从缓燃期终点（D 点）到柴油基本燃烧完为止（E 点）的时期（图 5-1 中的 Ⅳ）。

由于柴油机燃烧时间短促，柴油和空气混合又不均匀，气缸内有未燃的柴油拖到后燃期内继续燃烧，因燃烧条件恶化，使得燃烧不完全，排气冒黑烟，放出的热无法做功而传递给冷却液，导致发动机过热，燃油经济性下降。因此，应尽量减少后燃，并加强这个时期内气缸中气体的流动。

二、柴油机燃烧室

柴油喷入气缸后与空气混合，因而可燃混合气是在燃烧室中形成并燃烧的，这与汽油机有所不同，故柴油机燃烧室的形状对可燃混合气的形成和燃烧有很大影响。燃烧室的作用就是合理地组织气缸内的气流运动，促使柴油与空气更好地混合，以保证燃烧过程更加完善。燃烧室从结构形式上分为直喷式燃烧室和分隔式燃烧室两大类。

1. 直喷式燃烧室

直喷式燃烧室的特点是由气缸盖、活塞顶面和气缸上部内壁组成一个燃烧空间，如图 5-2 所示，柴油直接喷入该燃烧室中与空气进行混合燃烧。常见的直喷式燃烧室有 ω 形、球形和四方形等。

（1）ω 形燃烧室　ω 形燃烧室的特点是靠喷油器高压喷油到燃烧室空间与空气进行混合，属于空间雾化混合方式，如图 5-3 所示。这种燃烧室结构简单、紧凑，由于空间小、传热少，动力性、燃油经济性和起动性能都较好。但是，这种燃烧室对喷油系统要求高，需要较高的喷油压力,喷油器的喷孔也要求小而多,必须组织较强的进气空气运动,以促进油气混合;在备燃期内形成的混合气多,工作起来也比较粗暴,噪声大。ω形燃烧室分为直口型和缩口型,缩口型利于空气挤流的产生。

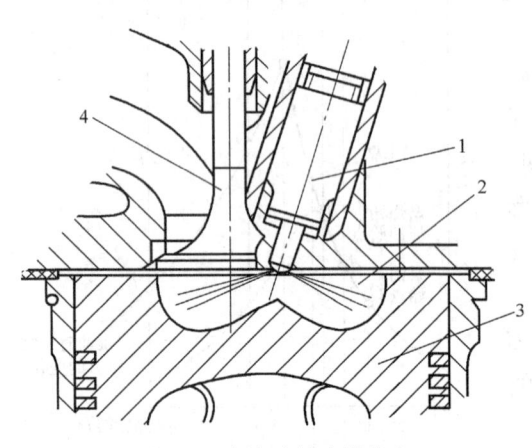

图 5-2 直接喷射式燃烧室
1—喷油器 2—燃烧室 3—活塞 4—气门

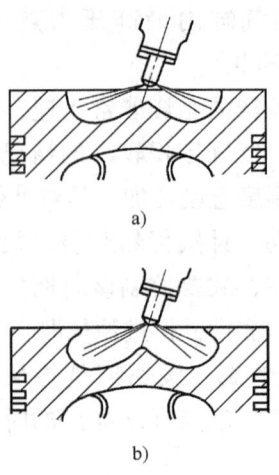

图 5-3 ω形燃烧室
a) 直口形 b) 缩口形

（2）球形燃烧室 在图 5-4 所示的球形燃烧室中,凹坑呈球状,较深,同时组织较强的空气涡流,喷油器顺气流喷射,在强涡流的带动下,柴油被涂布到球形燃烧室壁面上形成一层油膜,属于油膜蒸发混合方式。在球形燃烧室中,由于强烈的涡流作用,空气利用率较高;部分喷散在空间的雾化柴油首先完成与空气的混合而发火,成为火源。球形燃烧室内的燃烧是逐层蒸发燃烧,因此工作起来比较柔和,动力性和燃油经济性较好。球形燃烧室对燃油系统要求不高,可以使用单喷孔喷油器,喷油压力也较低。但是,由于球形燃烧室对空气运动的依赖性高,对负荷突变反应慢;冷起动性能不好,因为起动时燃烧室内温度低,油膜较难蒸发燃烧;低速性能也不好,此时 HC 生成较多,易冒蓝烟。

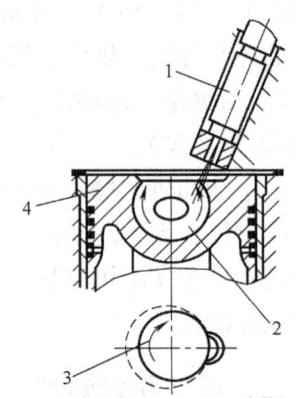

图 5-4 球形燃烧室
1—喷油器 2—燃烧室
3—空气涡流 4—活塞

（3）四方形燃烧室 四方形燃烧室（图 5-5）的底部呈 ω 形,上部逐渐过渡到四方形,油束与燃烧室相配,出现了气流运动的"摩擦碰壁"现象,即高转速时,涡流强度增加,油束被吹离原来的方向,更多地落在了燃烧室壁面上,其程度是随气流旋转速度的增大而增大,油膜蒸发比例上升。同时,四方形也抑制了涡流的增强,因而降低了燃烧速度和最高燃烧温度,解决了高、低转速下气流强度和油束的匹配,降低了 NO_x 的生成量。

（4）复合式燃烧室 复合式燃烧室（图 5-6）的喷油方向基本与空气涡流运动方向垂直,一部分柴油正在涡流作用下沿燃烧室壁面分布成油膜,一部分呈空间雾化混合,兼有空间雾化与油膜混合的特点,二者比例与工况有关。当发动机转速较高时,气流运动强,燃烧室壁面分布的柴油增多,具有油膜燃烧的特点;而在低速运转或起动时,气流速度低,空间分布的柴油增多,就较多地具有空间燃烧过程的特点,改善了冷机起动性能。因此,复合式燃烧室既有ω形的易起动、燃油经济性好,又有球形燃烧室工作柔和、高速性能好的特点。但目前复合式燃烧室还存在对涡流强度敏感、增压适应性差等缺点。

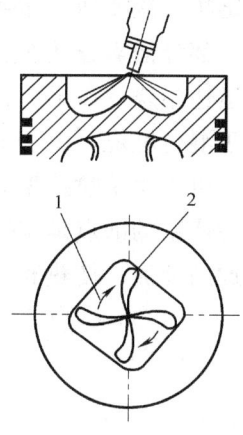

图5-5 四方形燃烧室
1—进气涡流 2—油束

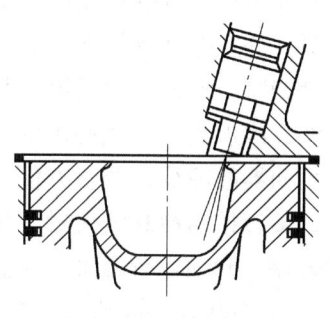

图5-6 复合式燃烧室

2. 分隔式燃烧室

分隔式燃烧室的结构特点是燃烧室被分隔为主、副两个燃烧室,二者用一个或数个通道相通。副燃烧室在气缸盖内,容积占总压缩容积的50%~80%;主燃烧室在气缸盖底平面与活塞顶面之间。柴油先喷入气缸盖中的副燃烧室内进行预燃烧,再经过通道喷到活塞顶上的主燃烧室内进一步燃烧。

分隔式燃烧室根据结构的不同分为涡流式和预燃式两种。

(1) 涡流式燃烧室 涡流式燃烧室由两部分组成,即主燃烧室和副燃烧室(涡流室)。

1) 结构特点。涡流式燃烧室的副燃烧室有球形(图5-7a)、吊钟形(图5-7b)和组合形(图5-7c,由一段球形、一段柱形和一段锥形组成)等形状,主燃烧室的活塞顶也有不同的凹坑,如双涡流形凹坑(图5-8a)、铲击形凹坑(图5-8b)等。

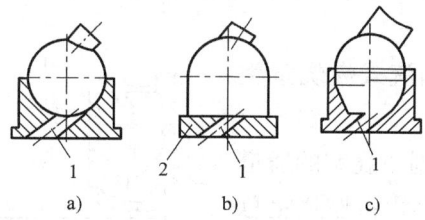

图5-7 涡流式燃烧室的副燃烧室
a) 球形 b) 吊钟形 c) 组合形
1—主喷孔 2—副喷孔(起动喷孔)

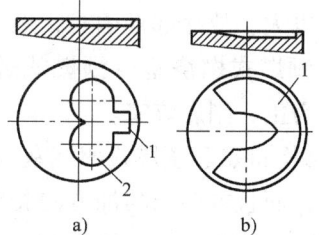

图5-8 涡流式燃烧室的主燃烧室
a) 双涡流形凹坑 b) 铲击形凹坑

① 副燃烧室的容积占燃烧室总容积的50%~80%。

② 主、副燃烧室之间的通道是切向的,具有导流作用,因而主、副燃烧室之间的气体

流动是有规则的压缩或膨胀涡流。

③ 涡流室在气缸盖上，周围是水套。

2）混合气形成特点。在压缩行程中，气缸中的空气被活塞挤压，经过通道流入涡流室形成有组织的强烈涡流。活塞接近压缩上止点时，喷油器开始顺气流喷油，在强涡流气流的带动下，燃油被涂布到燃烧室壁面上，形成油膜。同时，有少部分油雾分散在燃烧室空间着火形成火源，并点燃从燃烧室壁面蒸发出来的可燃混合气，迅速燃烧，高温、高压气体经通道喷入主燃烧室，形成二次涡流，与主燃烧室内的空气进一步混合燃烧。由于采取强烈、有组织的气体二次涡流，空气利用率高，对喷雾质量要求不高，可采用单喷孔喷油器，喷油压力较低，喷油器故障少，调整方便，工作比较柔和。涡流式燃烧室的缺点是副燃烧室相对散热面积大，又直接与冷却液接触，加上主、副燃烧室之间的通道节流，使热利用率降低，燃油经济性较差，起动也较困难。注意以下几点：

① 涡流室内基本完成油气混合。

② 大部分柴油在涡流室内着火燃烧。

③ 气流运动较强，可以降低对喷油器的要求。

为了改善起动性能，有的增加了副喷孔（起动喷孔），使得在起动时，由于空气涡流不强，从喷油器喷出的柴油可通过副喷孔直接喷入活塞顶的主燃烧室温度较高处，柴油容易着火燃烧。

3）涡流式与直喷式相比，有明显的不同之处：

① 混合气的形成与燃烧主要是利用有组织的、强烈的压缩涡流，喷雾质量要求不高，喷油压力低，可以降低对燃油系统的要求。

② 压缩涡流随转速升高而加强，故在转速较高时仍能保证较好的混合质量，而混合质量对转速变化不敏感，因此具有较高的充气效率，适于高转速，最高可达 5 000r/min。

③ 压缩涡流可保证较好的混合质量，空气利用率较高，过量空气系数小，功率大，又因燃烧是在涡流室内进行的，而不直接作用在活塞上，主燃烧室压力升高率较小，工作较为平稳，压缩比可以达到 22～24，故动力性和排放性能好。

④ 涡流室相对散热面积大，又直接与冷却液接触，散热损失较大；气体经过通道流动，节流损失也大，故冷起动困难，燃油消耗率高。

（2）预燃式燃烧室　预燃式燃烧室的组成与涡流式燃烧室类似，也分为主、副燃烧室。

1）结构特点。预燃式燃烧室（图5-9）的主、副燃烧室的通道截面较小，而且方向与喷油方向相对，副燃烧室的容积占燃烧室总容积的 25%～45%。预燃式燃烧室用耐热钢制成，不与冷却液接触。

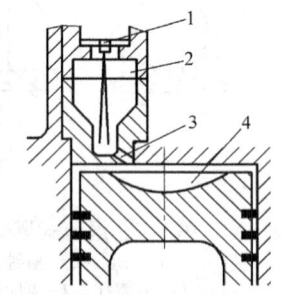

图5-9　预燃式燃烧室
1—喷油器　2—预燃室
3—喷孔　4—主燃烧室

2）混合气形成特点。在压缩行程中，空气经通道被压向副燃烧室，形成强烈的、无规则的湍流，柴油逆气流方向喷射，与空气相撞形成混合，并着火预燃烧，因此副燃烧室也称为预燃室。随后，不完全燃烧的混合气经通道进入主燃烧室，与主燃烧室内的空气进一步混合燃烧。预燃式燃烧室比涡流式燃烧室工作更柔和，而且可以燃用多种燃料，但其节流损失比涡流式燃烧室更大，因此燃油经济性较差。

3) 预燃式燃烧室与涡流式燃烧室的比较。

① 预燃式燃烧室不组织有规律的压缩涡流，只有无组织的湍流，其作用是形成燃烧涡流，形成柴油在主燃烧室的喷散和分布。

② 预燃式燃烧室的副燃烧室容积小，通道截面也小，因而流动节流损失大，但可以获得较高的流速，形成强烈的燃烧涡流。

③ 预燃式燃烧室的主要燃烧在主燃烧室内进行，而涡流式燃烧室的主要燃烧则在涡流室内完成。

三、柴油机燃油供给系统的功用及组成

1. 柴油机燃油供给系统的功用

1) 在适当的时刻将一定数量的清洁柴油增压后以适当的规律喷入燃烧室，各缸的喷油定时和喷油量相同且与柴油机运行工况相适应，喷油压力、雾化质量及其在燃烧室内的分布与燃烧室类型相适应。

2) 在每一个工作循环内，各气缸均喷油一次，喷油次序与气缸工作顺序一致。

3) 根据负荷的变化自动调节循环供油量，以保证柴油机稳定运转，尤其要稳定怠速，限制高速。

4) 储存一定数量的柴油，以保证汽车的最大续驶里程。

2. 柴油机燃油供给系统的组成

柴油机燃油供给系统一般由燃油箱、油管、输油泵、柴油滤清器、喷油泵、调速器和喷油器等组成。

如图 5-10 所示，柴油机运转时，在输油泵 3 的作用下，柴油从柴油箱 1 被吸出，经过油水分离器 2 分离去柴油中的水分，再压向柴油滤清器 6 过滤，清洁的柴油进入柱塞式喷油泵 5 提高压力，再经高压油管 8 送到喷油器 9，最后以一定的速率、射程和喷雾锥角喷入燃烧室。多余的柴油则从回油管 7 流回柴油滤清器。

通常把柴油机燃油供给系统分成三个部分。即低压油路、高压油路及回油油路。从柴油箱到喷油泵入口之间油路中的油压是由输油泵建立的，而输油泵的出油压力一般为 0.15～0.3MPa，故这段油路称为低压油路。

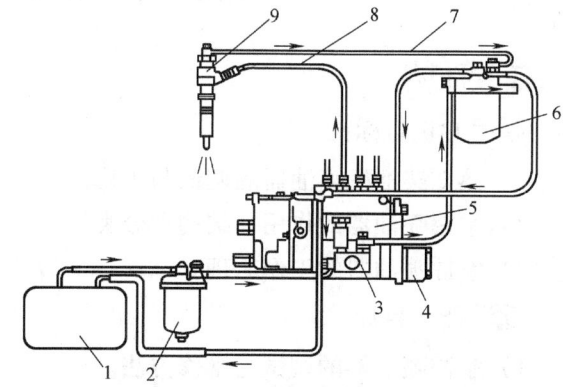

图 5-10 柱塞式喷油泵柴油供给系统
1—柴油箱　2—油水分离器　3—输油泵
4—柱塞式喷油泵动力输入　5—柱塞式喷油泵
6—柴油滤清器　7—回油管
8—高压油管　9—喷油器

从喷油泵到喷油器之间油路中的油压是由喷油泵建立的，一般在 10MPa 以上，故这段油路称为高压油路。由于输油泵的供油量比喷油泵的最大供油量大 3～4 倍，为了保持

进入喷油泵进油室内的油压稳定,喷油泵进油室的一端装有安全阀,大量多余的燃油经安全阀和回油管流回输油泵的进口或直接流回柴油箱。喷油器工作间隙泄漏的极少数柴油也经回油管流回柴油箱,因而这段油路称为回油油路。

课后练习

一、填空题

1. 柴油机燃料供给系统的_____、_____与_____,称为柴油机燃料供给系统的"三大偶件"。

2. 涡流式燃烧室使用_____式喷油器,直喷式燃烧室使用_____式喷油器。

二、选择题

1. 在柴油机燃料供给系统中,喷油压力的大小取决于(　　)。
    A. 发动机的转速　　　　　B. 节气门开度的大小
    C. 喷油泵的柱塞行程　　　D. 喷油器弹簧的预紧力

2. 柴油机燃烧过程中,气缸内温度达到最高时在(　　)。
    A. 备燃期　　　B. 后燃期　　　C. 速燃期　　　D. 缓燃期

三、问答题

1. 柴油机燃料供给系统有什么作用?
2. 柴油机燃料供给系统由哪几部分组成?
3. 混合气浓度对柴油机性能有什么影响?
4. 柴油机理想供油特性是什么?

任务 2　喷油器的调试与维修

任务目标

☞ 知识目标:

1)熟知柴油机喷油器的调试与维修。
2)掌握喷油器的作用、结构和分类。
3)掌握喷油器的工作原理。

☞ 能力目标:

1)掌握喷油器的调试与维修方法。
2)了解喷油器的结构。
3)正确选用合适的工具拆卸喷油器。
4)掌握喷油器的拆卸与组装。

☞ 素质目标:

1)培养对信息的分析评价能力。
2)培养团队协作精神。

3）培养严谨的学习和工作态度。
4）在学习中善于讨论和交流。

任务描述

1）通过喷油器的调试与维修实践，对喷油器的结构有所了解。
2）利用教学模型、多媒体课件和喷油器实物对相关知识的学习，掌握喷油器的作用、结构和分类。

任务实施

一、喷油器的调试与维修

1. 喷油器的检查与调试

（1）喷油器喷油压力的检查与调试　检查时，将喷油器上调压弹簧调整螺钉的锁紧螺母旋松，将喷油器安装到试验台上（图5-11），并从接头处排除空气，注意不要将手指触碰喷油器的喷孔。用手快速按动数次喷油器试验器手柄，以排除喷孔内的积炭。然后，一边缓慢地按动试验器手柄、一边观察压力表的指针。当喷油压力刚开始下降时，读取压力表的指示值。

如果压力不符合规定值，则需要进行调整。对于可用调压弹簧调整螺钉调整喷油压力的喷油器，当拧入调压弹簧调整螺钉时，喷油压力增大；反之，

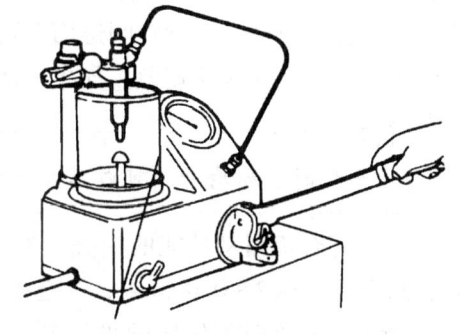

图5-11　喷油器试验

则喷油压力减小。对于用增减垫片的方法调整喷油压力的喷油器，如果加厚垫片，则喷油压力增大；反之则减小，注意调整后每个喷油器只能用一个垫片。

（2）喷油器密封性的检查　可以将压力保持在低于开启压力（用试验台手柄控制）0.98~1.96MPa的状态下，经过10s后，检查柴油不能从喷油器喷孔或固定螺母的周围滴漏，但可以湿润。如果有滴漏或渗漏，则说明针阀密封不严，应进行维修或更换。如果喷油器喷孔处无渗漏，但压力下降较快，则说明针阀导向部分间隙过大，回油过多。

（3）喷油器喷油质量的检查　当喷油速率为30~60次/min时，喷油器达到喷油压力后应喷油，喷雾形状如图5-12所示，声音应有清脆的"嚓嚓"声。同时，喷油完毕后，喷油器断油干脆，无滴漏现象。

2. 喷油器的维修

（1）喷孔堵塞的维修　喷孔堵塞的原因主要有三个：

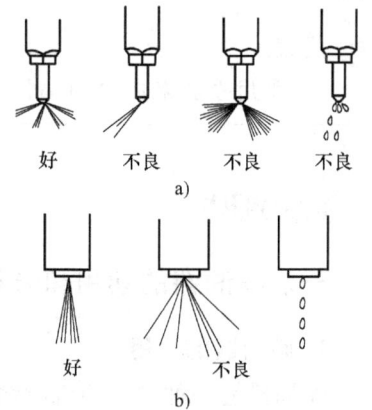

图5-12　喷油器喷油质量的检查
a）孔式　b）轴针式

一是柴油不清洁；二是针阀密封锥面密封不严而滴油形成积炭；三是针阀导向面卡滞，不能及时回位，柴油受到高温而烧结。维修时，可以用清洁的柴油清洗喷油器零件，用方木刮掉附在针阀头部的积炭，如图 5-13 所示；用铜刷刷掉针阀体外部的积炭，如图 5-14 所示。检查针阀体的座面是否烧蚀或锈蚀，检查针阀头部是否损坏或锈蚀，如果出现上述某种现象，则应更换针阀偶件。

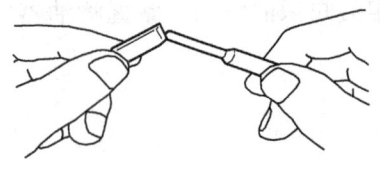

图 5-13　方木除碳

图 5-14　铜刷除碳

（2）针阀研磨　在喷油器压力进行调整时，如果有滴漏现象，则说明针阀密封性不良，需要进行研磨。针阀偶件在柴油中清洗后，在针阀锥面上涂覆少许氧化铬研磨膏，插入针阀座内用手捻动研磨，直到针阀锥面上可以看到一个完整的、等宽的研磨环带。重新清洗后，复装重试，直至无滴漏现象。如果无法研磨出理想的环带，则应更换新件。

> ⚠ 注意：
> 在研磨时，研磨膏不可以落到针阀的导向面上，以免研坏导向面。

（3）配合面滑动性能的检查　针阀导向面的配合精度很高，间隙为 0.002~0.003mm，为选配件，不可以互换。如图 5-15 所示，检查时将针阀偶件倾斜 60°左右，用手将针阀从阀体中抽出其长度的 1/3，放开针阀，此时针阀应能依靠自重平稳地滑入针阀体内；转动针阀位置，反复数次进行滑动性能检验。如果针阀不能自如地滑入针阀体内，则应更换针阀偶件。

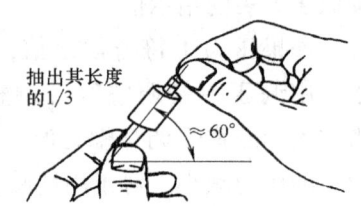

图 5-15　配合面滑动性能的检查

> ⚠ 注意：
> 不要用手指触碰针阀偶件的配合面。

相关知识

一、喷油器的功用和分类

1. 喷油器的功用

喷油器是一种向柴油机燃烧室喷射高压燃油的装置。根据不同柴油机的要求，喷油器将自高压油泵来的柴油以一定的喷油压力、喷雾细度、喷油规律、射程和喷雾锥角喷入燃烧室的特定位置与空气混合燃烧。

试验发现，1mL 柴油，如果呈球形，直径为 12.4mm，其表面积为 483mm^2；如果雾化成直径为 10μm 的均匀油粒，则油粒总数将为 2.99×10^7 个，表面积为 1.5×10^5 mm^2，表面积增加了 310 倍，这样细小的油粒被喷到高温、高压空气中，不但提高了加热速度，也增加了与空气接触的机会。因此，柴油能迅速汽化和氧化，促进了可燃混合气的形成和燃烧。

2. 喷油器工作条件

喷油器工作时需要承受较大的柴油压力，其头部与高温燃烧室接触，是影响柴油机性能的关键部件。

3. 喷油器的分类

现代柴油机基本采用闭式喷油器，根据喷油器结构形式不同，闭式喷油器又分为孔式喷油器和轴针式喷油器等，分别用于不同的燃烧室。通常孔式喷油器用于空间雾化方式的直喷式燃烧室，而轴针式喷油器则用于分隔式燃烧室，闭式喷油器的分类如图 5-16 所示。

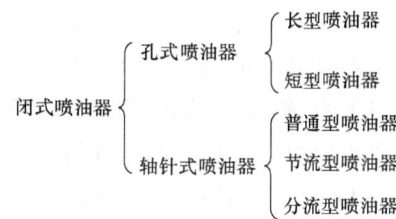

图 5-16 闭式喷油器的分类

二、喷油器喷雾特性

1. 雾化质量

柴油良好的雾化增加了柴油颗粒的表面积，使柴油能迅速汽化和氧化，促进了可燃混合气的形成和燃烧进程。通常，柴油雾化的评价指标包括雾化细度和雾化均匀度。

提高雾化细度的途径有以下几种：

1）减小喷孔直径，单位体积的柴油表面积增大，与空气产生更多的摩擦，油滴变小。

2）提高喷油压力，则喷出速度提高，柴油与空气之间的摩擦力增大，形成更强的湍流，油滴变小。

3）提高燃烧室压力，增强与空气间的摩擦，雾化更细。

4）加强空气运动，可提高燃油与空气的相对速度，利于雾化。

5）提高空气温度，则空气粘度增加，油滴的表面张力减小，油滴变小。

2. 贯穿深度（射程）

贯穿深度是指柴油油束从喷孔到垂直平面的最短距离，即油束的可见长度。贯穿深度直接影响可燃混合气的形成，过短或过长都不好，必须与燃烧室形状相匹配，如图 5-17 所示。

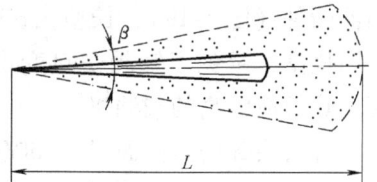

图 5-17 喷油油束
L—贯穿深度 β—喷雾锥角

影响贯穿深度因素很多，主要有以下几种：

1）喷油压力高，则初速度大，贯穿深度增加，但当压力高到一定程度后，由于柴油与空气之间的摩擦力增加，减小了雾化细度，使射程缩短，当喷油压力达到 35MPa 时，贯穿深度不再增加。

2）气缸内的空气温度高，雾化变好，油滴粒度小、动量小，使贯穿深度变小。

3）喷孔尺寸参数，如当喷孔长度与其直径之比为 4 时，贯穿深度为最大。

3. 喷雾锥角

喷雾锥角表示油束在燃烧室中的扩散程度。通常，喷雾锥角大，所包围空气的体积增加，油气混合较好。

三、孔式喷油器

1. 孔式喷油器的结构

（1）孔式喷油器的整体结构　孔式喷油器一般用于直喷式柴油机，其特点是喷油器偶件中的针阀不直接伸出喷孔，喷油器头部的喷孔小且多，一般喷孔为 1~7 个，孔径为 0.2~0.5mm。孔式喷油器的结构如图 5-18 所示，由针阀 11 和针阀体 12 构成的喷嘴通过喷油器拧紧螺母 10 与喷油器体 9 紧固在一起。调压弹簧 7 的预紧力通过顶杆 8 作用在针阀 11 上，将针阀 11 压紧在针阀体 12 内的密封锥面上，使喷油器关闭。调压弹簧的预紧力由调压螺钉 5 进行调整。

（2）针阀偶件　如图 5-19 所示，针阀偶件由针阀 1 和针阀体 2 组成，用优质轴承钢制成，它们之间相互配合的滑动圆柱面间隙仅为 0.001~0.0025mm，通过高精密加工或研磨选配而得，不同喷油器针阀偶件不可互换。该间隙过大，则会使喷油压力下降，喷雾质量变差；间隙过小，则针阀容易卡死。针阀中部的环形锥面（承压锥面）位于针阀体的环形油腔中，其作用是承受由油压产生的轴向推力，使针阀上升。针阀下端的锥面（密封锥面）与针阀体相配合，起密封喷油器内腔的作用。针阀上部有凸肩，当针阀关闭时，凸肩与喷油器体下端面的距离 h 为针阀最大升程，其大小决定了喷油量的多少，一般 $h = 0.4~0.5$ mm。针阀体与喷油器体的接合处有 1~2 个定位销防止针阀体转动，以免进油孔错位。孔式喷油器又分为短型喷油器和长型喷油器两种（图 5-19），长型孔式喷油器的针阀导向圆柱面远离燃烧室，避免了针阀受热变形而卡死在针阀体中，因而用于热负荷较高的柴油机。

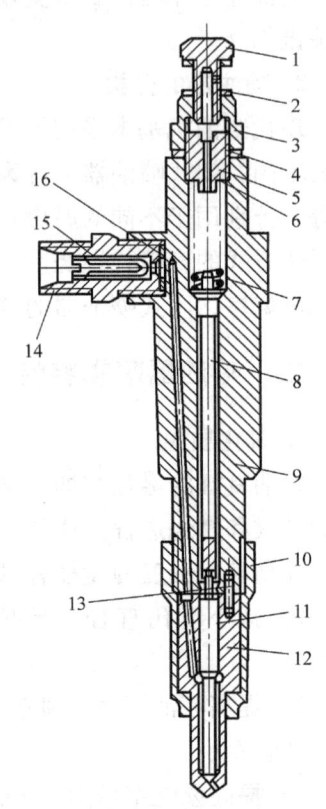

图 5-18　孔式喷油器的结构
1—回油管接头　2—衬垫
3—调压螺钉保护螺母　4、6—垫圈
5—调压螺钉　7—调压弹簧　8—顶杆
9—喷油器体　10—喷油器拧紧螺母
11—针阀　12—针阀体　13—定位销
14—进油管接头　15—喷油器滤芯
16—油管接头衬垫

针阀头部密封锥面以下和喷孔以上的空间称为压力室容积（图 5-20），这部分容积对柴油机性能有影响。这是因为，在燃烧过程的后期，针阀虽已关闭，但压力室储存的柴油会受高温影响而蒸发，然后以滴漏的形式进入燃烧室，且不能与空气正常混合燃烧而产生 HC 和 CO 等有害污染物。因此，应尽量减小压力室容积，现在车用柴油机多采用无压力室孔式喷油器或小压力室孔式喷油器，以降低排气污染。

2. 孔式喷油器的工作原理

喷油器工作时，来自喷油泵的高压柴油，经进油管接头 14（图 5-18）进入喷油器体上

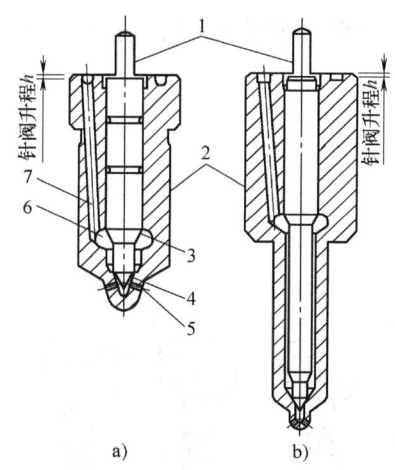

图 5-19 针阀偶件的结构形式
a) 短型 b) 长型
1—针阀 2—针阀体 3—承压锥面
4—密封锥面 5—喷孔 6—压力室 7—进油道

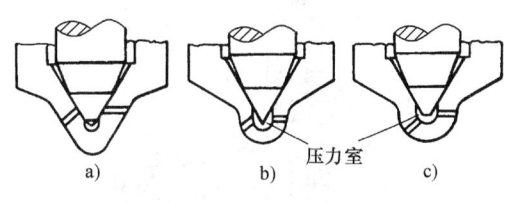

图 5-20 不同压力室的孔式喷油器
a) 无压力室式 b) 小压力室式 c) 一般压力室式

的进油道,再进入针阀体中部的环形油腔,作用在针阀的承压锥面 3(图 5-19)上,对针阀形成一个向上的轴向推力,此推力一旦大于喷油器调压弹簧的预压力,针阀立即上移,打开喷孔 5(图 5-19),高压柴油随即喷入燃烧室中。喷油泵停止供油时,高压油道内的压力迅速下降,针阀在调压弹簧的作用下及时回位,将喷孔关闭,停止喷油。

进入针阀体环形油腔的少量柴油,经喷油器偶件配合表面之间的间隙流到调压弹簧端,进入回油管,流回滤清器,用来润滑喷油器偶件。

针阀开启压力(喷油压力)的大小取决于调压弹簧的预压力。不同的发动机有不同的喷油压力要求,可通过调压螺钉 5(图 5-18)调整,旋入时压力增大,旋出时压力减小。通常,孔式喷油器的喷油压力为 18~25MPa。

四、轴针式喷油器

轴针喷油器主要适用于分隔式燃烧室,其喷油压力较低,为 10~15MPa,与孔式喷油器的区别主要在针阀的结构上。

1. 针阀的结构

轴针式喷油器的特点是喷油器偶件中的针阀伸出喷孔外(图 5-21),与喷孔形成环状狭缝,喷孔一般只有一个,孔径也较大,可达 1~3mm,针阀头部的形状决定喷雾锥角。轴针式喷油器工作时,轴针在喷孔中上、下运动,能自动清除喷孔内的积炭。针阀头部制成各种形状(图 5-22),使柴油以不同的油束锥角喷入气缸,适应不同柴油机的需要。

2. 针阀的分类

针阀的类型主要有普通型、节流型和分流型三种。

(1) 普通型 针阀头部密封锥面下的轴针直径与喷孔直径两者配合后,形成一环形喷孔截面,配合间隙很小,一般为 0.005~0.025mm,故而流经这里的流通截面最小,节流现象最明显。因此,该环形截面又称为节流截面,其长度称为节流行程 H,显然,只有在针阀升程大于节流行程后,柴油流量才会迅速增加,对于普通型喷油器,这一行程不大于 0.1mm(图 5-23a)。

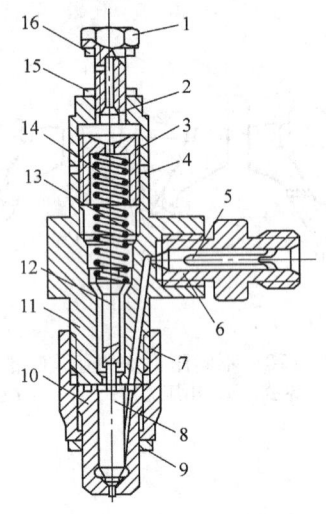

图 5-21 轴针式喷油器
1—油管螺钉 2—调压螺钉护帽
3—调压螺钉 4、9、13、15、16—垫圈
5—滤芯 6—进油管接头
7—紧固螺套 8—针阀 10—针阀体
11—喷油器体 12—顶杆
14—调压弹簧

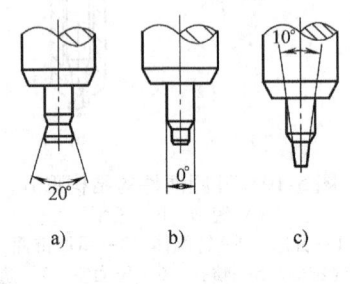

图 5-22 轴针式喷油器针阀头部形状
a)倒锥形 b)圆柱形 c)顺锥形

(2)节流型 节流型喷油器是指节流升程 H 较大(一般大于 0.3mm)的一种轴针式喷油器,其特点是喷油量先小后大。由于喷油时的节流影响,降低了初期喷油速率,减少了初期喷入燃烧室内的柴油量,降低了柴油机压力升高率和最高燃烧压力,使得柴油机工作柔和、噪声小(图 5-23b)。

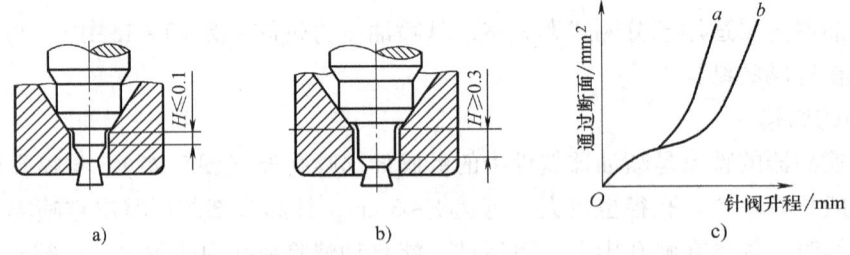

图 5-23 两种轴针式喷油器
a)普通型 b)节流型 c)流通截面随升程的变化

(3)分流型 分流型轴针式喷油器的主要特点是在主喷孔旁有一个约为 0.2mm 的副喷孔(图 5-24)。在起动时,由于柴油机转速低,进入喷油器的油压低,针阀升程很小,主喷孔的油流截面很小,喷出的柴油量很少,但这时副喷孔已全部打开,大部分柴油由此喷入燃烧室空间,改善了柴油机的起动性能。柴油机正常运转后,喷孔喷出的柴油量逐渐变小。

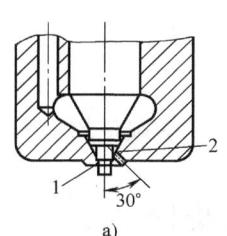 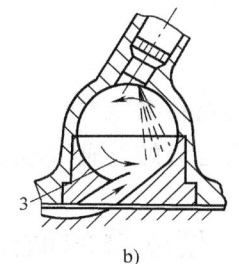 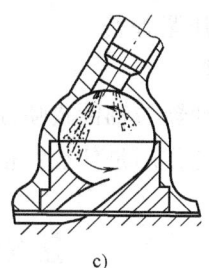

图 5-24 分流型轴针式喷油器
a）针阀结构　b）起动时　c）正常运转时
1—主喷孔　2—副喷孔　3—气流方向

>> 课后练习

一、填空题

1. 根据喷油器结构形式的不同，喷油器可分为_____和_____。
2. 通常柴油雾化的评价指标包括_____和_____。
3. _____喷油器一般适用于直喷式柴油机。
4. 喷油器是一种向柴油机燃烧室喷射_____的装置。
5. 根据不同柴油机的要求，将自高压油泵来的柴油雾化蒸气以一定的喷油压力、喷雾细度、喷油规律、射程和喷雾锥角喷入燃烧室的特定位置与_____混合燃烧。

二、判断题

1. 喷油器针阀与针阀体配合精度虽高，但同一发动机上的零件仍可以相互更换。（　　）
2. 在柴油机 A 型直列式喷油泵中，当柱塞的斜槽与低压油孔相通时，则停止供油。（　　）
3. 喷油器的主要作用是将柴油雾化，只要喷油器的喷孔孔径和喷油压力相同就能相互更换。（　　）
4. 通过喷油器调压螺钉可调整调压弹簧的预压力，以改变喷油器的喷油压力。（　　）

三、选择题

1. 喷油器工作间隙泄漏的极少量柴油经（　　）流回柴油箱。
   A. 回油路　　　B. 低压油路　　　C. 高压油路　　　D. 泄油路
2. 下面各项中，（　　）是不可调节的。
   A. 喷油压力　　　　　　　　　B. 气缸压力
   C. 输油泵供油压力　　　　　　D. 调速器额定弹簧预紧力
3. 若喷油器的调压弹簧过软，则会使得（　　）。
   A. 喷油量过多　　　　　　　　B. 喷油时刻滞后
   C. 喷油初始压力过低　　　　　D. 喷油初始压力过高
4. A 型喷油泵各缸供油量不均匀时，可通过调整（　　）来改善。
   A. 出油阀弹簧的预紧度　　　　B. 滚轮挺柱体

C. 喷油器压紧弹簧

四、简答题

1. 孔式喷油器与轴针式喷油器各有什么特点？
2. 喷油器的作用是什么？根据混合气的形成和燃烧特点，对喷油器有哪些要求？

任务3　喷油泵的调试与维修

任务目标

☞知识目标：

1）熟知柴油机喷油泵的调试与维修。
2）掌握喷油泵的功用、结构和分类。
3）掌握喷油泵的工作原理。

☞能力目标：

1）掌握喷油泵的调试与维修方法。
2）了解喷油泵的结构。
3）正确选用合适的工具拆卸喷油泵。
4）掌握喷油泵的拆卸与组装。

☞素质目标：

1）培养对信息的分析评价能力。
2）培养团队协作精神。
3）培养严谨的学习和工作态度。
4）在学习中善于讨论和交流。

任务描述

1）通过喷油泵的调试与维修实践，对喷油泵的结构有所了解。
2）利用教学模型、多媒体课件和喷油泵实物对相关知识的学习，掌握喷油泵的功用、结构和分类。

任务实施

一、喷油泵的调试

喷油泵首先需根据柴油机的配套要求进行调试，符合使用要求后方可装配至柴油机上，以保证柴油机具有良好的性能。调试通常在喷油泵专用试验台上进行，如图5-25所示。

下面以A型喷油泵（带两级调速器）为例，说明喷油泵的调整步骤。

（1）试验准备　喷油泵安装在试验台上后，应检查喷油泵与试验台是否装接同心，且无间隙传动。喷油泵应按规定油面加好润滑油，柴油进油压力保持在0.07~0.98MPa，特别应注意排出油路中的空气。试验时,先低速运转,检查试验台是否正常、喷油泵齿杆是否灵活、调速器各手柄转动是否受阻。当喷油泵零件更换较多时,需要先进行磨合运转,再进行调试。磨合时,如果油门手柄处于大油门位置,则磨合5min;如果处于小油门位置,则磨合10min。

(2) 供油预行程的检查与调整 预行程的变化会改变柱塞在供油时的运动速度和供油速率,直接影响柴油机的各项性能,因此,预行程的检查和调整是喷油泵试验的主要项目之一。检查预行程时,齿杆一般定在标定供油位置,多缸泵只测定基准缸,通常以1缸为基准缸。

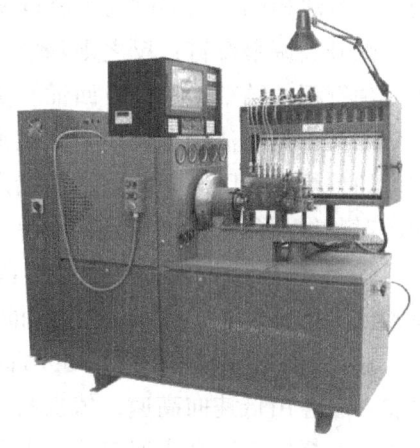

图 5-25 喷油泵专用试验台

检查时拆去1缸出油阀接头,取下出油阀弹簧及出油阀芯,并装上带旁通溢流管的专用量具(图5-26)。在喷油泵进油口处通入压力为0.15~1.05MPa的试验油,试验油能通过出油阀座中的孔从旁通溢流管流出。转动喷油泵凸轮,使柱塞处于下止点位置,调定百分表读数在零位。然后,按与柴油机同方向旋转喷油泵凸轮轴(对于某些装在飞轮端的后置式喷油泵,其旋转方向与柴油机旋转方向相反),使柱塞缓慢地上升。当柱塞顶面上升到与进、回油孔上边缘处相切时,进、回油孔关闭,溢流口就停止滴油,这时百分表上的读数即1缸供油预行程 S。试验证明,以溢流口流出量减少到相当于每秒滴一滴油,比完全停油的测量误差要小。在试验时,可取10滴油的时间为8~12s来检查预行程。

通常预行程的公差为±0.05mm,如果超差,则可以通过改变柱塞在下止点时其顶面与柱塞套的进、回油孔的相对位置来进行调整。A型喷油泵预行程的调整办法:先松开锁紧螺母,把调整螺钉向上旋(这样可以减小预行程,反之则增大预行程),调整后紧固锁紧螺母。

(3) 各缸供油间隔角的检查与调整 以1缸供油始点为基准,检查其余各缸供油始点与1缸供油始点的夹角,使各缸供油提前角与1缸供油提前角保持一致。检查时,将齿杆或拉杆固定在标定位置,通常采用定时管法。即将内径为1~2mm的透明的定时管安装在1缸出油阀接头上(图5-27),向喷油泵内通入试验油,并使定时管内充油至一定的油面高度。然后,按喷油泵规定的旋转方向缓慢转动凸轮轴,使柱塞由下止点上升,观察定时管内的油面,在油面开始移动的瞬间立即停止转动。这一时刻就是1缸的供油始点。这时,将试验台上刻度盘指针移到对准刻度的某一整数位置,并记下该值。然后,以柴油机着火顺序对喷油泵相对应的各缸按上述方法进行供油始点的检查,并与1缸供油始点进行比较,判断是否满足规定要求。

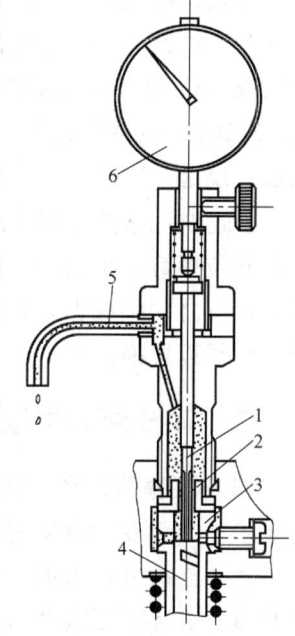

图 5-26 预行程测量
1—顶杆 2—出油阀座
3—柱塞套 4—柱塞
5—旁通溢流管 6—百分表

各缸供油夹角公差为±0.5°，如果有超差，则应进行调整，且其调整方法与供油预行程的调整方法相同。当某缸与1缸间隔角大于规定值时，则升高调整螺钉；反之则降低调整螺钉。由于供油预行程的结束点是进、回油孔关闭的瞬间，而这一点又正是供油始点，在调整供油始点时就会影响供油预行程。因此，调整供油始点后的任意一缸均应对其供油预行程进行复查。

（4）喷油泵供油量的检查与调整　将试验台供油压力调整为0.1MPa，拧紧喷油器溢流管螺塞。

1）将调速器油门手柄压在大油门限位螺钉处。试验台转速由低速向高速，依次检查起动工况、校正工况、标定工况和高速空车工况时的供油量和各缸供油不均匀度。

2）将调速器油门手柄压在小油门限位螺钉处。检查怠速工况供油量和各缸供油不均匀度。

各工况下的供油量和各缸不均匀度应符合规定值，如果超过规定值，则需要进行调整。当标定工况供油量、校正工况供油量和各缸不均匀度不符合要求时，将调节齿圈上的紧固螺钉旋松，用改变调节齿圈与供油量调节套筒的相对位置来进行调整（图5-28）。供油量调节套筒向左转动，则供油量增加；反之，则减少。

怠速供油量如果偏小或偏大，可调整调速器小油门限位螺钉。小油门限位螺钉向内拧，则供油量增加；反之，则减少。如果怠速供油量太小或供油不均匀度太差，则说明柱塞偶件磨损严重，应予以更换。

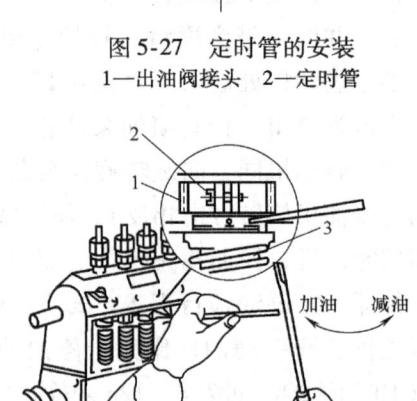

图5-27　定时管的安装
1—出油阀接头　2—定时管

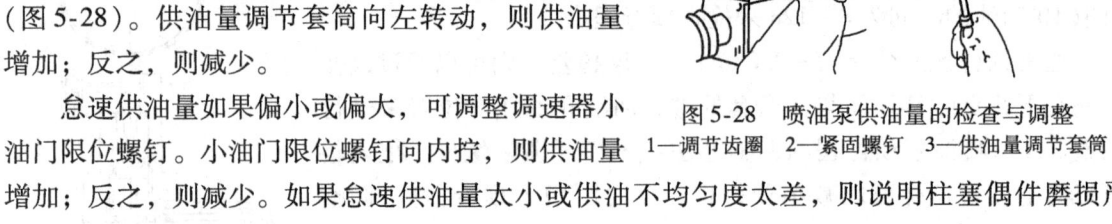

图5-28　喷油泵供油量的检查与调整
1—调节齿圈　2—紧固螺钉　3—供油量调节套筒

二、喷油泵的维修

（1）柱塞的维修　柱塞的磨损部位通常在顶端，如果表面有发暗或磨损痕迹，则应予以更换。在无专用设备的情况下，如图5-29所示，将溢流环（VE分配泵）稍微倾斜，拉出柱塞，当放开柱塞时，柱塞应能靠自重平稳地滑入溢流环（分配头）内。将柱塞转一个角度，在不同的位置重复上述试验。如果在某一位置上发生柱塞卡住现象，则应成组更换零件。将调速器连杆球销插入溢流环，检查其移动是否平稳且没有任何窜动，如图5-30所示。

经过试验发现柱塞有轻微卡滞现象，则需要抽出柱塞，擦净其上的柴油，在放大镜下仔细进行观察。找出磕碰、拉毛的痕迹，尤其是配合柱面的边缘棱角处，最容易在装配时碰坏，可用粒度在800以上的油石仔细修掉棱角。如无磕碰，则在工作段涂覆研磨膏，用偶件互研的方法进行修复。

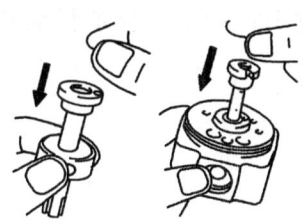

图 5-29　柱塞的检查

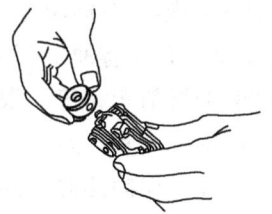

图 5-30　溢流环的检查

（2）出油阀的维修　维修过程中不可用手触摸喷油泵柱塞和出油阀的滑动面。

1）向上拉起出油阀并用拇指堵住阀座底部的孔，如图 5-31a 所示，当放松出油阀时，出油阀应能快速下沉并停止在减压凸缘关闭阀座孔的位置。如果下沉不快或不能下沉，则应成组更换出油阀偶件。

2）用拇指堵住阀座底部的孔，将出油阀装入阀座并用手指往下按。手指一旦放开，出油阀将弹回到原来的位置，如图 5-31b 所示，如果不符合要求，则应予以更换。

3）放开堵住阀座孔的拇指，出油阀应能靠自重完全关闭阀座孔，如图 5-31c 所示，如果不符合要求，则应予以更换。

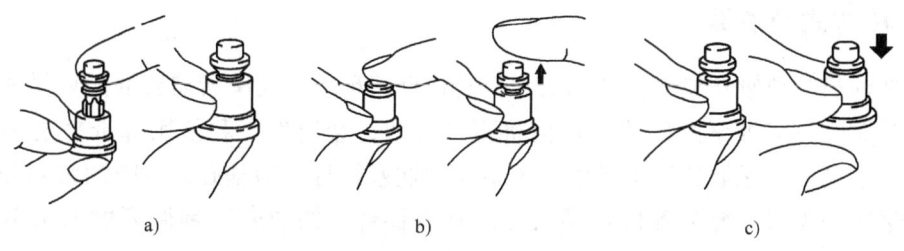

图 5-31　出油阀的检查
a）上拉回油阀并用拇指堵住阀座底部的孔
b）用拇指堵住阀座底部的孔，装入阀座并下按
c）松开堵住阀座底部的孔，关闭阀座孔

> **注意：**
> 在装上新的出油阀偶件之前，应先用轻质油或汽油洗掉防锈剂，然后用柴油清洗并进行上述检查。

相关知识

一、喷油泵的功用及分类

1. 喷油泵的功用

喷油泵是柴油机燃油供给系统中最重要的部件，被称为柴油机的"心脏"。喷油泵的基本作用是定时、定量地产生高压柴油。

2. 柴油机对喷油泵的要求

各缸供油量相等，在标定点下各缸供油量相差不超过3%~5%，供油量应随柴油机工况的变化而变化，必须有油量调节机构。

1）各缸供油提前角相等，误差小于0.5°曲轴转角。

2）各缸供油持续角一致。

3）停油迅速，以防滴漏；超速断油，确保安全。

3. 喷油泵的分类

车用柴油机喷油泵按其作用原理的不同可分为柱塞式、转子分配式和泵-喷嘴系统三类。

（1）柱塞式　柱塞式喷油泵的性能良好，使用可靠，结构简单、紧凑，便于维修和供油调节，应用最多。

（2）转子分配式　转子分配式喷油泵利用转子的转动实现柴油的增压及分配，体积和质量小，使用方便。

（3）泵-喷嘴系统　泵-喷嘴系统是指喷油器与喷油泵合为一体，直接安装在气缸盖上，以消除高压油管带来的不利影响，但需要发动机更改驱动系统，如康明斯发动机的PT燃油系统。

二、柱塞式喷油泵

由于柴油机的单缸功率变化范围很大，若根据每种单缸功率所需要的循环供油量来设计和制造喷油泵，则喷油泵的尺寸和规格将不可胜数，会给生产和使用都带来诸多不便。因此，世界各国的喷油泵制造厂都是以几种不同的柱塞行程作为基础，将喷油泵划分成为数不多的几个系列或型号，然后配以不同尺寸的柱塞偶件，构成若干种循环供油量不等的喷油泵，以满足不同功率柴油机的需要。国产系列喷油泵分为Ⅰ、Ⅱ、Ⅲ和A、B、P、Z等系列，表5-1所列为其中几种国产直列柱塞式喷油泵系列及其主要参数。

表5-1　几种国产直列柱塞式喷油泵系列及其主要参数

系列代号 主要参数	A	B	P	Z
凸轮升程/mm	8	10	10	12
分泵中心距/mm	32	40	35	45
柱塞直径/mm	(6) 7 8 8.5 9	(8) 9 10	8 9 10 11 12 13	10 11 12 13
最大供油量/(mm³/循环)	60~150	130~225	130~475	300~600
分泵数	2~12	2~12	4~12	2~8
最大使用转速/(r/min)	1400	1000	1500	900

A、B 系列（A 型和 B 型）喷油泵的基本结构相同，均为直列柱塞式喷油泵的传统结构。P 型喷油泵则明显不同，采用不开侧窗口的箱式封闭泵体，使喷油泵结构得到强化。现主要以 A 型喷油泵和 P 型喷油泵作为柱塞式喷油泵的实例进行介绍。

1. A 型柱塞式喷油泵的结构与工作原理

A 型柱塞式喷油泵（图 5-32）由分泵、油量调节机构、分泵驱动机构和泵体等部件组成。

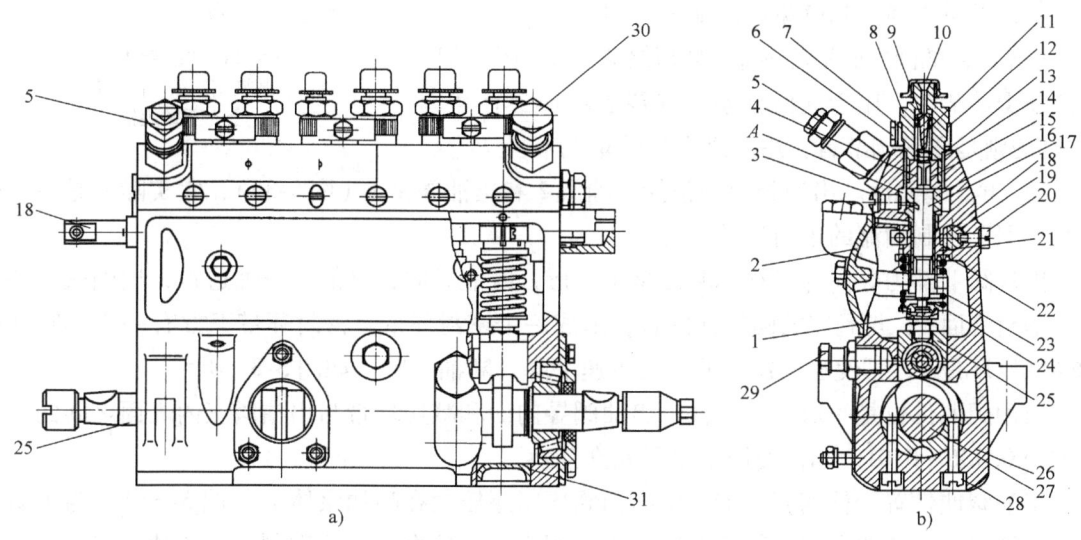

图 5-32　A 型柱塞式喷油泵
1—调整螺钉　2—检查窗盖　3—挡油螺钉　4—出油阀　5—限压阀部件　6—槽形螺钉　7—前夹板　8—出油阀压紧座　9—减容器　10—护帽　11—出油阀弹簧　12—后夹板　13—O 形圈　14—垫圈　15—出油阀座　16—柱塞套　17—柱塞　18—可调齿圈　19—调节齿杆　20—齿杆限位螺钉　21—控制套筒　22—弹簧上支座　23—柱塞弹簧　24—弹簧下支座　25—滚轮架部件　26—泵体　27—凸轮轴　28—紧固螺钉　29—润滑油进油空心螺栓　30—柴油进油空心螺栓　31—堵盖

（1）分泵　分泵机构是供油的主要部件，是喷油泵的核心，每缸有一组泵油机构，它主要由柱塞偶件、出油阀偶件、出油阀弹簧和柱塞弹簧等组成。

1）柱塞偶件。柱塞偶件（图 5-33）由柱塞 5 和柱塞套 1 组成。柱塞可在柱塞套内作往复运动，二者的配合间隙极小，为 0.001 8~0.003mm，需要经精密磨削加工或选配研磨而成，故称它们为偶件。柱塞偶件在使用中不允许互换，如有损坏，则应成对进行更换；同时，要求所使用的柴油要高度清洁，需要经多次过滤。柱塞套 1 被压紧在泵体上，在其上部开有进、回油孔 2，有的柱塞套进、回油孔是分开的，进、油孔兼作定位孔；有的则另外在柱塞外圆上加工有定位孔，柱塞套装入喷油泵体后，定位螺钉即插入此孔内，以保证正确的安装位置，并防止工作中柱塞套发生转动。

柱塞在柱塞套 1 中作往复运动，其上部圆柱面开有斜槽 4，并通过

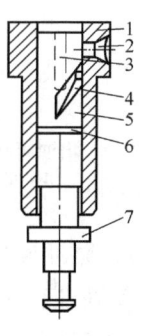

图 5-33　柱塞偶件
1—柱塞套
2—进、回油孔
3—中心油道
4—斜槽　5—柱塞
6—环形储油槽
7—榫舌

柱塞中心油道 3 与柱塞顶相通。柱塞切槽还有多种形式（图 5-34），性能上各有特点。下螺旋槽柱塞的供油始点一定，供油终点则随柱塞有效行程的大小而变化，供油量越大，供油结束越晚，多用于中、小功率柴油机；上螺旋槽柱塞的供油终点不变，而供油始点则随供油量的多少而变化；上螺旋槽柱塞兼有上述两个特点；起动槽的作用是适当减小起动时的供油提前角，以减小噪声和避免冒白烟现象的发生。

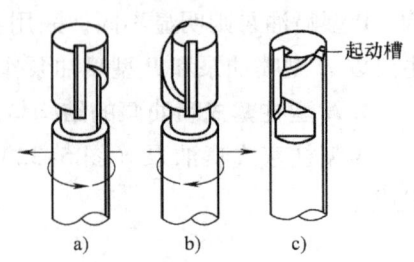

图 5-34　柱塞切槽
a）上螺旋槽　b）下螺旋槽
c）上、下螺旋槽

柱塞中部的圆柱面是密封部，环形储油槽 6（图 5-33）可储存少量柴油，用于润滑柱塞。柱塞下部加工有榫舌 7，有的则是压配调节臂，用于进行供油量调节。

2）出油阀偶件。出油阀偶件包括出油阀 2 和出油阀座 1（图 5-35），它实际上是一个单向阀，用于控制油流的单向流动。

出油阀下部为导向部，阀芯断面呈十字形，既能导向，又能让柴油通过；出油阀上部有一个密封锥面 3，与阀座的圆锥面贴合，形成一个密封环带。密封环带下方有一个小圆柱面称为减压环带 4，可使喷油器内的压力迅速下降，断油干脆，如图 5-35 所示。

出油阀偶件也是一对精密偶件，出油阀导向面和减压环带与出油阀座内表面之间的径向间隙为 0.006~0.016mm，使用中也不允许互换。

出油阀偶件置于柱塞套上端，由出油阀压紧座压紧在喷油泵体上（图 5-36）。为了防止高压柴油泄漏，一般在出油阀压紧座与出油阀座之间装有尼龙或铜制密封垫片。

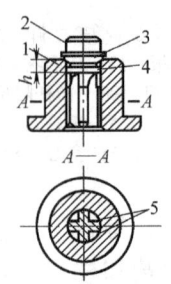

图 5-35　出油阀
1—出油阀座　2—出油阀　3—密封锥面
4—减压环带　5—十字切槽

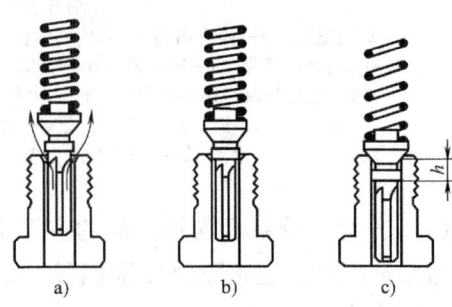

图 5-36　出油阀的工作过程
a）供油状态　b）开始状态　c）关闭状态

3）泵油原理。当柱塞下行时（图 5-37a），柱塞上方的空间容积变大，形成部分真空。当柱塞顶部下行到露出进油孔时，低压油便从泵体上的低压油腔流入柱塞顶部的空间，开始了进油行程，直至柱塞抵达下止点时完成进油过程。

当柱塞由下止点上行时，泵腔中的一部分柴油被挤回泵体油道，直至柱塞顶平面将进油孔封闭，这段行程称为预行程 h_1（图 5-37b）；随着柱塞继续上行，柴油受压（图 5-37c），压力急剧升高。当该压力大于出油阀弹簧压力与高压油管中残余油压之和时，出油阀便开始向上运动，直至被顶离阀座，这段行程称为减压阀行程 h_2；此时，高压柴油经出油阀向高压油管开始供油（图 5-37d），供油行程为 h_3。

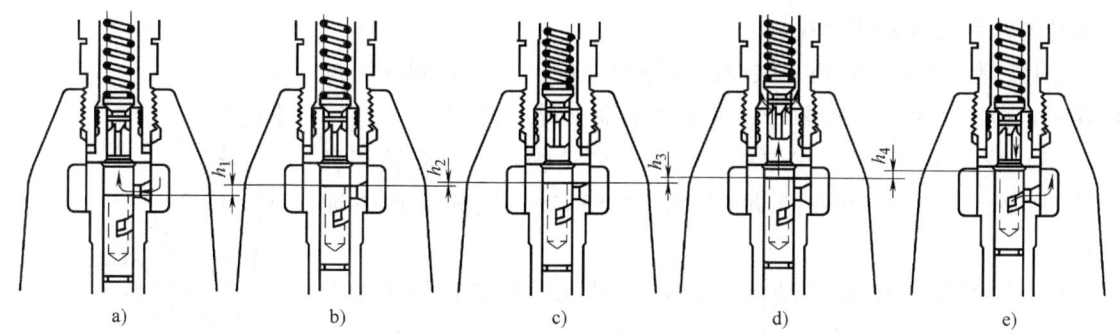

图 5-37 喷油泵的工作原理
a) 下止点 b) 预行程 h_1 c) 减压阀行程 h_2 d) 有效行程 h_3 e) 剩余行程 h_4

柱塞继续上行，至其斜切槽与柱塞套的回油孔相通时，柱塞顶部的高压油便经柱塞的中心油道流回泵体低压油腔（图 5-37e）。由于柱塞顶部油压急剧下降，在出油阀弹簧的作用下，出油阀迅速落座，供油过程结束。此后，柱塞虽然继续上行到上止点，但并不能向高压油管供油。可见，在柱塞的总行程 h 中，只有供油行程 h_3 向高压油管供油，称这部分行程为有效行程，h_4 为剩余行程。

当转动柱塞时，改变了柱塞斜切槽与柱塞套回油孔的相对位置，从而改变了柱塞的有效行程，也就改变了柱塞的供油量。

（2）油量调节机构　油量调节机构的作用是执行驾驶员或调速器发出的指令，改变分泵的供油量，同时调整各缸的供油均匀性。油量调节机构分为齿杆式和拨叉式。

A 型喷油泵使用的齿杆式油量调节机构如图 5-38 所示，调节齿杆 6 与调节齿圈 11 相啮合，调节齿圈 11 通过紧固螺钉夹紧在控制套筒 10 上，控制套筒底部开有切槽，喷油泵柱塞 2 下部的榫舌就嵌在该切槽中。

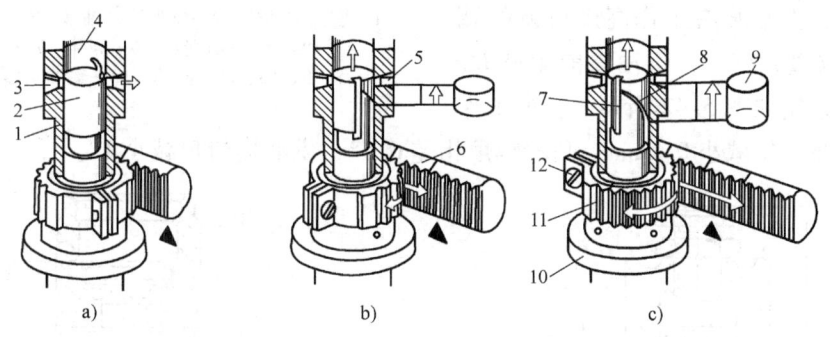

图 5-38 齿杆式油量调节机构
a) 不供油 b) 部分供油 c) 最大供油
1—柱塞套　2—柱塞　3、5—柱塞套油孔　4—柱塞腔　6—调节齿杆　7—直槽
8—螺旋槽　9—循环供油量容积　10—控制套筒　11—调节齿圈　12—调节螺钉

当调节齿杆被拉动时，便带动调节齿圈转动，从而带动喷油泵柱塞转动，改变柱塞的循环供油量。喷油泵的调节齿杆一般不直接由驾驶员控制，而是通过调速器控制。

有的柴油机喷油泵供油量调节机构是拨叉拉杆式的（图 5-39），但其基本原理也是通过转动柱塞来改变循环供油量。

油量调节机构中还装有供油拉杆轴向限位器,以限制供油拉杆在一定范围内移动,即限于急速和全负荷工况下移动。

(3) 分泵驱动机构 分泵驱动机构主要由喷油泵凸轮轴和挺柱体部件组成,其作用是推动柱塞作往复运动,完成循环供油过程。

1) 凸轮轴。凸轮轴的结构如图 5-40 所示,凸轮轴传送推力使柱塞运动,产生高油压,同时还保证各分泵按柴油机各缸的工作顺序和一定的规律供油。凸轮轴上的凸轮数目与气缸数相同,排列顺序与柴油机各缸的工作顺序相同。相邻工作两缸凸轮间的夹角称为供油间隔角,角度的大小与凸轮轴同名凸轮的排列相同,四缸机为 90°,六缸机为 60°。四冲程柴油机喷油泵的凸轮转速等于曲轴转速的 1/2,也就是说曲轴转两圈,凸轮轴转一圈,各分泵都供油一次。由于轴间距离较大,多加入中间传动齿轮,喷油泵凸轮轴的旋转方向即与曲轴相同。凸轮外形有不同的凸轮型线,具有不同型线的凸轮,供油规律也不同,以满足不同燃烧室的要求。

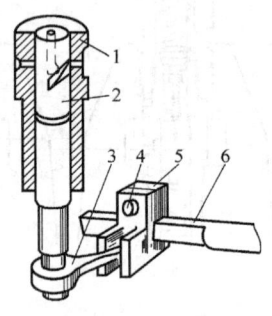

图 5-39 拨叉拉杆式油量调节机构
1—柱塞套 2—柱塞
3—柱塞调节臂
4—拨叉紧固螺钉
5—拨叉 6—供油拉杆

2) 滚轮体传动件。滚轮体传动件的作用是将凸轮的运动平稳地传递给柱塞,并且可以适量调整柱塞的供油时间。常见的供油时间调整方式有螺钉调节式和垫块调节式。

图 5-41 所示为 A 型喷油泵采用的螺钉调节式滚轮,上端装有工作高度可调的调整螺钉 1,调整 h 变大,供油提前角增大。垫块调节式滚轮如图 5-42 所示,h 为工作高度,垫块厚度每减小 0.1mm,凸轮转角相差 0.5°,供油提前角减小 1°。

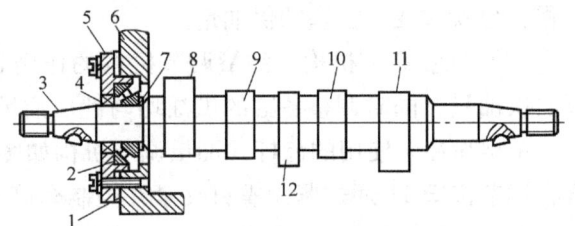

图 5-40 凸轮轴的结构(四缸机)示意
1—密封调整垫 2—锥形滚柱轴承 3—连接锥面
4—油封 5—前端盖 6—壳体 7—调整垫
8、9、10、11—凸轮 12—输油泵偏心轮

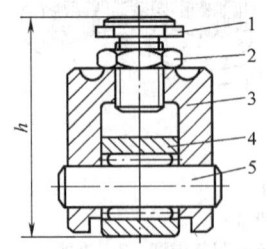

图 5-41 螺钉调节式滚轮
1—调整螺钉 2—锁紧螺母
3—挺柱体 4—滚轮 5—滚轮销

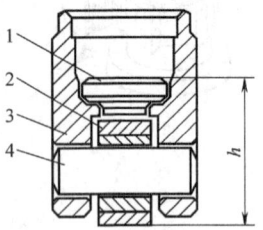

图 5-42 垫块调节式滚轮
1—调整垫片 2—滚轮
3—挺柱体 4—滚轮销

(4) 泵体 泵体是喷油泵的基础零件,泵油机构、供油量调节机构和驱动机构等都安装在泵体上,故而在工作中需要承受较大的作用力。因此,泵体应有足够的强度、刚度和良

好的密封性，还应该便于拆装、调整和维修。A型喷油泵泵体为整体式，由铝合金硬模铸造而成，其结构紧凑、体积小、重量轻。泵体侧面开有窗口，底部用盖板封闭，侧盖和底盖均用螺栓固定，使喷油泵的拆装、调整和维修极为方便。

2. P型喷油泵

P型喷油泵的工作原理与A型喷油泵的相同，但在结构上却脱离了柱塞式喷油泵的传统结构，具有一些明显的特点。

（1）箱形封闭式喷油泵体　P型喷油泵采用不开侧窗口的箱形封闭式喷油泵体，大大提高了喷油泵泵体的刚度，可以承受较高的喷油压力而不发生变形，以适应柴油机不断向大功率、高转速强化发展的需要。

（2）吊挂式柱塞套　如图5-43所示，P型喷油泵的柱塞5和出油阀偶件3都装在有连接凸缘的柱塞套4内，当拧紧柱塞套顶部的出油阀压紧座1之后，构成一个独立的组件；然后，用柱塞套紧固螺栓14将柱塞套凸缘紧固在泵体的上端面上，形成吊挂式结构。这种结构改善了柱塞套和喷油泵泵体的受力状态。另外，柱塞套内孔上端的孔径略大，如图5-44所示，可防止柱塞在上端卡死。柱塞套内孔的中部加工有集油槽2，从柱塞偶件间隙泄漏的柴油集中在此槽内，经回油孔1流回喷油泵的低压油腔。

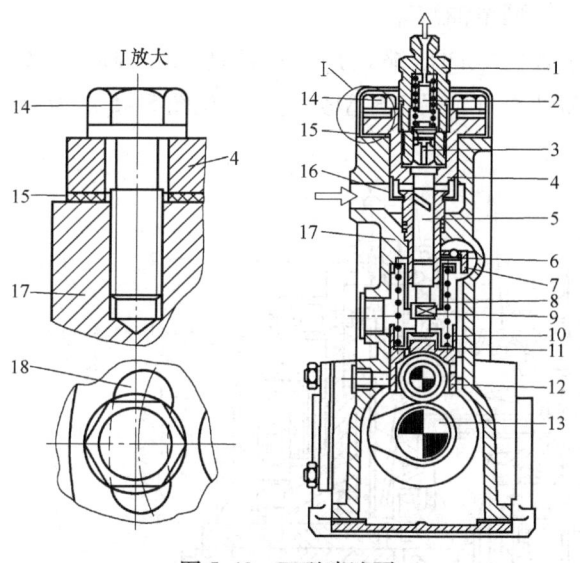

图5-43　P型喷油泵
1—出油阀压紧座　2—减容器　3—出油阀偶件
4—柱塞套　5—柱塞　6—钢球　7—调节拉杆
8—控制套筒　9—柱塞榫舌　10—柱塞弹簧
11—弹簧座　12—挺柱　13—凸轮轴
14—柱塞套紧固螺栓　15—调节垫片　16—导流罩
17—喷油泵体　18—柱塞套凸缘上的螺栓孔

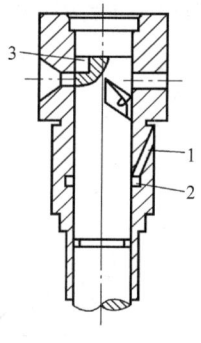

图5-44　柱塞偶件的结构
1—回油孔　2—集油槽
3—起动槽

P型喷油泵的柱塞顶部开有起动槽3，如图5-44所示。当柱塞处于起动位置时，起动槽与柱塞套油孔相对，在柱塞上移到起动槽下边缘的封闭油孔时开始供油。由于起动槽的下边缘低于柱塞顶面，因此供油滞后，供油提前角减小，这时气缸内温度较高，柴油混合气容易着火燃烧，有利于柴油机低温起动。在柱塞套油孔的外面装有导流罩16，如图5-43所示。当柱塞供油结束时，高压柴油以很高的速度经柱塞油孔流回低压油腔，并强烈地冲击喷油泵泵体，使其发生穴蚀。导流罩可以防止喷油泵泵体穴蚀的发生。

(3) 钢球式供油量调节机构　P型喷油泵的供油量调节机构包括调节拉杆7、控制套筒8和嵌入调节拉杆凹槽中的钢球6，柱塞榫舌9嵌入控制套筒的豁口中，如图5-43所示。移动调节拉杆，通过钢球带动控制套筒使柱塞转动，从而改变供油量。这种供油量调节机构结构简单，工作可靠，配合间隙小。

(4) 压力润滑　利用柴油机润滑系统主油道内的润滑油可对各润滑部位进行压力润滑。采用这种润滑方式不会出现润滑油脏污对零件的影响，但在发动机润滑油每更换2~3次时，需要将喷油泵和调速器的壳体冲洗1次。

三、转子分配式喷油泵

柱塞式喷油泵是具有与柴油机气缸数相同的柱塞偶件和出油口的喷油泵，而分配式喷油泵则是具有一个分配转子（或分配柱塞）和多个出油口的喷油泵。分配式喷油泵具有零件少、体积小、高速性能好、故障少和易维修等优点，其主要问题是每循环供油量不大、精密偶件加工精度要求高，因此被广泛应用于轻型柴油汽车。

分配式喷油泵按其结构特点分为转子式（径向压缩式）和单柱塞式（轴向压缩式）两大类。下面以应用较广的单柱塞分配式喷油泵（简称VE型分配泵，见图5-45）为例，介绍分配式喷油泵的结构和工作原理。

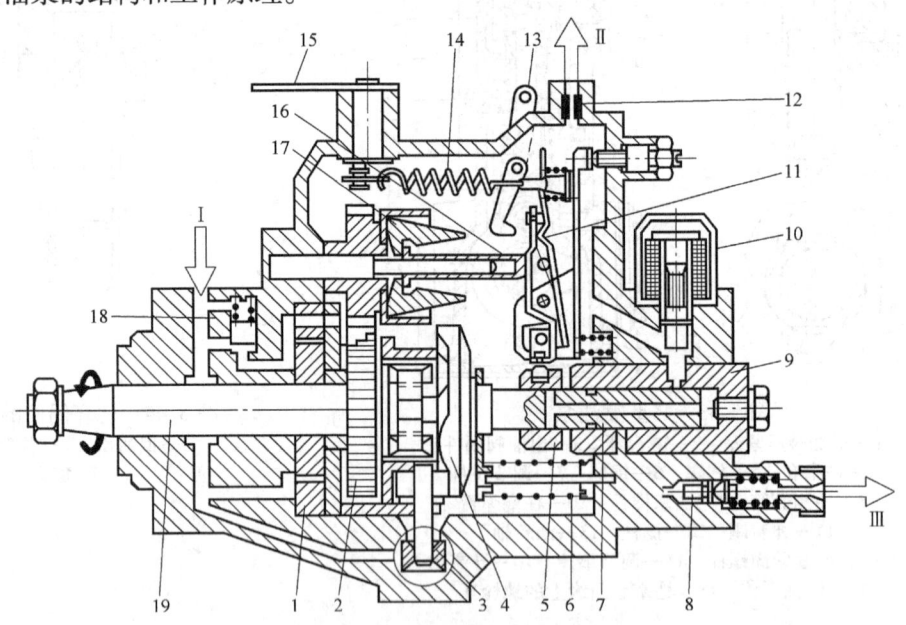

图5-45　VE型分配泵
1—二级滑片式输油泵　2—调速器驱动齿轮　3—液压式喷油提前器　4—平面凸轮盘
5—油量调节套筒　6—柱塞弹簧　7—分配柱塞　8—出油脚　9—柱塞套　10—断油阀
11—调速器张力杠杆　12—溢流节流孔　13—停车手柄　14—调速弹簧　15—调速手柄
16—调速套筒　17—E锤　18—调压阀　19—驱动轴
Ⅰ—柴油入口　Ⅱ—流回柴油箱　Ⅲ—到喷油器

1. VE 型分配泵的特点

VE 型分配泵与柱塞式喷油泵相比,具有以下特点:

1)VE 型分配泵从 2 缸到 6 缸,仅有一副柱塞,因而零件少、体积小、重量轻。

2)VE 型分配泵凸轮升程较小,一般为 1.5~3.2mm,且一副柱塞在工作时有四个滚轮同时承受泵端高压油的作用,可满足转速为 6 000r/min 的柴油机的要求,而柱塞式喷油泵仅能满足转速为 4 000r/min 以下的四冲程柴油机。

3)VE 型分配泵向各缸供油的是同一副柱塞,因而各缸供油均匀性好。

4)VE 型分配泵用柴油润滑运动件,无需专门的润滑油,便于喷油泵的维护和保养。

5)VE 型分配泵能装上各种附加装置,如增压补偿装置、大气补偿装置和转矩校正装置等,以满足柴油机不同用途的需求。

2. VE 型分配泵的结构

VE 型分配泵由驱动机构、二级滑片式输油泵、高压分配泵头和电磁式断油阀等部分组成。此外,机械式调速器和液压式喷油提前器也安装在 VE 型分配泵泵体内。

(1)驱动机构　VE 型分配泵的驱动机构如图 5-46 所示。

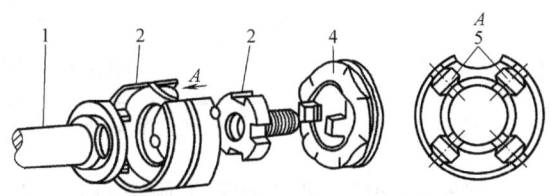

图 5-46　VE 型分配泵的驱动机构
1—驱动轴　2—滚轮支架　3—十字联轴器
4—平面凸轮盘　5—滚轮

工作时,驱动轴 1 由发动机曲轴通过中间传动装置驱动。一方面,驱动轴 1 带动滑片式输油泵转动,同时通过调速器驱动齿轮带动调速器工作;另一方面,驱动轴 1 右端通过十字联轴器 3 带动平面凸轮盘 4 转动。平面凸轮盘 4 上的凸轮数与发动机气缸数相同,且紧靠在滚轮 5 上,滚轮 5 支承在滚轮支架 2 上,当平面凸轮盘 4 转动时,受滚轮 5 的作用平面凸轮盘还作左、右往复运动,用于驱动分配泵的柱塞也作转动和往复运动。

(2)滑片式输油泵　滑片式输油泵的基本结构与工作原理与柱塞式喷油泵的相同。

(3)高压分配泵头　高压分配泵头是 VE 型分配泵的关键部件,用以定时、定量地产生高压油。高压分配泵头主要由柱塞、柱塞套、油量调节套筒、柱塞弹簧和出油阀偶件等组成。

分配柱塞 7 与柱塞套 9、分配柱塞 7 与油量调节套筒 5 是两对精密偶件(图 5-45)。在平面凸轮盘的驱动下,柱塞作相应的转动和往复运动;柱塞的右端开有四条相隔 90°的进油槽 6(图 5-47);中部开有柴油分配孔 5、压力平衡槽 4 和泄油孔 2,柱塞中还有中心油道 3 与各柴油分配孔 5 及泄油孔 2 相通。

柱塞套 9 被固定在分配泵泵体上(图 5-45),其右端有一个进油孔,位置与柱塞的四个进油槽相对应,柱塞每旋转一圈,

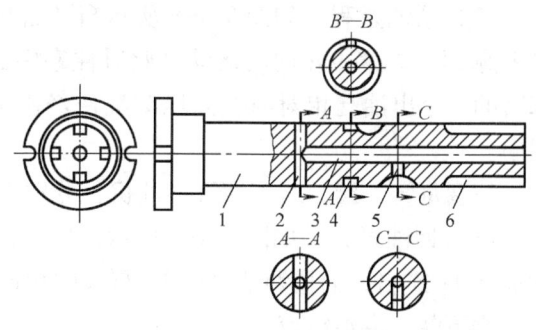

图 5-47　分配柱塞
1—分配柱塞　2—泄油孔　3—中心油道
4—压力平衡槽　5—柴油分配孔　6—进油槽

进油孔与各进油槽各接通一次；中部开有一个出油孔，柱塞每转一圈，柱塞套出油孔分别与柱塞出油孔各相通一次。油量调节套筒 5（图 5-45）上的凹坑与调速器相连，可在柱塞上左、右移动，当柱塞向右运动到露出泄油孔 2（图 5-47）时，柱塞中心油道上的高压油泄压。

（4）断油电磁阀　VE 型分配泵装有断油电磁阀（图 5-48）。发动机起动时，将起动开关 2 闭合（旋至 ST 位置），从蓄电池 1 来的电流直接流过电磁线圈 4，产生的电磁吸力压缩回位弹簧 5 将阀门 6 吸开，使进油孔 7 打开，柴油进入泵油机构。

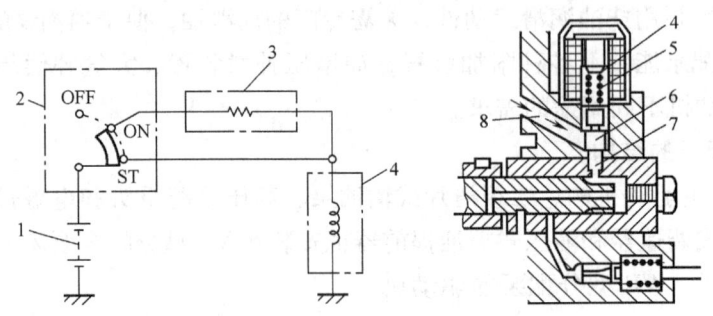

图 5-48　电磁式断油阀
1—蓄电池　2—起动开关　3—电阻　4—电磁线圈
5—回位弹簧　6—阀门　7—进油孔　8—进油道

发动机起动后，将起动开关旋至 ON 位置，此时由于电路串入了电阻 3，电流减少，但由于有油压作用，阀门仍保持开启。

发动机需要停止运转时，将起动开关旋至 OFF 位置，电路断开，阀门在回位弹簧 5 的作用下落座，切断油路，停止供油。

3. VE 型分配泵的工作原理

现以四缸柴油机配用的 VE 型分配泵为例，说明 VE 型分配泵的工作原理。

（1）进油过程　如图 5-49a 所示，当平面凸轮盘 12 的下凹部分转到与滚轮 13 接触时，在柱塞弹簧的作用下，转动着的柱塞向左移动接近终点，泄油孔 11 完全被油量调节套筒 15 所封闭。当柱塞的一个进油槽与柱塞套的进油孔相对时，泵腔中的柴油便进入柱塞中心油道，直至柱塞进油槽与柱塞套的进油孔错开，进油结束。

（2）泵油过程　如图 5-49b 所示当平面凸轮盘 12 由下凹部分向凸起部分转动到与滚轮 13 接触时，柱塞由左向右运动，此时柱塞中心油道的油压急剧升高，当柱塞的出油槽与柱塞套的一个出油孔相对时，高压柴油便经出油孔、出油阀和高压油管送到相应气缸的喷油器中。

柱塞每转一圈，对于四缸柴油机，分别进油 4 次、出油 4 次、向每个气缸喷油 1 次。

（3）回油过程　如图 5-49c 所示，柱塞在平面凸轮盘 12 的作用下继续右移，当柱塞的泄油孔 11 露出，油量调节套筒 15 与泵腔相通时，柱塞中心油道中的高压油便流回泵腔，油压急剧下降，供油结束。

从柱塞出油槽与柱塞套出油孔接通到关闭的行程称为柱塞的有效行程。柱塞的有效行程越大，向外供油量越多。移动油量调节套筒 15 的位置，即可改变柱塞的有效行程，从而改变 VE 型分配泵的供油量。

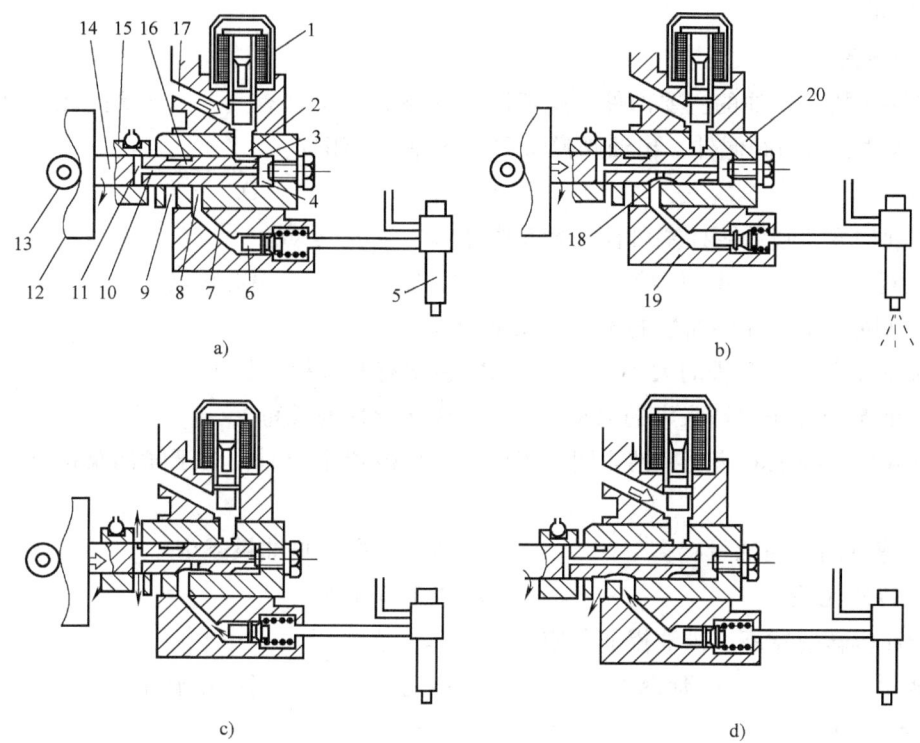

图 5-49　VE 型分配泵的工作原理
a）进油过程　b）泵油过程　c）回油过程　d）压力平衡过程
1—断油阀　2—进油孔　3—进油槽　4—柱塞腔　5—喷油器　6—出油阀　7—分配油道　8—出油孔
9—压力平衡槽　10—中心油道　11—泄油孔　12—平面凸轮盘　13—滚轮　14—分配柱塞
15—油量调节套筒　16—压力平衡槽　17—进油道　18—燃油分配孔　19—喷油泵泵体　20—柱塞套

（4）压力平衡过程　如图 5-49d 所示，柱塞上加工有压力平衡槽 9，它始终与泵腔相通，当供油结束，柱塞转过 180°时，柱塞上的压力平衡槽 9 便与该缸柱塞套出油孔相通泄压，使与泵腔油压平衡，从而使各缸分配油路内的压力在柴油喷射前趋于均衡，保证各缸喷油量均匀。

课后练习

一、填空题

1. ＿＿＿＿＿是柴油机燃料供给系统中最重要的部件，被称为柴油机的"心脏"。

2. 喷油泵的基本作用是＿＿＿＿＿地产生高压柴油。

3. 各缸供油量相等，在标定点下各缸供油量相差不超过 3%～5%，供油应随柴油机工况的变化而变化，必须有＿＿＿＿＿机构。

4. 常见的供油时间调整方式有＿＿＿＿＿调节式和＿＿＿＿＿调节式。

5. 由于柴油机的＿＿＿＿＿变化范围很大，若根据每种单缸功率所需要的循环供油量来设计和制造，喷油泵的尺寸和规格将不可胜数，因而会给生产和使用都造成诸多不便。

二、名词解释

供油提前角——

三、选择题

1. 分泵机构是供油的主要部件，是喷油泵的核心，每缸有（　　）组泵油机构，它主要由柱塞偶件、出油阀偶件、出油阀弹簧和柱塞弹簧等组成。

  A. 四   B. 三   C. 二   D. 一

2. 直列柱塞式喷油泵柱塞可在柱塞套内作（　　）运动。

  A. 往复   B. 上下   C. 左右   D. 旋转

3. 柱塞喷油泵循环供油量的多少，取决于（　　）。

  A. 喷油泵凸轮轴升程的大小   B. 柱塞有效行程的长短

  C. 喷油泵出油阀弹簧张力的大小   D. 柱塞行程的长短

4. 柱塞式喷油泵的速度特性表明，当供油拉杆位置不变时，对于喷油泵每循环供油量，（　　）。

  A. 转速越高，喷油量越多   B. 转速越高，喷油量越少

  B. 与转速无关   D. 以上都不对

5. 柴油机转速越高，供油提前角应（　　）。

  A. 提早   B. 延迟   C. 不变   D. 不确定

四、判断题

VE 型分配泵工作时柱塞的运动状态为既旋转又往复。　　　　　　　　　　（　　）

五、简答题

简述供油提前角大小对柴油机性能的影响。

任务4　结合实物对调速器及柴油机燃料供给系统其他装置的认知

▶▶ 任务目标

☞ 知识目标：

1）掌握柴油机调速器的功用、分类及工作原理。

2）掌握输油泵的作用、结构和分类。

3）掌握柴油滤清器的功用和保养方法。

4）掌握油水分离器的功用和保养方法。

☞ 能力目标：

1）掌握柴油机调速器的结构。

2）掌握输油泵的结构。

3）掌握柴油滤清器的保养方法。

4）掌握油水分离器的保养方法。

☞ 素质目标：
1）培养对信息的分析评价能力。
2）培养团队协作精神。
3）培养严谨的学习和工作态度。
4）在学习中培养讨论和交流的能力。

任务描述

1）通过对调速器、输油泵、柴油滤清器和油水分离器的拆解，对调速器、输油泵、柴油滤清器和油水分离器的结构有所了解。

2）利用教学模型、多媒体课件以及调速器、输油泵、柴油滤清器和油水分离器实物学习相关知识，掌握调速器、输油泵、柴油滤清器和油水分离器的作用、结构、分类、保养方法。

任务实施

一、调速器的功用及分类

1. 调速器的功用

调速器的功用是根据发动机负荷变化而自动调节喷油泵的供油量，从而保证发动机的转速稳定在较小的变化范围，防止"飞车"和熄火。

柴油机不同于汽油机，其转矩特性（当油量调节机构的位置一定时，柴油机的转矩随转速变化而变化的关系）曲线比较平坦（图5-50），造成外界负荷发生较小的变化 ΔM（从 M_1 增加到 M_2），柴油机转速产生较大的波动 Δn，在负荷增加时，易熄火，工作稳定性差。尤其是柴油机高速工作时突卸负荷极易产生"飞车"（柴油机转速急剧升高而无法控制的现象），导致曲轴、连杆、气缸和活塞损坏的严重事故。

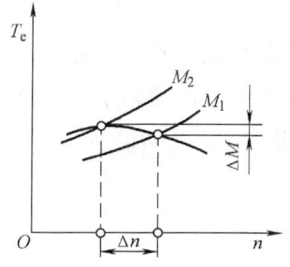

图 5-50　柴油机转矩特性

柴油机"飞车"的产生，还与柱塞式喷油泵的速度特性有关。喷油泵的速度特性是指当喷油泵的供油调节拉杆位置一定时，每循环的供油量随油泵凸轮轴转速变化而变化的关系。随着柴油机转速的升高，柱塞运动速度加快，由于进、回油孔的节流作用增强，导致出油阀提早打开、推迟关闭，使供油量加大。而供油量加大又反过来促进发动机转速升高，如此循环，最终造成"飞车"。

汽车柴油机还常在急速下运转，由于其转速波动大，造成急速不稳，容易熄火。因此，柴油机都必须安装调速器。

2. 调速器的分类

按功能的不同，调速器分为两速调速器、全速调速器、定速调速器和综合调速器；按转速传感类型的不同，调速器分为气动式调速器、机械离心式调速器、复合式调速器和电子式调速器。

目前应用最广泛的是机械式调速器。

3. 柴油机的调速性能

柴油机调速器的调速性能常用以下指标衡量：

(1) 瞬时调速率　瞬时调速率 δ_1（%）的计算式为

$$\delta_1 = \frac{n_{max} - n_b}{n_b} \times 100$$

式中　n_{max}——标定工况突卸负荷后柴油机的最高瞬时转速（r/min）；

　　　n_b——标定转速（r/min）。

瞬时调速率 δ_1 是调速器的一个动态特性指标，δ_1 过大，则表明转速瞬时波动的幅度过大，容易造成发动机短时间超速，影响柴油机的正常运行。要求汽车柴油机的 δ_1 为 10%~12%。

(2) 稳定调速率　稳定调速率 δ_2（%）的计算式为

$$\delta_2 = \frac{n_{0max} - n_b}{n_b} \times 100$$

式中　n_{0max}——标定工况突卸负荷后柴油机的最高空载转速（r/min）；

　　　n_b——标定转速（r/min）。

稳定调速率 δ_2 是调速器的一个静态性能指标，δ_2 过大，则表明空载转速相对于全负荷的转速波动大，对稳定工作不利。要求汽车柴油机的 δ_2 不大于10%。

(3) 稳定时间　稳定时间是指从转速（或负荷）突变起到转速稳定时止所需要的时间。稳定时间过长，则说明调速系统稳定性不够，在调节过程中容易产生"游车"（发动机转速时高时低的现象）。一般要求稳定时间在5~10s。

(4) 转速波动率　转速波动率 ϕ（%）的计算式为

$$\phi = \left| \frac{n_{cmax}（或\ n_{cmin}）- n_m}{n_m} \right| \times 100$$

式中　n_{cmax}——在标定工况下稳定运转的最高转速（r/min）；

　　　n_{cmin}——在标定工况下稳定运转的最低转速（r/min）；

　　　n_m——平均转速（r/min），$n_m = (n_{cmax} + n_{cmin})/2$。

转速波动率 ϕ 也是动态特性指标，ϕ 过大，则说明在标定工况下稳定运转时的转速波动过大，严重时产生"游车"现象。一般要求在标定工况时 ϕ 为0.5%~1%。

二、两速调速器

两速调速器适用于一般条件下的汽车用柴油机，能自动、稳定地限制柴油机最低和最高转速，而在中间转速范围内则由驾驶员控制，调速器本身不起自动调速作用。两速调速器被汽车广泛采用，其结构各异。下面以常用的安装于柱塞式喷油泵的RAD型调速器为例，介绍两速调速器的工作原理。

1. RAD型调速器的基本结构

如图5-51所示,在喷油泵凸轮轴14的末端固定有飞锤12,飞锤臂上的滚轮13紧靠在调速滑套11的端面上。当飞锤向外张开时,推动调速滑套沿轴向右移。

拉力杆1、导动杆3和速度调定杆19的上端与装在调速器壳上的销轴相连,并可绕其摆动。拉力杆1的下端受齿杆行程调整螺钉10的限制,导动杆3的下端与调速滑套11铰接。在导动杆的中部位置安装有轴销B,两端分别与上、下浮动杆4连接。上浮动杆通过连接杆17与供油调节齿杆16相连;下浮动杆的下端有一根销轴C,插在拨叉杆8下端的凹槽内。操纵手柄6通过一个曲柄与拨叉杆8相连,在工作中由驾驶员通过加速踏板与杆件系统来控制操纵手柄6。

调速弹簧15拉住拉力杆1与速度调定杆19,而速度调定杆则用调速螺钉2顶住,使调速弹簧15保持拉伸状态。起动弹簧18的一端装在上浮动杆的顶部,另一端固定在调速器壳体上。急速弹簧9装在拉力杆1的下部。

在正常工作范围内,由于调速弹簧15的作用,拉力杆1始终靠在齿杆行程调整螺钉10上,在拉力杆1的中部有一根销轴D,它插在拨叉杆8上端的凹槽内。

2. 两速调速器的工作原理

(1) 起动加浓 起动时(图5-51),将操纵手柄6靠在高速限止螺钉5上,带动拨叉杆8绕销轴D逆时针方向转动,浮动杆4则绕销轴B逆时针方向转动,并通过连接杆17推动供油调节齿杆16向增加油量方向移动。由于起动弹簧18对浮动杆4有一个向左的拉力,因而浮动杆会绕销轴C逆时针摆动,带动销轴B和销轴A进一步向左移动到飞锤12完全闭合为止。供油调节齿杆16因而相应地向增加供油方向移动一个距离,即达到起动加浓供油位置。此时,调速滑套11的右端与急速弹簧9之间存在有间隙。

发动机起动达到一定转速时,飞锤的离心力便克服起动弹簧18的拉力而推动调速滑套11右移。浮动杆4上端则相应地带动供油调节齿杆16减少供油,这时应将操纵手柄6拉回到急速位置(接触急速螺钉7),则拨叉杆8绕销轴D顺时针方向转动,浮动杠杆4则绕销轴B顺时针方向转动,并通过连接杆17拉动供油调节齿杆16向减少油量方向移动,使发动机处于急速运转。

(2) 急速调节 急速调节时(图5-52),将操纵手柄6靠在急速螺钉7上,这时飞锤的离心力通过调速滑套11与急速弹簧9相平衡,发动机在急速下稳定工作。

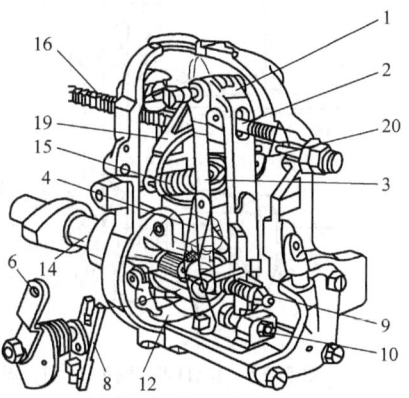

图5-51 RAD型调速器
1—拉力杆 2—调速螺钉 3—导动杆
4—浮动杆 5—高速限止螺钉 6—操纵手柄
7—急速螺钉 8—拨叉杆 9—急速弹簧
10—齿杆行程调整螺钉 11—调速滑套
12—飞锤 13—滚轮 14—凸轮轴
15—调速弹簧 16—供油调节齿杆
17—连接杆 18—起动弹簧 19—速度调定杆
20—稳速弹簧 B、C、D—销轴

当发动机运转阻力减小时，转速会升高，飞锤离心力增加，通过调速滑套 11 压缩怠速弹簧 9。与此同时，导动杆 3 下端销轴 A 右移，带动浮动杆 4 绕销轴 C 顺时针转动，使供油调节齿杆 16 减少供油，限制了发动机转速的上升；反之，当发动机运转阻力增大时，发动机转速下降，调速器通过与上述相反的调节作用，使供油调节齿杆 16 增加供油，防止发动机熄火。

(3) 中速工作　中速工作时（图 5-53），操纵手柄 6 置于怠速螺钉 7 与高速限止螺钉 5 之间的任一位置，通过拨叉杆 8、浮动杆 4 等杆件进行调节，便可以使供油调节齿杆 16 处于相应的位置，发动机在相应的转速下工作。此时，怠速弹簧 9 已全部被压入拉力杆 1 内，不起作用。而调速弹簧刚度较大，还尚未起作用。因此，对于外界负荷的变化，调速器并不自动调节供油量，而要靠驾驶员直接操纵。

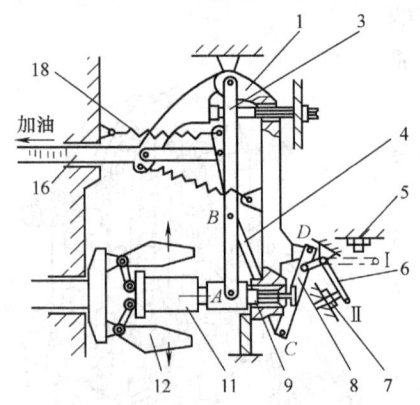

图 5-52　RAD 型调速器怠速调节
注：图注同图 5-51。

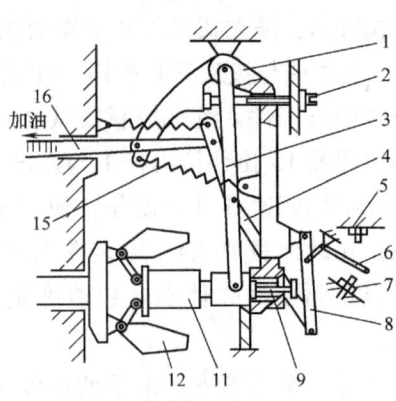

图 5-53　RAD 型调速器中速工作
注：图注同图 5-51。

(4) 最高转速限制　最高转速限制时（图 5-54），操纵手柄 6 靠在高速限止螺钉 5 上，供油调节齿杆 16 处于标定供油位置，发动机在标定转速下稳定工作（图中实线位置）。

当发动机负荷减小时，发动机转速升高，飞锤离心力加大，克服调速弹簧 15 的拉力，推动调速滑套 11 及拉力杆 1 右移（图中虚线位置）。这时，导动杆 3 的中间支点 B 移到 B′ 位置，拉力杆 1 的支点 D 移到 D′ 的位置，使得供油调节齿杆 16 向减少供油方向移动，限制了发动机的最高转速，以防"飞车"。

相反，若发动机负荷增加，则发动机转速便下降，通过调速器调节，使得供油调节齿杆 16 向增加供油方向移动，以保持转速稳定。

调速器控制的最高工作转速可通过改变调速弹簧 15 的预紧力进行调节。当调速螺钉 2 向里旋进时，调速弹簧预紧力加大，发动机的最高工作转速升高。

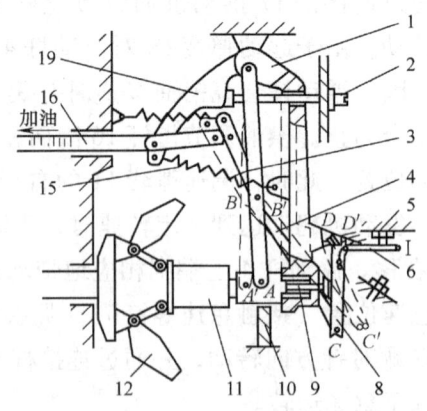

图 5-54　RAD 型调速器最高转速限制
注：图注同图 5-51。

RAD 型调速器根据工作需要也可以增加附属装置（校正装置和增压补偿装置等），其基本原理与 VE 型分配泵的相应附属装置相似，在此不再细述。

三、全速调速器

拖拉机、汽车和工程机械在工作时，阻力经常发生变化，阻力的变化会引起转速的变化，必须人为控制供油量来适应外界负荷的变化，这不仅会使驾驶员工作疲劳，而且也难于保持柴油机转速稳定；尤其是发电用柴油机，对转速的要求是很严格的，而外界的负荷变化不可预料，人为控制不可能达到要求，因此需要安装全速调速器。全速调速器不仅能够稳定和限制柴油机最低、最高转速，而且能控制柴油机在允许转速范围内的任何转速下稳定工作。下面以 VE 型分配泵全速调速器为例，介绍全速调速器的结构和工作原理。

1. VE 型分配泵调速器的结构

如图 5-55 所示，在飞锤支架 2 上装有四个飞锤 3，飞锤通过止推片推动调速套筒 4 移动。由张力杠杆 12、起动杠杆 15 和导杆 16 组成调速器杠杆系统，这三个杠杆通过销轴 N 连在一起并可分别绕销轴 N 摆动。导杆 16 通过销轴 M 固定在分配泵泵体上。起动杠杆 15 的下端是球头销，嵌入供油量调节套筒 21 的凹槽中，当起动杠杆 15 摆动时，球头销将拨动供油量调节套筒 21，改变其与分配柱塞 19 上的泄油孔 20 的相对位置，从而改变分配柱塞的有效行程。张力杠杆 12 的上端通过怠速弹簧 10 与调速弹簧 8 连接，调速弹簧的另一端挂在调速手柄 5 的销轴上。导杆 16 的下端受回位弹簧 17 的推压，使其上端靠在最大供油量调节螺钉 11 上。此外，在 VE 型分配泵调速器上还装有一些附加装置，如增压补偿器和转矩校正装置等。

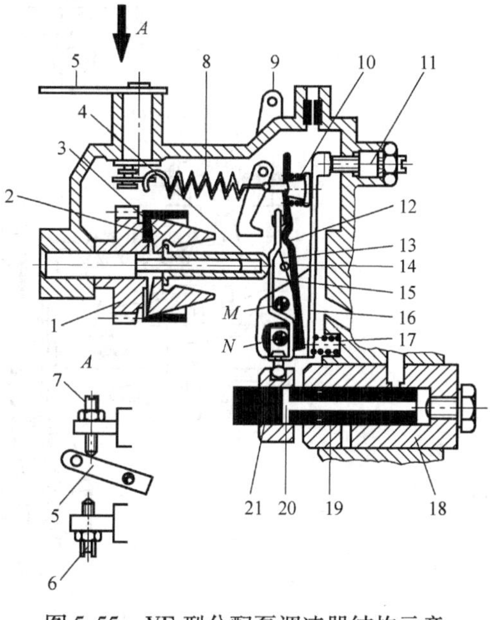

图 5-55 VE 型分配泵调速器结构示意
1—调速器传动齿轮 2—飞锤支架 3—飞锤
4—调速套筒 5—调速手柄 6—怠速调节螺钉
7—最高速限止螺钉 8—调速弹簧 9—停车手柄
10—怠速弹簧 11—最大供油量调节螺钉
12—张力杠杆 13—起动弹簧 14—张力杠杆挡销
15—起动杠杆 16—导杆 17—回位弹簧 18—柱塞套
19—分配柱塞 20—泄油孔
21—供油量调节套筒 M—导杆支承销轴（固定）
N—起动杠杆、张力杠杆及导杆支承销轴（可动）

2. VE 型分配泵调速器的工作原理

全速调速器的基本调速原理：由于调速器传动轴旋转所产生的飞锤离心力与调速弹簧的弹力相互作用，如果二者不平衡，则调速套筒便会移动，即通过调速器的杠杆系统使供油量调节套筒的位置发生变化，从而增、减供油量，以适应柴油机运行工况变化的需要。

（1）起动工况 如图 5-56a 所示，起动前，将调速手柄 5 推靠在最高速限止螺钉 7 上。这时，调速弹簧 8 被拉伸，弹簧的张力拉动张力杠杆 12 绕销轴 N 向左摆动，并通过板形起动弹簧 13 使起动杠杆 15 压向调速套筒 4，从而使静止的飞锤 3 处于完全闭合的状态。与此同时，起动杠杆 15 下端的球头销将供油量调节套筒 21 向右拨到起动加浓供油位置 C，供油量最大。起动后,转速升高,飞锤的离心力克服作用在起动杠杆 15 上的起动弹簧 13 的弹力,使起动杠杆绕销轴 N 向右摆动,直到抵靠在张力杠杆挡销 14 上。此时,起动杠杆 15 下端的球头销向左拨动供油量调节套筒 21,供油量自动减少。

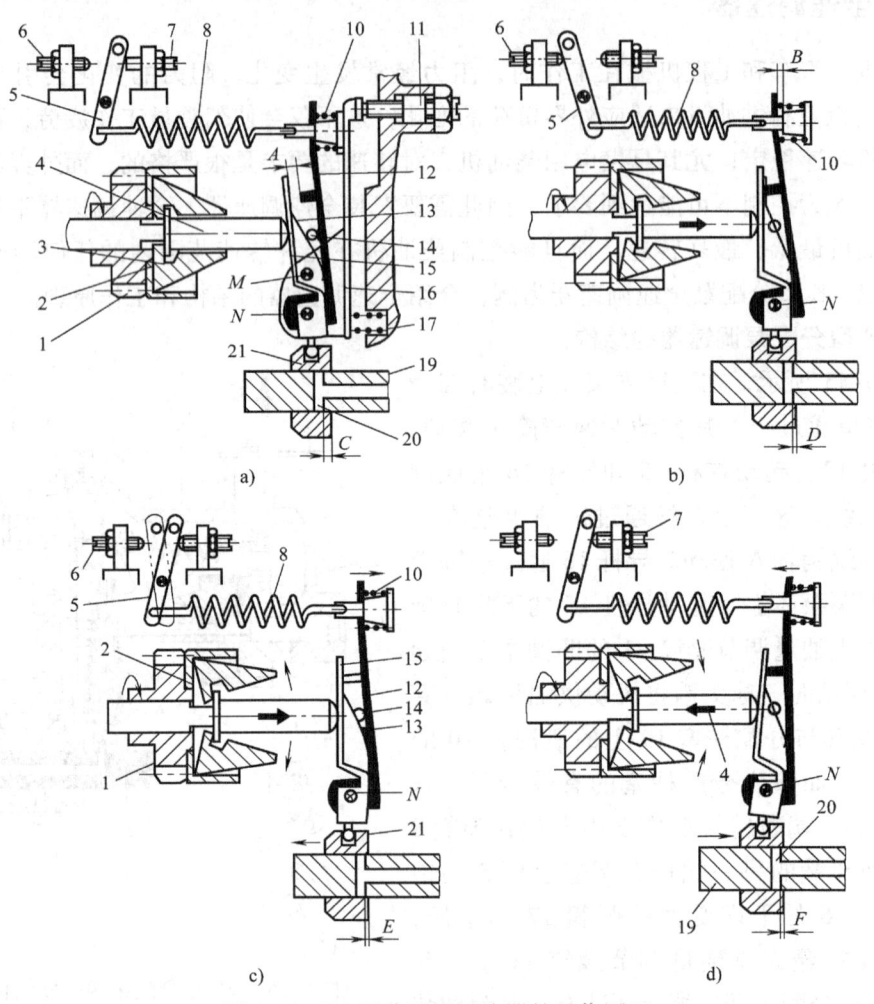

图 5-56　VE 型分配泵调速器的工作原理
a) 起动工况　b) 怠速工况　c) 中速工况　d) 高速限制
C—加浓供油位置　D—怠速供油位置　E—中速供油位置　F—高速限制供油位置
注:其余图注同图 5-55。

(2) 怠速工况　如图 5-56b 所示,柴油机起动后,将调速手柄 5 移至怠速调节螺钉 6 上。在这个位置,调速弹簧 8 的张力几乎为零,即使调速器传动轴的转速很低,飞锤 3 也会向外张开,推动调速套筒 4,使起动杠杆 15 和张力杠杆 12 绕销轴 N 向右摆动;并使怠速弹簧 10 受到压缩。这时,飞锤 3 的离心力对调速套筒 4 的作用力与怠速弹簧 10 及起动弹簧 13 对调速套筒 4 的作用力平衡,供油量调节套筒 21 处于怠速供油位置 D,柴油机在怠速下运转。

若由于某种原因使柴油机转速升高,则飞锤 3 的离心力增大,上述的平衡被打破,飞锤 3 推动调速套筒 4、起动杠杆 15 和张力杠杆 12 进一步压缩怠速弹簧 10 而向右摆动,供油量调节套筒 21 则向左移动,供油量减少,转速回落复原。若柴油机转速降低,则飞锤 3 的离心力减小，怠速弹簧 10 推动张力杠杆 12 和起动杠杆 15 向左摆动，供油量调节套筒 21 则向右移动，增加供油量，使转速回升。

（3）中速和标定转速工况 如图 5-56c 所示，欲使柴油机在任何中间转速工作时，则需要将调速手柄 5 置于怠速调节螺钉 6 与最高速限止螺钉 7 之间的某一位置。这时，调速弹簧 8 被拉伸，同时拉动张力杠杆 12 和起动杠杆 15 绕销轴 N 向左摆动，而起动杠杆 15 下端的球头销则向右拨动供油量调节套筒 21，使供油量增加，柴油机由怠速转入中速状态。由于转速升高，飞锤 3 的离心力增大，当其向右作用于调速套筒 4 上的推力与调速弹簧 8 向左作用于张力杠杆 12 和起动杠杆 15 上的拉力平衡时，供油量调节套筒 21 便稳定在某一供油量位置，柴油机也就在相应的转速稳定运转。

若发动机外界负荷减小，则发动机转速就会升高，飞锤 3 的离心力增大，破坏了原有的平衡，从而克服调速弹簧 8 的拉力，使调速套筒 4 右移，推动起动杠杆 15 和张力杠杆 12 以销轴 N 为支点顺时针摆动，供油量调节套筒 21 左移，供油量减少，使柴油机转速回落，保持转速的基本稳定。若发动机外界负荷增加，则调速过程与上述相反，使供油量增加，以适应外界负荷增加的需要，保持转速的基本稳定。只要选定一个调速手柄位置，就有一个相应的发动机转速与之对应。

当把调速手柄 5 置于最高速限止螺钉 7 上时，调速弹簧 8 的张力达到最大，供油量调节套筒 21 也相应地移至最大供油量位置，柴油机将在最高转速或标定转速下工作。

（4）高速限制 如图 5-56d 所示，当柴油机在标定工况下完全卸载，发动机转速急剧升高，达到最高空转转速，飞锤 3 的离心力达到最大值，克服调速弹簧 8 的拉力，推动起动杠杆 15 和张力杠杆以销轴 N 为支点顺时针摆动，供油量调节套筒左移，供油量减少，使柴油机转速回落，以防发动机转速进一步升高而造成"飞车"。

（5）最大供油量的调节 如果拧入最大供油量调节螺钉 11，则导杆 16 绕销轴 M 逆时针方向转动，销轴 N 也随之转动，并带动球头销向右拨动供油量调节套筒 21，这时最大供油量增加。反之，旋出最大供油量调节螺钉 11，则最大供油量减少。调节最大供油量可以改变柴油机的最大输出功率及最高转速或标定转速。

四、输油泵

输油泵的功用是将柴油从柴油箱中吸出，并克服柴油滤清器等的阻力，以一定的压力和流量输往喷油泵。输油泵分为活塞式输油泵、齿轮式输油泵和滑片式输油泵等。

1. 活塞式输油泵

活塞式输油泵的基本结构及工作原理如图 5-57 所示。当喷油泵凸轮轴 13 旋转时，在偏心轮 14 和输油泵活塞弹簧 17 的共同作用下，输油泵活塞 16 在输油泵泵体 15 的活塞腔内作往复运动。

当输油泵活塞 16 由下向上运动时，A 腔容积增大产生真空度，使进油止回阀 6 开启，柴油经进油口被吸入 A 腔；与此同时，B 腔容积缩小，其中的柴油压力升高，出油止回阀 7 关闭，柴油被送往柴油滤清器。

当输油泵活塞由上向下运动时，A 腔容积减小，油压升高，进油止回阀 6 关闭，出油止回阀 7 开启；与此同时，B 腔容积增大，柴油就从 A 腔流入 B 腔。

若柴油机负荷减小而使需要的柴油量减少，或柴油滤清器堵塞而使油道阻力增加时，会使输油泵 B 腔的油压增高。当该油压与输油泵活塞弹簧的弹力相平衡时，活塞向 B 腔的运动便停止，活塞的移动行程减小，造成输油泵的输油量减少，实现了输油量的自动调节，而输油压力则基本稳定。

当柴油机燃油供给系统中有空气进入时，柴油机便无法起动和正常运转，这时可利用手压泵拉钮 1 排除空气。方法是先将柴油滤清器和喷油泵的放气螺钉旋松，再将手压泵拉钮 1 旋开，上、下反复拉动手压泵活塞 4，使柴油自进油口 Ⅰ 吸入，经出油口 Ⅱ 压出，并充满柴油滤清器和喷油泵前的所有低压油路，将其中的空气驱除干净。空气排除完毕，应重新拧紧放气螺钉，旋进手压泵拉钮 1，再起动柴油机。

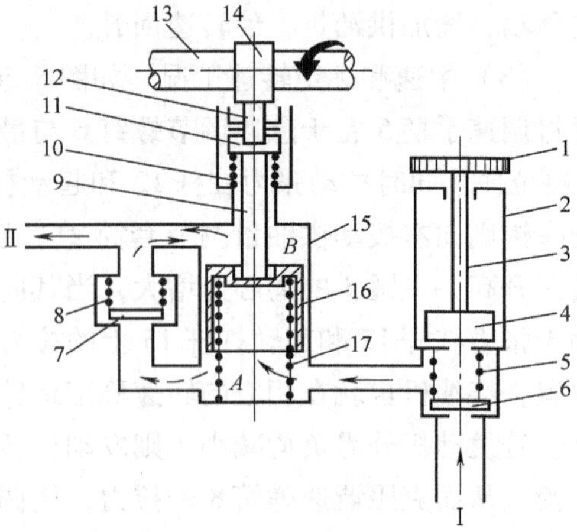

图 5-57 活塞式输油泵的基本结构及工作原理
1—手压泵拉钮　2—手压泵泵体　3—手压泵泵杆
4—手压泵活塞　5—进油止回阀弹簧
6—进油止回阀　7—出油止回阀
8—出油止回阀弹簧　9—推杆　10—推杆弹簧
11—挺柱　12—滚轮　13—喷油泵凸轮轴
14—偏心轮　15—输油泵泵体
16—输油泵油塞　17—输油泵活塞弹簧
Ⅰ—进油口　Ⅱ—出油口

2. 滑片式输油泵

如图 5-58 所示，输油泵转子 6 由分配泵驱动轴 5 驱动，偏心安装在输油泵泵体的内孔中，从而形成月牙形的工作腔。四块滑片 7 分别安装在输油泵转子的四个滑片槽内，与转子和泵体组成四个独立的密封容积。滑片 7 可以在槽内作径向运动，并随着转子一起旋转。

当分配泵驱动轴 5 旋转时，滑片 7 随之旋转，两滑片间的容积不断变化，在到达进油腔 A 时，容积由小变大，不断吸油；在到达出油腔 B 时，容积由大变小，使柴油压力提高。

为了保持进入分配泵的油压基本稳定，在输油泵出口处设有调压装置，当柴油压力大于调压弹簧 3 的弹力时，调压阀 4 打开，过高压力的柴油经回油道 2 流回进油腔 A。

3. 输油泵的技术要求

1) 在标定转速下，输出油路关闭时的最大油压不小于 0.2MPa。

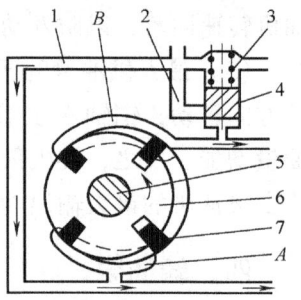

图 5-58 滑片式输油泵
1—进油道　2—回油道
3—调压弹簧　4—调压阀
5—分配泵驱动轴
6—输油泵转子　7—滑片
A—进油腔　B—出油腔

2) 吸油负压不低于 0.012MPa。

3) 在发动机转速为 1 100r/min 时的供油量不少于 1.8L/min。

4) 密封良好，无任何漏油现象。

5) 手压泵以 80～100 次/min 行程工作时，在 30s 内应有柴油从出油口处流出。

五、柴油滤清器

1. 柴油滤清器的作用

柴油滤清器用于过滤柴油中的杂质，分为纸质滤芯和毛毡滤芯等柴油滤清器。如

图5-59所示，纸质滤芯柴油滤清器盖上设有限压阀2，当油压超过0.1~0.15MPa时，限压阀2开启，多余的柴油经限压阀2直接返回柴油箱。

2. 柴油滤清器的保养

柴油滤清器的保养如图5-60所示，旋装式柴油滤清器使用400h后应更换滤芯总成新件；螺母拉杆紧固式柴油滤清器每工作50h清洗一次，400h后更换滤芯。清洗滤芯时，应将滤芯两端严密封堵，以免滤芯外表面的污物进入滤芯内部，然后将滤芯在清洁的煤油或柴油中用毛刷轻轻刷洗。如果发现滤芯或密封件损坏，则应及时予以更换。

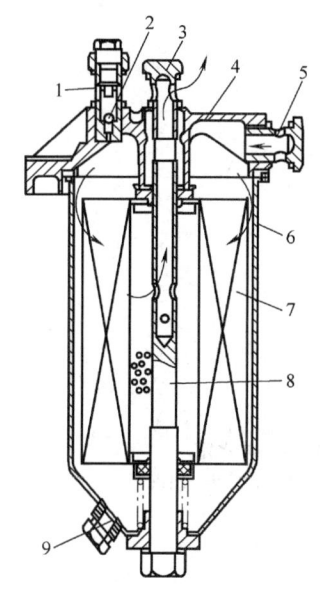
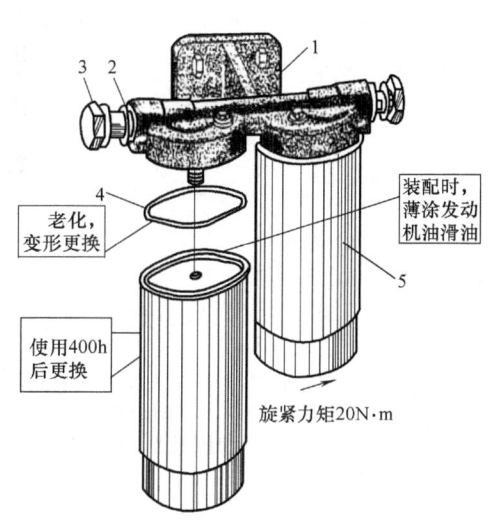

图5-59 纸质滤芯柴油滤清器
1—旁通孔 2—限压阀 3—出油口
4—滤清器盖 5—进油口 6—滤清器壳体
7—纸质滤芯 8—中心杆 9—放油螺塞

图5-60 旋装式柴油滤清器零件分解
1—滤座 2—密封垫圈 3—管接头螺栓
4—密封圈 5—滤芯总成

六、油水分离器

1. 油水分离器的作用

油水分离器用于分离柴油中混入的水分。如图5-61所示，来自柴油箱的柴油由进油口2进入油水分离器，并经出油口9流出。柴油中的水分密度大，从柴油中分离并沉积在分离器壳体7的底部。浮子6随着积水的增多而上浮，当到达规定的放水水位3时，液面传感器5将电路接通，仪表板上的警告灯发出放水信号，这时驾驶员应及时旋松放水塞4放水。手压膜片泵1供放水和排气时使用。

2. 油水分离器的保养

油水分离器每使用150h应拆下底部螺塞，放掉金属杯内的水，同时拆下油水分离器并清洗内部的零部件。

> **注意：**
> 检查密封件是否损坏，若损坏，则应予以更换。

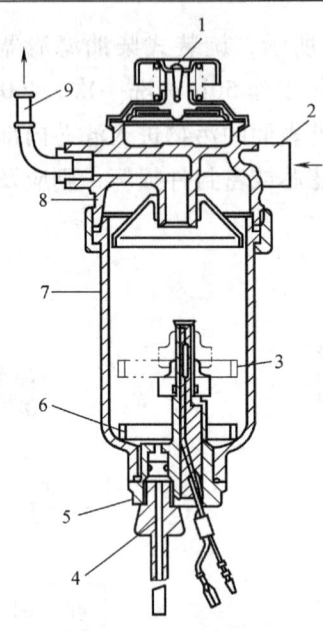

图 5-61　油水分离器
1—手压膜片泵　2—进油口　3—放水水位　4—放水塞
5—液面传感器　6—浮子　7—分离器壳体　8—分离器盖　9—出油口

课后练习

一、填空题

调速器的功用是根据柴油机负荷的变化，自动增、减喷油泵的供油量，使柴油机能够以稳定的转速运转，使之不发生_____和_____。

二、判断题

1. 两速调速器的作用是稳定最低转速，限制最高转速。（　　）
2. 调速器按作用范围的不同分为两速和全速调速器。（　　）
3. 调速器的主要功用是防止发动机高速"飞车"、怠速熄火和稳定发动机转速。
（　　）
4. 两速调速器在任意发动机转速下都起作用。（　　）
5. 驾驶员和调速器都可改变喷油泵的供油量，两者互不干涉。（　　）
6. 常见的机械离心式供油提前角自动调节器是利用飞锤来感应发动机转速变化的。
（　　）

三、简答题

为什么柴油机必须装调速器？

项目六 柴油机进、排气系统及维修

【项目描述】

进气系统的主要功用是滤去进入柴油机的空气中的灰尘和杂质,保证尽可能多地将干净的空气送入发动机气缸;排气系统的作用是将柴油机燃烧的废气经排气管、消声器彻底地排向大气,并通过消声器降低柴油机的排气噪声。本项目主要讲述柴油机进气系统、排气系统及柴油机增压器的维护保养。

【项目目标】

1) 掌握柴油机进、排气系统的常规维修方法。
2) 掌握柴油机进、排气系统的组成及工作原理。
3) 掌握涡轮增压器的维护与保养方法。
4) 掌握柴油机增压的工作原理。

任务1 进气系统与排气系统的维修

任务目标

知识目标:

1) 掌握柴油机进、排气系统的常规维修方法。
2) 掌握柴油机进、排气系统的组成及工作原理。
3) 了解发动机的废气净化。

能力目标:

1) 掌握柴油机进、排气系统的维修方法。
2) 了解发动机的废气净化方法。

素质目标:

1) 学习态度:积极主动参与学习。
2) 团队合作:与小组成员一起分工合作,不影响学习进度。
3) 现场管理:服从工位安排,执行实训室"5S"管理规定。

任务描述

1）通过对进、排气系统常规维修的实践，对进、排气系统的组成有所了解。

2）利用教学模型、多媒体课件以及进、排气系统实物对相关知识学习，掌握进、排气系统的的作用、组成、分类和常规维修方法。

3）了解发动机的废气净化方法。

任务实施

一、空气滤清器的检查及保养

检查密封圈、滤芯组件是否损坏，定期清除当中的灰尘；柴油机运行 50～200h 后，先用毛刷刷去纸质滤芯滤纸表面的灰尘，然后用压缩空气从里圈向外轻吹一遍；滤芯使用时间较长或严重堵塞，应更换新件；若滤芯滤纸破裂、端盖脱胶，滤芯扭曲变形，则应更换滤芯组件。

二、进气管法兰面平面度的检查

柴油机进行维修时，应检查进气管法兰面的平面度。进气管法兰面平面度误差的规定值为 0.12mm，极限值为 0.40mm。当进气管法兰面的平面度超过极限值时，需重新磨削法兰面或更换进气管，如图 6-1 所示。

三、排气管法兰面平面度的检查

如图 6-2 所示，检查排气管法兰面的平面度误差。排气管法兰面平面度误差的规定值为 0.15mm，极限值为 0.50mm。当排气管法兰面平面度误差超过极限值时，应重新磨削法兰面或更换新排气管。另外，当排气管有裂纹时，也应更换新排气管。

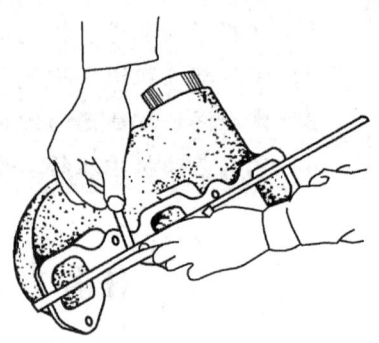

图 6-1　检查进气管法兰面的平面度误差

图 6-2　检查排气管法兰面的平面度误差

相关知识

一、进、排气系统

1. 进、排气系统的功用及组成

进气系统的主要功用是滤去进入柴油机的空气中的灰尘和杂质，保证尽可能多地将干净的空气送入气缸。此外，当空气滤清器严重阻塞或进气压力超过某一值时，真空报警器指示器会发出报警信号。

进气系统由空气滤清器、进气管、进气管垫片、真空报警器、增压器（增压柴油机）以及中冷器（增压中冷柴油机）等组成。

排气系统的功用是将柴油机燃烧的废气经排气管和消声器彻底地排向大气,并通过消声器降低柴油机的排气噪声。

排气系统由排气管、排气管垫片和消声器等组成。

2. 空气滤清器

(1) 空气滤清器的功用 空气滤清器的主要功用是滤除空气中的杂质或灰尘,让清洁的空气进入气缸,以减少磨损。另外,空气滤清器也有降低进气噪声的作用。对空气滤清器的要求:具有极高的滤清能力,且长期使用不减弱;对通过的气流的流动阻力小;能连续、长期工作;维护方便。

(2) 空气滤清器的结构 空气滤清器的结构多种多样,柴油机上所使用的空气滤清器主要有油浴式、过滤式和惯性式三种。

1) 油浴式。油浴式空气滤清器通过钢丝网上的润滑油油液对空气进行过滤,空气中比较重的尘埃经过润滑油液而沉淀下来。油浴式空气滤清器的结构与汽油机的空气滤清器相同,如图6-3所示。

2) 过滤式。过滤式空气滤清器引导空气通过滤芯,使尘土和杂质被阻隔并粘附在滤芯上。经过油浴的空气再过滤,称为湿式过滤;不经过油浴的干空气过滤,称为干式过滤。干式滤芯均为纸质,如图6-4所示。

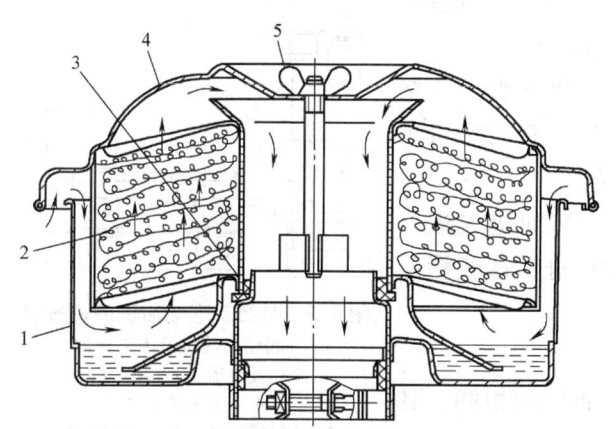

图6-3 油浴式空气滤清器
1—滤清器外壳 2—滤芯 3—密封圈
4—滤清器盖 5—蝶形螺母

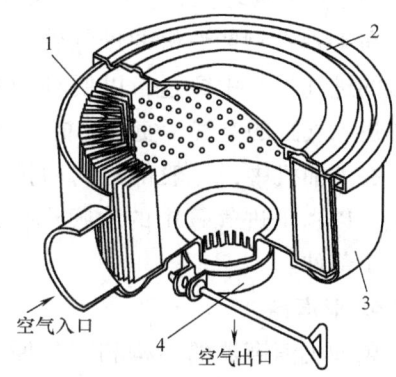

图6-4 干式纸质滤芯空气滤清器
1—滤芯 2—滤清器盖
3—滤清器外壳 4—夹紧装置

3) 惯性式。由于空气中的尘埃与杂质相对密度较空气大,当吸入气缸时,惯性式空气滤清器引导气流急剧旋转,在离心力的作用下,使较重的杂质自动地从空气中分离出去;此后,空气又经纸质滤芯过滤,使空气中尘埃滤去99%。惯性式空气滤清器的结构如图6-5所示。

近年来,惯性式空气滤清器在柴油机上使用得越来越多,是目前滤清效果最好的空气滤清器。纸质滤芯具有重量轻、成本低和滤清效果好的优点,但其使用寿命短,要求每行驶4 000km进行1次清洁,吹去滤芯上的尘埃;每行驶24 000km,则要更换滤芯。

3. 进气管与排气管

进、排气管的功用是将新空气均匀地分送到发动机的各个气缸，并将废气排出。为了保证高的充气效率和低的排气损失，要求进、排气管具有较小的流通阻力。

进气管由进气总管、进气歧管和气缸盖上的进气道组成；排气管由排气总管、排气歧管和气缸盖上的排气道组成。

进、排气管一般用铸铁制成，进气管也有用铝合金铸造的。两者可以铸成一体，也可以分别铸造。进、排气管都用螺栓固定在气缸盖或气缸体上，在接合面上装有石棉衬垫，以防止漏气。

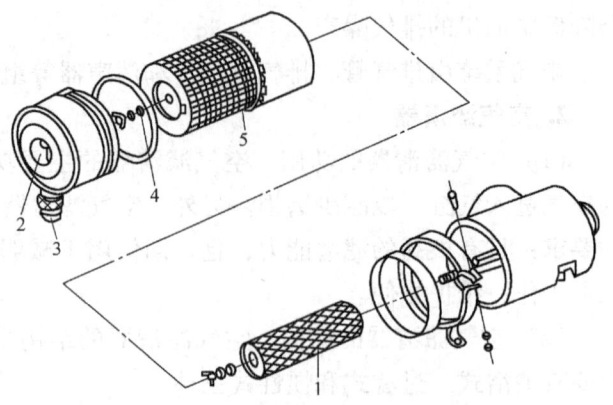

图 6-5　惯性式空气滤清器的结构
1—安全滤芯　2—空气滤清器　3—集尘/排尘袋
4—蝶形螺母　5—滤芯与塑料罩

在柴油机中，进气管与排气管一般分置在机体两侧，以避免进气受到高温排气管的加热而降低充气密度。图 6-6 所示为 4125A 型柴油机的进气管，其相邻两缸的进气管合并为一个，进气歧管为上置式，气道口朝上，因而使进气管及进气歧管的通道截面增大，拐弯少，减小了进气阻力。

在 4125A 型柴油机的进气管中，起动机排气管 6 从柴油机的进气管 5 中穿过，以便利用起动机排气管的热量来预热进入气缸的空气，使柴油机更容易起动。

在汽油机中，一般都是利用排气管的废气对进气进行预热，以利于进气管中的油膜汽化，通常将进、排气管连成一个部件。

4. 消声器

柴油机消声器的结构和工作原理与汽油机的相同，其要求也是一样的，就是将气缸中排出的废气所存在的强烈

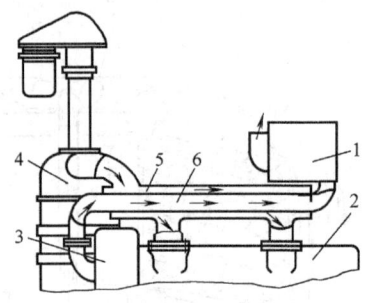

图 6-6　4125A 型柴油机的进气管
1—起动汽油机消声灭火器
2—气缸盖　3—起动机
4—空气滤清器
5—进气管　6—起动机排气管

噪声减小，并把废气中的火焰和火星消除。因为柴油机的压缩比高，噪声比较粗暴，尤其是直喷式柴油机，噪声就更大，而国家对柴油机的噪声声级有规定，如中型柴油货车，其噪声声级规定为 86dB。为了降低噪声，柴油机消声器的外形尺寸要比同等排量的汽油机大，以使消声效果良好。

图 6-7 所示为典型排气消声器的结构，由外壳 1、多孔管 2 和 4 以及隔板 3 等组成。外壳用薄钢板制成圆筒状，两端密封，内腔用两道隔板分隔成三个消声室。废气经多孔管 2 进入消声室，得到膨胀和冷却，并多次与管壁碰撞消耗能量，致使其压力降低、振动减轻，最后从多孔管 4 排入大气中，消除了火星并使噪声显著降低。

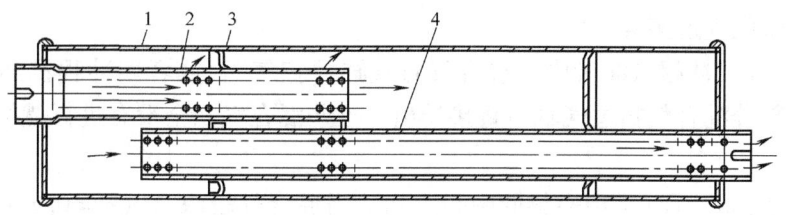

图 6-7 排气消声器的结构
1—外壳 2、4—多孔管 3—隔板

二、发动机废气净化

1. 废气中的有害成分

发动机排出的废气中，除 CO_2、H_2O、N_2 和过量的 O_2 为无害成分外，还包含有若干种有害成分，主要是一氧化碳（CO）、各种碳氢化合物（HC）、氮氧化物（NO_x）（NO 和 NO_2），还有少量的硫化物（SO_2 等）、有机铅化合物（汽油机排放物）、炭烟及臭味等。这些有害成分会污染大气，对人体健康和动、植物的生长也会造成严重的危害。

CO 被吸入人体后，会阻碍血液对氧气的输送，造成人体缺氧窒息。SO_2 遇水发生作用形成硫酸，具有强烈的腐蚀性，刺激人体呼吸系统黏膜和眼睛。柴油机燃烧后，碳和氢反应生成多种碳氢化合物，它们具有强烈气味的物质，能刺激黏膜，有的还有致癌作用。NO 在空气中能氧化为 NO_2，NO_2 有强烈的刺激性气味，对肺部有刺激性作用和毒性。NO_x 在强烈的阳光照射下，会发生光化学反应，形成光化学烟雾，对动植物具有很大的毒性。有机铅化合物对人体组织细胞有强烈的毒性，而且影响时间很长。炭烟颗粒直观上污浊空气，影响视野，在颗粒表面和空隙内还附着有多环芳香烃等具有致癌作用的物质。

2. 废气中有害成分的成因

汽油机的排放污染物和柴油机的污染物种类和程度有所不同。汽油机的排放污染物主要包括 HC、CO、NO_x、SO_2 及烟尘（有机铅化合物），其中污染影响大且不易控制的主要是 HC、CO 和 NO_x；柴油机排放污染物 HC、CO 和 NO_x 的排放量比汽油机的低，而微粒和 SO_2 的排放量比汽油机高。本书着重说明汽油机产生 HC、CO 和 NO_x 的原因及柴油机产生微粒的原因。

（1）HC 的生成 排气中未燃的 HC 主要是较小分子的烷烃、烯烃和过氧化物及含碳的化合物，其来源有三类：气缸壁淬冷及缝隙效应、混合气不完全燃烧和气缸"扫气"。

1）缸壁淬冷及缝隙效应。缸壁淬冷是指火焰传到气缸壁附近时的一种燃烧现象。在气缸壁附近，由于温度低，链式反应中断且散热加快，使火焰不能完全传播到相邻气缸壁的一层混合气，因而反应减慢甚至终止，但发生了 HC 的热分解和部分氧化。另外，有一些受到冷却的狭缝（如活塞顶部与气缸间的缝隙和活塞环槽中的间隙等），当柴油进入其中后，无法被火焰前锋引燃而最后生成 HC。

2）不完全燃烧。在发动机工作中，如果混合气过浓或过稀，或者混合气被废气严重稀释，有些循环则可能发生不完全的火焰传播，甚至某些循环完全不着火，这时循环的 HC 排量就很大。这种混合气燃烧不完全的原因可能有充气温度过低、各缸间充气量不均匀、点火强度过低及残余废气过多等。

3）扫气。在二冲程汽油机中，混合气对气缸"扫气"，或者四冲程汽油机中，在气门开启重叠角内部分混合气扫过气缸后直接排出。这些混合气完全没有进行燃烧，直接增大了HC的排放量。

(2) CO的生成　CO是烃燃料的中间产物，当混合气较浓时（$\alpha = 0.7 \sim 0.9$），由于汽油燃烧所需要的空气量不足，造成不完全燃烧，使CO排量增加。即使混合气的空燃比达到当量值（$\alpha = 1$），甚至更稀时，CO的排放量也不会降为零。这是各缸、各循环间的混合气不均匀及CO的氧化反应较慢所致。局部缺氧或低温条件是CO生成的主要原因。

CO的另一个来源是CO_2在缸内高温条件下发生还原反应。在高压（3MPa以上）、高温（2 800K以上）时，

$$CO_2 + H_2 \rightleftharpoons CO + H_2O$$

在温度下降时，CO来不及氧化，而使其排放量增加。

(3) NO_x的生成　进入发动机气缸中的空气所含的N_2与O_2在燃烧室的高温条件下发生化学反应生成NO_x，主要是NO，少量是NO_2。解释汽油机内NO的生成机理一般用泽尔多维奇（Zeldovich）链式反应机理，即

$$O_2 \rightleftharpoons 2O, \quad O + N_2 \rightleftharpoons NO + N, \quad N + O_2 \rightleftharpoons NO + O$$

NO的生成取决于富氧、高温及反应时间三个条件。NO的生成主要在高温和氧原子浓度高的地方。在火花塞处，由于高温持续时间长，因而NO浓度最高。

(4) 柴油机中各种微粒的生成　在柴油机的排气中，常会有白色、蓝色或黑色等不同颜色的烟，其中含有炭粒和油雾。据试验分析，白烟是由柴油和润滑油颗粒（$1\mu m$以上）形成。蓝烟是由更细的液体微粒（$0.4\mu m$以上）形成。由于这些柴油和润滑油的微粒未经燃烧，或只经过热裂解和部分燃烧，往往含有醛类、过氧化物及多环芳香烃等成分，带有难闻臭味，刺激眼睛，甚至有致癌作用。这两种烟往往是在起动、低温条件下由于雾化不良、燃烧室壁过冷、燃烧室气流过强或混合气过稀使燃烧缓慢滞后所致。黑烟是由废气中含有石墨结晶（炭黑）所致，粒度在$0.5\mu m$以下。黑烟的生成一般经历炭核生成、各种成分在炭核表面凝聚逐渐使微粒尺寸加大、微粒再聚合成串等几个阶段。如果油气接触了温度相对较低的燃烧室壁面并被急剧冷却，使壁面附近的燃烧中间产物变得比较稳定而难于氧化，然后在燃烧过程中被反复脱氢（氢被氧化）而析出石墨结晶。这些石墨结晶虽然可以在燃烧室中被烧掉一部分，而残留下来的结晶则随废气排出气缸而冒黑烟。柴油机从低负荷急速地加载到大负荷时，也会使排气冒黑烟，其原因是向低温的燃烧室供入了大量的柴油，当柴油燃烧的火焰前锋碰到较冷的燃烧室壁面时就会生成炭烟。柴油机排气冒黑烟和排放微粒是需要重点解决的问题。

3. 废气的净化

对于控制发动机有害排放方面，人们做了大量的研究工作，提出了不少的有效措施，有进气前措施、机内净化和排气后措施等。由于汽油机和柴油机产生有害排放各有不同，两者的废气净化措施也有所不同。

(1) 汽油机的排气净化

1)曲轴箱强制通风。从空气滤清器引出一股新空气进入曲轴箱,再把窜入曲轴箱内的油气与空气一起输回进气管,再次通过气缸参与燃烧,从而减少 HC 排入到大气中。

2)延迟点火。由于延迟点火,着火点靠后,气缸内最高压力和最高温度降低,NO_x 的生成量减少;而且,由于膨胀中后期排气温度较高,有利于 HC 的继续燃烧,减少了 HC 的排放量。但是,延迟点火会降低发动机的热效率和循环功。

3)用稀混合气。汽油机排气中的有害成分(CO、HC 和 NO_x)的数量与可燃混合气的浓度密切相关。当汽油机在稀薄混合气条件下工作时,可降低燃烧最高温度并实现汽油的充分燃烧,同时降低了 CO、HC 和 NO_x 的排放。

4)降低燃烧室的面容比和压缩比。降低燃烧室的面容比,使燃烧室结构紧凑,在同样的燃烧室条件下冷却表面减少,可减少 HC 的产生。由于降低了压缩比,使得燃烧最高温度下降,NO_x 生成量减少。

5)废气再循环。将一部分废气引入进气系统,与汽油及新空气一起形成可燃混合气后进入气缸。由于废气中含有大量的惰性气体(如 N_2、CO_2 和 H_2O 等),其比热较大,燃烧的速度和温度受到抑制,降低了 NO_x 的生成。

6)热反应器。热反应器实际上是一个容积较大的、隔热的排气管,并在排气门后喷入新空气,从而补充氧气,使 CO 和 HC 在反应器内进一步燃烧。因 CO 和 HC 的氧化反应为放热反应,故能维持热反应器一定的温度。

7)催化转化器。目前用得较多的是三元催化转化器。三元催化转化器的结构如图 6-8 所示,主要由金属容器、载体和催化剂三部分组成。催化剂层依附在载体上。早期载体的形式是陶瓷单体式,陶瓷体上布满了数以千计的小孔作为排气通道,陶瓷的材料为耐高温的镁铝硅酸盐。小孔表面涂有一层氧化铝,作为载体外表层。新式催化转化器载体的材料为不锈钢铂,可以减轻重量并能提高抗冲击力。常用的催化剂是铂、钯、铑以及一些稀土金属,应用时将它们的混

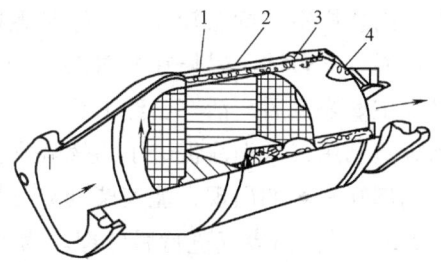

图 6-8 三元催化转化器的结构
1—涂有催化剂层的陶瓷载体 2—壳体
3—线网式支承体 4—密封垫

合物以微粒的形式沉积在具有小孔的载体上。铂能促使 CO 和未燃的 HC 氧化,铑能加速 NO_x 的还原。排气先通过还原催化器将 NO_x 还原,然后加入空气进入氧化催化器将 CO 和 HC 氧化。对三种成分同时进行氧化和还原时对空燃比的要求很高,需要在排气管中安装氧传感器,配上一套反馈装置来控制汽油的流量,以实现对空燃比的精确控制,达到同时降低 CO、HC 和 NO_x 排放的目的。

(2)柴油机的废气净化

1)对空气、柴油进行预处理。这一措施可以改变气缸内燃烧反应物的性质,改变燃烧反应的条件,如废气再循环、进气管喷水、采用掺水乳化柴油,改变柴油性质和使用柴油添加剂、使用磁化柴油等,以达到消烟节油的效果。

①废气再循环。柴油机废气再循环降低 NO_x 的作用机理与汽油机相同。但当柴油机在大负荷下出现缺氧时,会导致 CO、HC 和炭烟排放量增加。

② 进气管喷水。柴油机进气管喷水是因为进入气缸的水分降低了柴油机燃烧的最高温度，因而能降低废气中 NO_x 的含量。在进气管喷水时，要求喷水量能随发动机负荷的大小自动调节。在直喷柴油机上，当喷水量等于柴油量时，NO_x 和 HC 的排放量约减少 50%，功率仅下降 4% 左右。柴油机进气管喷水的缺点是气缸腐蚀加重和油底壳积水对润滑油造成污染。

③ 采用掺水乳化柴油。有关研究表明：把柴油、水和乳化剂三者按一定的比例配制成乳化液在柴油机中进行燃烧，对降低 NO_x 和炭烟的排放量有明显的效果。

④ 使用磁化柴油。磁化柴油具有消烟节油的效果。磁化柴油的作用机理是使柴油通过同极磁场被磁化，改变了柴油分子的排列状态，使柴油分子的结合力减弱，氧分子更易渗入，使柴油燃烧得更加完全，从而达到节油消烟的目的。

2）改进燃烧过程。为了改进燃烧过程，通常采取的措施有延迟喷油、提高喷油速率、加强进气涡流和采用分隔式燃烧室等。

延迟喷油对于降低 NO_x 的排放非常有效，其作用机理与汽油机延迟点火相同。但对于分隔式燃烧室，由于延迟喷油会出现低负荷不着火的情况，反而会使 HC 的排放增加。因此，要求有一套精密控制的供油提前角自动调整装置，能在中等负荷时减小供油提前角，而在大负荷和小负荷时又能适当增大供油提前角。

分隔式燃烧室的 NO_x 排放量要比直喷式燃烧室低 1/3～1/2，其原因是在分隔式燃烧室中，副燃烧室的壁温较高，自燃延迟期较短，使燃烧的最高压力和温度得到了控制，且副燃烧室混合气较浓，燃烧在相对缺氧的条件下进行，由此共同抑制了 NO_x 的产生。当混合气进入主燃烧室后，活塞已经下行，气缸内的温度迅速下降，NO_x 已经不能继续生成。分隔式燃烧室利用二次涡流促进了主燃烧室内混合气的形成和燃烧，避免或减少了在主燃烧室内高温局部缺氧区的出现，能使柴油充分燃烧，降低了 CO 和 HC 的排放。

3）对排出废气进行后处理。为了进一步降低有害排放，在废气排出气缸后，通常采取除尘滤清净化装置和催化转化器对排气进行最后的处理。

课后练习

一、填空题

1. 进气系统的主要功用是滤去进入柴油机的空气中的_____和_____，保证尽可能多地将干净的空气送入气缸。

2. 进气系统由_____、_____、进气管垫片、真空报警器、增压器（增压柴油机）以及中冷器（增压中冷柴油机）等组成。

3. 排气系统由_____、排气管垫片和_____等组成。

二、简答题

1. 简述进、排气系统的功用。
2. 简述空气滤清器的维护方法。

三、选择题

1. 在汽油机中，一般都是利用排气管的（　　）对进气进行预热，以利于进气管中的油膜汽化。

A. 进气 　　　B. 废气 　　　C. 润滑油 　　　D. 冷却液

2. 柴油机消声器就是将气缸中排出的废气所存在的强烈噪声（　　），并把废气中的火焰和火星消除。

A. 变低 　　　B. 变高 　　　C. 减小 　　　D. 加大

四、判断题

1. 湿式滤芯均为纸质。（　　）
2. 对空气滤清器的要求：具有高度不变的滤清能力；对通过的气流的流动阻力小；能连续、长期工作；维护方便。（　　）

任务2　柴油机增压器的维护与保养

》》任务目标

☞知识目标：

1）掌握涡轮增压器的维护与保养方法。
2）掌握柴油机增压的工作原理。
3）掌握柴油机涡轮增压器的组成、作用及种类。

☞能力目标：

1）能说出涡轮增压器的维护与保养方法。
2）能描述涡轮增压器的工作原理。
3）能熟练拆解涡轮增压器并进行检修。

☞素质目标：

1）学习态度：积极主动参与学习。
2）团队合作：与小组成员一起分工合作，不影响学习进度。
3）现场管理：服从工位安排，执行实训室"5S"管理规定。

》》任务描述

1）通过涡轮增压器拆解、维护与保养实践，对涡轮增压器的组成有所了解。
2）利用教学模型、多媒体课件以及涡轮增压器实物对相关知识的学习，掌握柴油机增压系统的作用、组成、分类、常规维护与保养方法。

》》任务实施

一、涡轮增压器的使用注意事项

废气涡轮增压器为高速运转的精密机械，不可以随意拆动，发生故障时应送维修中心进行修配。

废气涡轮增压器在使用时应注意以下几点：

1）由于转子总成要求精密平衡，涡轮增压器的维修仅限于更换中间转子总成、压气机壳和涡轮壳，不允许分解中间转子总成。

2）当怀疑增压器轴承磨损，听到压气机或涡轮与壳体的摩擦声时，需要用专用工具检查轴承的径向间隙和止推轴承的轴向间隙，如果间隙超过规定值，应整体更换中间转子总成。

3）为确保高速下全浮动轴承的润滑，柴油机起动后应怠速运转几分钟，使润滑油达到一定的温度和压力，以避免突加负荷时，轴承处于无油状态，加速磨损，甚至出现卡死现象。同理，若欲使柴油机不工作，也不能突然停机，而要逐步减少负荷，直至怠速运转几分钟后再停机。

4）增压器全浮动轴对润滑油的要求很高，必须按规定要求添加润滑油。同时，必须按保养规定，定期清洗或更换机油滤清器。

5）应按规定定期清洗空气滤清器；否则，当空气滤清器因堵塞而阻力过大时，压气机入口处的空气压力就降低，流量就减少，造成增压器性能恶化。此外，还应经常检查进气系统是否漏气，如有漏气，灰尘和泥沙将被吸入压气机壳内并进入气缸，造成叶片和柴油机零部件的早期磨损，使增压器和柴油机性能变坏。

二、废气涡轮增压器的主要故障现象及排除方法

增压器发生故障后，会出现如下现象：

（1）功率严重不足、冒黑烟　功率严重不足和冒黑烟都是由于进气不足所造成的，因此检查时，就着重于检查影响增压器压气效率的因素。首先应开机检查接头处是否漏气；然后停机，检查空气滤清器、进气管、压气机叶轮及外壳；再检查排气管、涡轮叶片和涡轮壳，并转动转子轴，看能否自如运转，轴承间隙是否过大。根据故障的原因重新紧固接头或更换滤芯，或清洗污垢，直至更换轴承来消除故障。

（2）冒蓝烟及润滑油消耗过多　柴油机冒蓝烟和润滑油消耗过多，肯定是烧润滑油所引起的。因此，首先应检查增压器进、回油管路和接头的连接情况，再检查压气机出口和涡轮机出口是否有油迹（先怠速运转一会儿），从而判断增压器内的油封是否泄漏，然后可按故障原因进行紧固或更换密封元件。此外，进气阻力过大会使压气机内的真空度过高，回油管堵塞等也会造成油封漏油，排除上述因素即能恢复正常工作。

（3）增压器有异响或噪声很大　增压器工作时发出异响或噪声增大，其主要原因：转子轴的轴承磨损，使转子轴运转时不稳，导致运动件与固定件相碰擦；压气机和涡轮机叶片损坏或轴承损坏；由于严重积炭，使得转子轴失去平衡。一旦出现上述故障，必须立即停机进行检查、清洗或更换器件，以消除故障。

（4）中冷器的故障　中冷器的故障主要是漏气，漏气将使涡轮增压器的增压压力下降，并使排气温度升高，导致柴油机功率下降。此时，应对漏气的中冷器进行焊补。

▶▶ 相关知识

如果发动机的气缸完全依靠活塞向下运动时产生的真空度来吸入空气，则称这种发动机

为自然吸气式发动机。而如果发动机进气系统的空气预先由压气机压缩，提高压力后才进入气缸，则称这种发动机为增压发动机。因此，增压是将空气预先压缩后再供入气缸以提高进气密度和增加进气量的一项技术。

一、进气增压衡量参数

（1）增压度　增压度是指发动机增压后增长的功率与增压前的功率之比，用 φ 表示，计算式为

$$\varphi = \frac{P_{eb} - P_{eo}}{P_{eo}} = \frac{P_{eb}}{P_{eo}} - 1$$

式中　P_{eb}——发动机增压后的有效功率；

P_{eo}——发动机增压前的有效功率。

多数车用发动机的增压度在 0.1~0.6 的范围内，而高增压柴油机的增压度可达 3 以上。

（2）增压比　增压比是指增压后空气压力 p_b 与增压前空气压力 p_o 之比，用 π_b 表示，计算式为

$$\pi_b = \frac{p_b}{p_o}$$

增压发动机按增压比的大小可分为低增压（$\pi_b < 1.5$）、中增压（$1.5 < \pi_b \leq 2.5$）、高增压（$2.5 < \pi_b \leq 3.5$）和超高增压（$\pi_b > 3.5$）。

二、发动机增压的种类

按增压工作原理的不同，发动机增压可分为机械增压、涡轮增压和气波增压三种基本类型，对应的增压器称为机械增压器、涡轮增压器和气波增压器。

1. 机械增压器

机械增压器能有效提高发动机功率，与涡轮增压器相比，其低速增压效果更好。机械增压器由发动机曲轴经齿轮增速器驱动，或由曲轴同步带轮经同步带及电磁离合器驱动。由于机械增压器与发动机有直接的机械联系，故其变工况的瞬态响应性好、加速性好（尤其是低速时的加速性好），与发动机易匹配，结构也比较紧凑。但是，这种发动机驱动机械增压器要消耗发动机的输出功率，因此这种发动机的燃油经济性较差。机械增压器一般适用于小型汽油机或与涡轮增压器复合使用。

2. 涡轮增压器

涡轮增压器轴的一端是废气涡轮，另一端是压气机，吸入的空气在废气涡轮压缩后进入发动机气缸（有些加装有中间冷却器）。一般，涡轮增压器的增压压力可达 180~200kPa，最高甚至可达 300kPa。现代的涡轮增压器已经变得部件更少、体积更小、转速更高（高达 280 000r/min），空气压缩比已经达到 2~2.5∶1（汽油机）和 4~6∶1（柴油机）。

3. 气波增压器

气波增压器是使两种气体工质直接接触并通过压力波来传递能量的压力转换器，它的原理是利用发动机废气能量使进入气缸的气体增压。气波增压器由空气定子、燃气定子和转子

组成。空气定子与发动机进气管连接,燃气定子与排气管连接。转子由发动机曲轴通过传动带驱动,驱动功率为发动机功率的1%~1.5%。

三、增压柴油机的特点

(1) 压缩比减小 增压柴油机的压缩比 ε 减小,以降低最高压力值。一般,自然吸气柴油机的 ε 为16~19,而增压柴油机的 ε 为15~16。例如12V135型柴油机,增压前 ε 为16.5,而增压后则变为15。

(2) 喷油提前角减小 由于压缩终了点压力和温度的提高,使柴油点火滞后期缩短,故要适当减小喷油提前角,以防最大爆发压力过大。这是因为喷油提前角减小后可以减少在上止点前燃烧柴油的数量,从而使最高压力下降。但是,减小供油提前角的同时必须缩短供油持续时间,重新调整油束与气流的配合,与强化点火后燃烧相结合;否则后燃严重,导致排气温度升高,会增加油耗。因此,喷油压力要提高,那么喷油器喷孔孔径就要增大。

高速四冲程增压与自然吸气柴油机工作循环特点的参数比较见表6-1。

表6-1 高速四冲程增压与自然吸气柴油机工作循环特点的参数比较

机型	特征点 参数	进气终了	压缩终了	燃烧终了	膨胀终了	排气终了
增压	压力 p/MPa	0.12~0.25	5~9	9~16	0.5~0.8	0.12~0.13
	温度 t/℃	50~180	900~1 100	2 000~2 300	1 000~1 200	600~800
自然吸气	压力 p/MPa	0.08~0.095	3~5	6~9	0.2~0.4	0.105~0.12
	温度 t/℃	30~70	480~680	1 800~2 000	700~900	450~650

从表6-1中的参数值可以看到,增压柴油机的压力与温度都比自然吸气柴油机的高很多。因此,柴油机的气缸体、排气系统、曲柄连杆和活塞、活塞环等主要零部件的热负荷要比非增压柴油机大得多。

(3) 合理地增大气门重叠角和气门间隙 增大气门重叠角可以加强对气缸的"扫气",使较多的新空气进入气缸内冷却零件后再由排气管排出,从而降低了温度,减小了热负荷,并提高了充气效率。

由于柴油机温度提高后,会使零件的变形量增加,为保持配气机构的正常工作,就必须使气门间隙加大。

(4) 采用较大的过量空气系数 采用较大的过量空气系数可以使燃烧温度下降。增压柴油机热负荷增加后,其工况要比非增压柴油机恶劣,因此必须加强使用过程中的维修和保养工作。

四、涡轮增压

1. 涡轮增压的工作原理

增压柴油机工作时,来自柴油机排气管的废气进入涡轮,废气压力和可燃混合气中的热能使涡轮转动,并使与涡轮同轴的压气机转动,压气机的叶片将空气吸入并压缩,然后通过进气管和进气门进入柴油机的气缸内,如图6-9所示。离开涡轮的已经冷却和膨胀的废气由涡轮壳引向柴油机排气系统，然后排入大气。

进气压缩后，提高了充入气缸的空气密度，增加了进气量，在供油系统的良好配合下，使更多的柴油得以更充分地燃烧，从而提高了功率，并改善了燃油经济性。

2. 涡轮增压器

涡轮机与压气机通过中间体组装在一起，称为增压器。按废气在涡轮机中流动方向的不同，增压器可分为径流式和轴流式两大类。下面介绍径流式涡轮增压器的结构。

径流式涡轮增压器由离心式压气机（动力涡轮）、径流式涡轮机（增压涡轮）和中间体三部分组成，如图 6-10 所示。增压器轴 5 通过两个浮动轴承 9 支承在中间体 14 内。

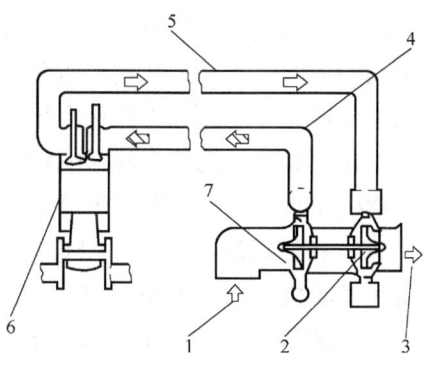

图 6-9　涡轮增压的工作原理
1—经过空气滤清器过滤的气流　2—涡轮
3—废气出口　4—压缩空气气流
5—发动机排气气流　6—气缸　7—压气机

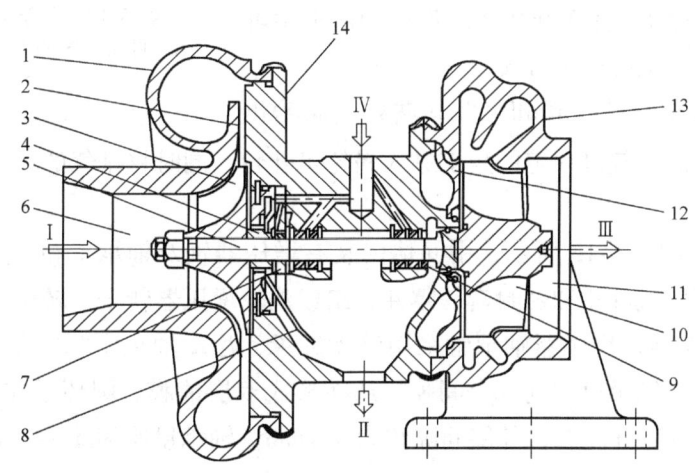

图 6-10　径流式涡轮增压器
1—压气机蜗壳　2—无叶式扩压管　3—压气机叶轮　4—密封套　5—增压器轴
6—进气道　7—推力轴承　8—挡油板　9—浮动轴承
10—涡轮机叶轮　11—出气道　12—隔热板　13—涡轮机蜗壳　14—中间体
Ⅰ—空气入口　Ⅱ—润滑油出口　Ⅲ—排气出口　Ⅳ—润滑油入口

（1）离心式压气机　如图 6-11 所示，离心式压气机由进气道、叶轮 2、叶片式扩压管 3 及蜗壳 4 组成。其中叶轮 2 包括压气机叶片 1 和轮毂，由增压器轴带动旋转。

当压气机旋转时，空气经进气道轴向进入叶轮 2，在离心力的作用下被压缩并被甩到叶轮外缘。空气从旋转的叶轮 2 获得能量，使其流速、压力和温度均有较大的提高，然后进入叶片式扩压管 3。扩压管是一个断面渐扩的通道，空气流过扩压管时流速降低，压

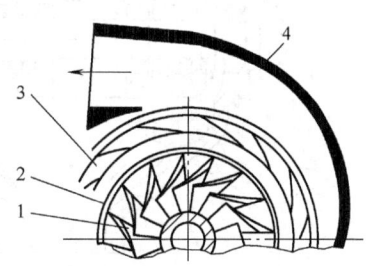

图 6-11　离心式压气机示意
1—压气机叶片　2—叶轮
3—叶片式扩压管　4—蜗壳

力和温度均升高,气流将在叶轮中得到的动能大部分转化为压力能。

压气机的扩压管分为叶片式和无叶式两种。无叶式扩压管实际上是由蜗壳和中间体侧壁所形成的环形空间。无叶式扩压管结构简单,工况变化时对压气机效率的影响较小,适用于车用增压器。叶片式扩压管是由相邻叶片构成的流道,其扩压比大,效率高,但结构复杂,工况变化时对压气机效率的影响较大。

蜗壳4收集从扩压器流出的空气,并继续将动能转化为压力能,引向压气机的出口。

（2）径流式涡轮机　如图6-12所示,径流式涡轮机是将发动机排气能量转化为机械功的装置,由蜗壳4、叶片式喷管3、叶轮1和出气道等组成。

蜗壳4的进口与发动机的排气管相连,发动机的排气经蜗壳4引导进入叶片式喷管3。喷管是相邻叶片构成的渐缩形流道。排气流过喷管时降压、降温、增速、膨胀,使排气的压力能转化为动能。由喷管喷出的高速气流冲击叶轮1,并在叶片2所形成的流道中继续膨胀做功,从而推动叶轮1旋转。

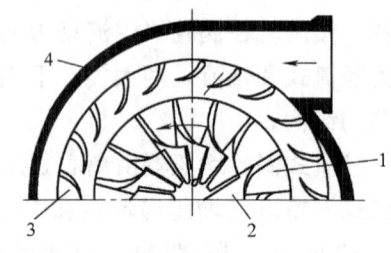

图6-12　径流式涡轮机示意
1—叶轮　2—叶片　3—叶片式喷管
4—蜗壳

涡轮机的喷管也有叶片式和无叶式两种。涡轮机的蜗壳引导发动机的排气以一定的角度进入涡轮机叶轮,同时将排气的压力能和热能部分地转化为动能。

（3）中间体　如图6-13所示,中间体内装有增压器轴及轴承1和4。增压器轴上安装有涡轮机叶轮、压气机叶轮和密封套等零件,组成涡轮增压器转子,转子以 $(10^5 \sim 2 \times 10^5)$ r/min 的转速高速旋转。增压器轴承常采用浮动轴承,浮动轴承实际上是套在轴上的圆环。圆环与轴以及圆环与轴承座之间都有间隙,从而形成双层油膜。圆环浮在轴与轴承座之间。一般内层间隙为0.05mm左右,外层间隙约为0.1mm。轴承壁厚为3~4.5mm,用锡铅青铜

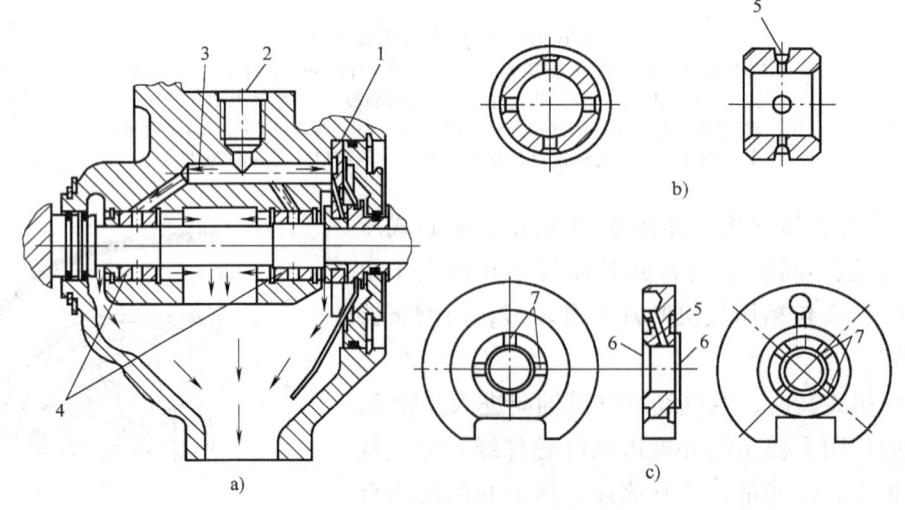

图6-13　中间体及其润滑
1—推力轴承　2—润滑油入口　3—润滑油道　4—浮动轴承　5—进油孔　6—止推面　7—布油槽

合金制成，轴承表面镀一层厚度为 0.005～0.008mm 的铅锡合金或金属铟。在增压器工作时，轴承在轴与轴承座的中间转动。

增压器轴与增压器轴承是保证涡轮增压器可靠性的关键部位，要确保良好的润滑与冷却。

来自发动机润滑系统主油道的润滑油，经增压器中间体上的润滑油入口 2 进入增压器润滑和冷却增压器轴和轴承；然后，经中间体上的润滑油出口返回发动机油底壳。在增压器轴上装有油封，用于防止润滑油窜入压气机或涡轮机蜗壳内。如果油封损坏，则将导致润滑油消耗量增加和排气冒蓝烟。

五、增压中冷

为了进一步提高发动机的功率，高增压式增压器一般要采用中间冷却器（简称中冷器），以降低压气机出口处的空气温度，使充气密度增加。

图 6-14 所示为涡轮增压中冷的工作原理，与非中冷机的原理基本相同，但是，涡轮增压中冷中空气经过压缩后先经过一个中间冷却器冷却，然后送入气缸。经过中间冷却器冷却后的空气，由于温度降低且密度增大，进入气缸的压缩空气量也就增加了，因而可以向气缸内喷射比单纯增压机型更多的柴油，使之更充分地燃烧。

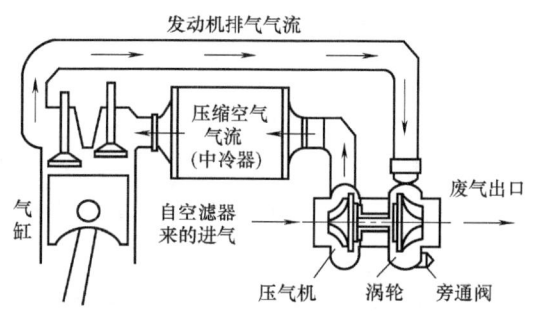

图 6-14 涡轮增压中冷的工作原理

>> 课后练习

一、填空题

1. 按增压工作原理的不同，发动机增压可分_____、_____和_____三种基本类型。

2. 涡轮增压器轴的一端是_____，另一端是_____。

二、名词解释

1. 废气再循环——

2. 增压度——

三、选择题

1. 影响增压与增压中冷柴油机工作的关键部件总成之一是（　　）。

   A. 喷油器　　　　　　B. 增压器　　　　　　C. 喷油泵

2. 下面不属于涡轮增压器的零件是（　　）。

   A. 涡轮　　　　　　B. 蜗壳　　　　　　C. 压缩机　　　　　　D. 泵体

3. 增压柴油热负荷增加，工况要比非增压柴油机（　　）。

   A. 降低　　　　　　B. 升高　　　　　　C. 恶劣　　　　　　D. 优良

四、判断题

1. 由于机械增压器与发动机有直接的机械联系，故其变工况的瞬态响应性好、加速性差（尤其是低速时的加速性差），与发动机易匹配，结构也比较紧凑。（   ）

2. 机械增压器能有效提高发动机功率，与涡轮增压器相比，其低速增压效果更好。
（   ）

五、简答题

简述涡轮增压的工作原理。

项目七　冷却系统及维修

【项目描述】

发动机在燃烧过程中，气缸内气体的温度高达2 200℃。而燃烧释放出的1/3热量转化成了有用功，其余的热量一部分随着废气排放到大气中，另一部分传递给了发动机的零件。冷却系统的主要功用是把受热零件吸收的部分热量及时散发出去，保证发动机在最适宜的温度状态下工作。本项目讲述发动机冷却系统及其维修方法。

【项目目标】

1）掌握发动机冷却系统的组成与功用。

2）掌握正确诊断并排除发动机冷却系统常见故障的方法。

任务　冷却系统的认知与维修

任务目标

知识目标：

1）了解发动机常用的冷却方式。

2）理解发动机冷却系统的工作过程。

3）熟悉发动机冷却系统的组成与功用。

4）掌握发动机冷却系统检查的注意事项。

5）清楚发动机冷却系统常见故障的产生机理。

能力目标：

1）能够正确拆装和检修发动机冷却系统的水泵、节温器、散热器和风扇传动带等主要部件。

2）能够正确检查发动机冷却系统的循环线路。

3）能够查阅相关标准和技术资料。

4）能够正确诊断并排除发动机冷却系统的常见故障。

素质目标：

1）吃苦耐劳、踏实工作、细致耐心、服务热情。

2）善于与客户沟通与交流，爱护客户车辆及备品。

3）维修或维护作业中操作规范，注重服务质量。

4）工作中讲究效率，积极探索新工艺和新方法。

任务描述

1）通过发动机冷却系统的水泵、节温器、散热器和风扇传动带等主要部件的检修实践，对发动机冷却系统的组成有所了解。

2）利用教学模型、多媒体课件以及发动机冷却系统实物对相关知识的学习，掌握发动机冷却系统的作用、组成、分类、常规维护与保养方法。

任务实施

一、水泵的检修

水泵常见的损坏形式：水泵壳体、卡环槽及叶轮破裂；带轮凸缘配合孔松动；水封变形、老化及损坏；泵轴、轴承磨损等。对水泵应进行如下

1）检查泵壳和带轮有无损伤。如果泵壳有裂纹，可进行焊接或更换；可在裂纹两端各钻直径为 2.5mm 的孔，沿裂纹开 V 形口，采用铸铁焊条乙炔焊时，必须在焊前对壳体件预热；也可以利用铸铁焊条采用电焊。若壳与盖的接合面变形大于 0.05mm，则应予以修平。

2）检查水泵轴有无弯曲，轴颈是否磨损超差，轴端螺纹有无损坏。水泵轴弯曲度大于 0.05mm 的应进行冷压校直；水泵轴一般用中碳钢制造，轴颈工作时经常发生磨损，轴颈磨损一般采用镀铬、镀铁法进行修复。

3）检查轴承的轴向间隙和径向间隙是否过大。如果轴承的轴向间隙大于 0.50mm，径向间隙大于 0.15mm，则应予以更换。

4）检查水泵叶轮的叶片有无破损，叶轮上的轴孔是否磨损过甚。叶片破损的应予以焊修或更换，轴孔磨损过甚的可进行镶套修复。

5）检查水封、胶木垫和弹簧等零件的磨损及损伤程度，如有损伤，应予以更换。

6）检查传动带轮毂与水泵轴的配合情况。泵轴孔磨损过甚的可进行镶套修复或更换。

二、散热器的检修

（1）散热器的清洗　散热器的清洗即清洗散热器的水垢，一般采用化学法，即利用酸类或碱类物质与水垢发生化学反应，生成可溶于水的物质，而将水垢清洗除去。

清洗时，一般采用循环法，即先用酸性溶液洗涤，再用碱性溶液冲洗中和，清洗时垢剂以一定的压力（一般为10kPa）在气缸体水套或散热器内循环。一般经 3~5min 后即可清洗完毕。

（2）散热器的检查　散热器的检查包括检查散热器盖漏气和检查散热器漏水两部分。

1）检查散热器盖漏气。检查散热器盖漏气情况是指在散热器盖上设置一台散热器检测器，对冷却系统施加规定的压力，一般加压到100kPa，观察压力表的指示压力，如图7-1所示，当指示压力值出现明显下降时，则说明冷却系统存在渗漏部位，应予以排除或更换散

热器。

2）检查散热器漏水。检查散热器漏水是指往散热器中注入规定量的水，放置一台散热器检测器，将水压增加到规定压力，检查散热器是否漏水，如图7-2所示。如果发生漏水，则修理散热器。如果漏水过多，则更换散热器。

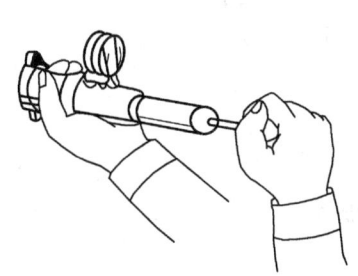

图7-1 检查散热器盖漏气

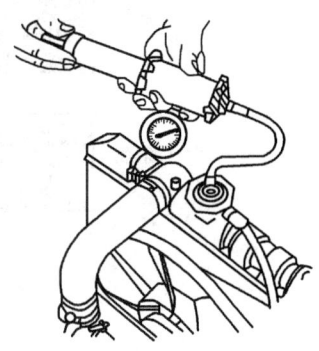

图7-2 检查散热器漏水

三、节温器的检修

检修节温器时，将节温器放在一个充满冷却液的容器内加热，用温度表监测其温度变化，如图7-3所示。当液温约为86℃时，节温器阀门必须开启。当液温约为105℃时，节温器阀门应完全打开，阀门最低行程为8mm。如果测量结果不符合这些要求，则应更换节温器。

四、风扇传动带的检修

用规定的力在风扇驱动带轮和交流发电机带轮之间半压下风扇传动带，测量其挠度，如图7-4所示。如果测量结果不符合出厂规格，则松开交流发电机安装螺钉，重新安放交流发电机，并进行调节。

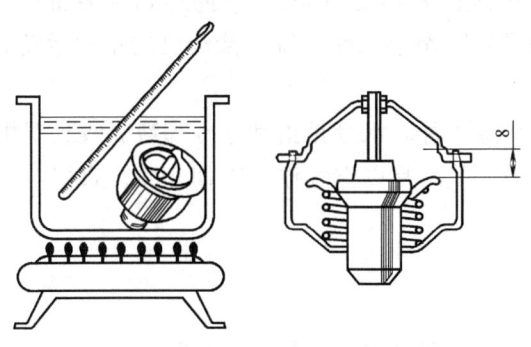

图7-3 节温器的检查

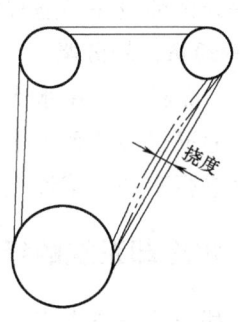

图7-4 检查风扇传动带

检查风扇传动带是否损伤，如图 7-5a 所示，如果风扇传动带损伤，则将其更换。检查风扇传动带是否磨损和陷入带轮槽中，如图 7-5b 所示，如果风扇传动带磨损得几乎不能再用或深陷带轮槽中，则将其更换。

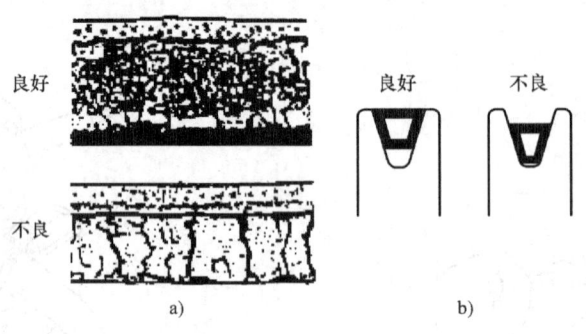

图 7-5　风扇传动带损伤和磨损
a）损伤　b）磨损

》》相关知识

一、冷却系统的功用及分类

1. 冷却系统的功用

发动机在燃烧过程中，气缸内气体的温度高达 2 200℃。而燃烧释放出的 1/3 热量转化成了有用功，其余的热量一部分随着废气排放到大气中，另一部分传递给了发动机的零件。零件在吸收了热量后温度升高，致使发动机温度过高，因而导致零件的机械强度降低，使用寿命缩短，甚至损坏；温度过高还会引起发动机进气量减少，燃烧不充分，使得发动机的动力性、燃油经济性以及功率下降；高温还使发动机的润滑油容易变质，造成零件润滑不良，加剧零件的磨损。但是，若发动机温度过低，则又会使发动机的热量损失增大，不利于混合气的形成和燃烧；发动机润滑油粘度增大，摩擦损失增加，润滑性能变差，加剧零件磨损，从而造成发动机功率下降、油耗增加。因此，在发动机上必须设置冷却系统。

冷却系统的功用是把受热零件吸收的部分热量及时散发出去，从而达到对柴油机冷却的目的，保证柴油机在最适宜的温度（80～90℃）状态下工作，维持柴油机的正常运转。

2. 冷却系统的分类

目前，柴油机采用水冷却系统和风冷却系统两种。水冷是指利用冷却液吸收高温机件的热量，然后通过冷却系统把热量散发到大气中。风冷是以空气作为冷却介质，直接对气缸体和气缸盖进行冷却。柴油机多采用水冷却系统。

二、水冷却系统的组成

水冷却系统主要由水泵、节温器、风扇和散热器等组成，如图 7-6 所示。

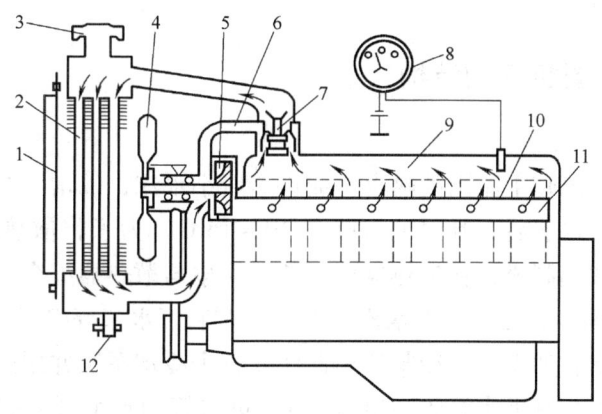

图 7-6 水冷却系统的组成
1—百叶窗 2—散热器 3—散热器盖 4—风扇 5—水泵 6—小循环管 7—节温器
8—冷却液温度表 9—气缸盖水套 10—机体水套 11—分水管 12—放水阀

大部分柴油机采用强制闭式循环水冷却系统，气缸盖采用横流式冷却，有利于受热机件温度场的均匀分布、排放的控制及柴油机性能的进一步强化。

三、水冷却系统冷却强度的调节

为使发动机适应不同环境条件（转速、负荷、环境和气候）的变化，要求能够调节冷却系统的冷却强度，保证发动机在最佳的温度状况下工作。在夏季高温地区，发动机处于低速、大负荷工况时，将因冷却强度不足而出现过热现象；在冬季寒冷地区，发动机以高速、小负荷工作时，将因冷却强度过强而出现过冷现象。

在冷却系统中，为了调节冷却强度所采取的措施是改变通过散热器的空气流量和冷却液流量，即利用节温器来控制通过散热器冷却液的流量。节温器处于冷却液循环的通路中，一般装在气缸盖出水口处，根据温度的不同，实现不同的冷却液循环方式（图 7-7）。

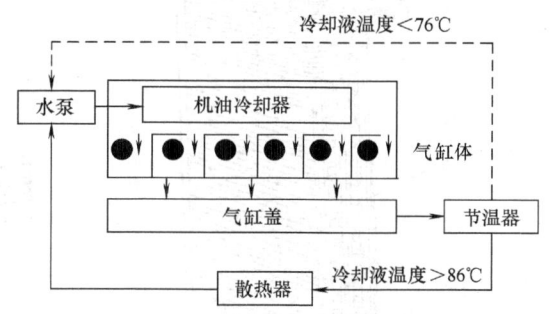

图 7-7 冷却液的循环路线

（1）小循环 当柴油机冷却液温度低于 76℃ 时，节温器关闭通往散热器的通路，冷却液进行小循环。冷却液小循环路线是水泵→气缸体→气缸盖→节温器→小循环连接管→水泵。

（2）大循环 当柴油机冷却液温度高于 86℃ 时，节温器关闭通往水泵小循环通路，从气缸盖水套流出的冷却液全部进入散热器进行散热。冷却液大循环路线是水泵→气缸体→气缸盖→节温器→散热器→水泵。

当柴油机冷却液温度介于 76~86℃ 之间时，节温器使两种循环都存在，这时只有部分冷却液流经散热器散热。

四、冷却系统主要机件的结构

1. 散热器

散热器的作用是将水套中流出的热水分成许多股小水流，以增大散热面积，加速冷却液的冷却。冷却液经过散热器后，其温度可降低 10～15℃。为了将散热器传出的热量尽快带走，散热器一般用铜和铝制成，在散热器后面装有风扇与散热器配合工作。

（1）散热器的结构　散热器由上水室、散热器芯和下水室等组成，如图7-8所示。

散热器上水室顶部有加水口，冷却液由此注入整个冷却系统并用散热器盖1盖住。在上水室2和下水室8分别装有进水管3和出水管7，进水管和出水管分别用橡胶软管与气缸盖的出水管和水泵的进水管相连。在散热器下面一般装有减振垫，以防止散热器因受振动而损坏。在出水管7上还有放水开关9，必要时可将散热器内的冷却液放掉。

按照散热器中冷却液流动的方向可将散热器分为纵流式和横流式两种。纵流式散热器芯竖直布置，上接上水室，下连下水室，冷却液由上水室自上而下地流过散热器芯进入下水室。横流式散热器芯横向布置，左、右两端分别为上、下水室，冷却液自上水室经散热器芯到下水室横向流过散热器。

（2）散热器芯的结构　散热器芯4（图7-8）由许多冷却管5和散热片6组成，设置散热片是为了增加散热器芯的散热面积。散热器芯的结构形式有多种，常用的有管片式、管带式和板式三种，如图7-9所示。

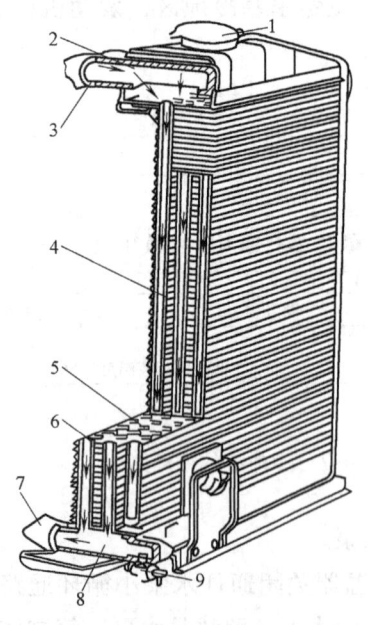

图7-8　散热器
1—散热器盖　2—上水室　3—进水管
4—散热器芯　5—冷却管　6—散热片
7—出水管　8—下水室　9—放水开关

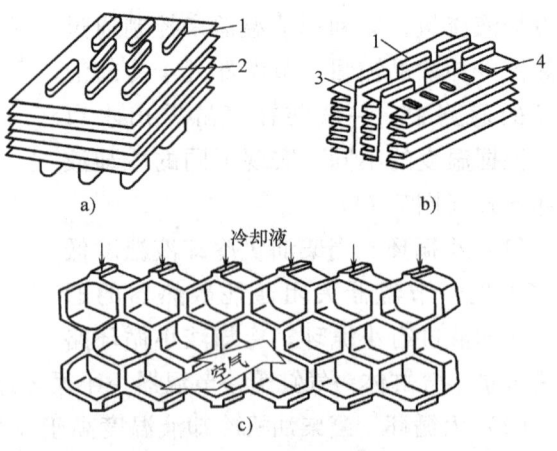

图7-9　散热器芯的结构
a）管片式　b）管带式　c）板式
1—冷却管　2—散热片
3—散热带　4—缝孔

管片式散热器芯（图7-9a）的冷却管的截面大多为扁圆形，用于连通上、下水室，是冷却液的通道。与圆形截面的冷却管相比，扁形管不但散热面积大，而且一旦管内的冷却液结冰膨胀，扁形管可以借其横截面变形而避免破裂。采用散热片不但可以增加散热面积，还可增大散热器的刚度和强度。管片式散热器芯强度和刚度都较好、耐高压，但制造工艺较复杂、成本高。

管带式散热器芯（图7-9b）采用冷却管和散热带沿纵向间隔排列的方式，散热带上的缝孔4是为了破坏空气气流在散热带上形成的附面层，使散热能力提高。管带式散热器芯散热能力强、制造工艺简单、成本低，但其刚度不如管片式散热器，多为轿车发动机采用。

板式散热器芯（图7-9c）的冷却液通道由成对的金属薄板焊合而成，散热效果好、制造简单，但焊缝多不坚固，容易沉积水垢且不易维修。

（3）散热器盖 散热器盖的作用是密封冷却系统并调节系统的工作压力。当发动机工作时，冷却液温度逐渐升高，由于冷却液容积膨胀，使得冷却系统内的压力增高。当压力超过预定值时，压力阀开启，一部分冷却液经溢流管流入补偿水桶，以防止冷却液胀裂散热器。当发动机停机后，冷却液温度下降，冷却系统内的压力也随之降低。当压力降到大气压力以下出现真空时，真空阀开启，补偿水桶内的冷却液部分地流回散热器，可以避免散热器被大气压力压坏。

目前，柴油机广泛采用压力式散热器盖，如图7-10所示。压力式散热器盖包括一个压力阀4和一个真空阀6，均为单向阀。发动机正常状态下阀门均关闭，使冷却系统与大气隔开。当冷却系统内的温度升高，蒸气压力升高到一定值时，压力阀弹簧受压缩打开阀门，过高的压力由溢流管释放掉，冷却系统内的压力下降，以防止散热器胀裂；当压力下降到一定值时，压力阀在弹簧的作用下又重新关闭。这样就使冷却系统内的压力稍高于大气压力，从而可提高冷却液的沸点。各种汽车发动机散热器盖阀门开启压力略有差别，一般超过大气压的2.6%~3.7%。

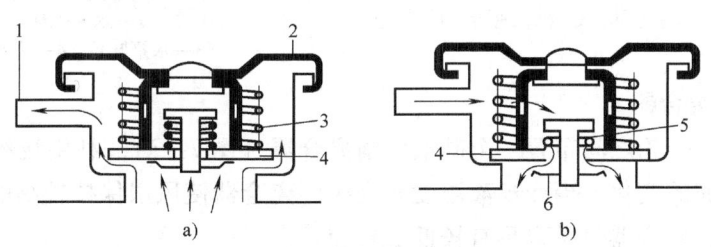

图7-10 压力式散热器盖
a）压力阀打开状态 b）真空阀打开状态
1—溢流管 2—加压盖 3—压力阀弹簧 4—压力阀 5—真空阀弹簧 6—真空阀

当散热器内的压力继续降低，直至低于某一值时，真空阀开启，使外部空气进入散热器，以防止散热器内产生真空；当散热器内的压力升高到一定值后，真空阀在其弹簧的作用下又重新关闭。

2. 膨胀罐

膨胀罐的作用是给冷却液提供一个膨胀空间，及时除去冷却液中积滞的空气及高温下产生的水蒸气，从而提高冷却效率。

膨胀罐的底面至少应高于柴油机水道顶部或散热器上水室顶部30mm以上。膨胀罐总容积占冷却系统总容积的10%。膨胀罐最低液面到膨胀罐底面的距离不小于35mm，且冷却液容积不能超过膨胀罐容积的2/3，以确保有足够的膨胀空间，防止喷水。

3. 水泵

水泵的功用是对冷却液加压，保证其在冷却系统中循环流动。柴油机都采用离心式水泵。水泵的结构如图7-11所示。

离心式水泵的基本工作原理如图7-12所示。水泵叶轮3固定在水泵轴2上，水泵壳体1安装在发动机气缸体上。发动机工作时，冷却系统内充满冷却液，曲轴通过带传动驱动水泵轴2并带动叶轮转动，从而使水泵腔内的冷却液也一起转动，在离心力的作用下，冷却液被甩向叶轮边缘，以切线方向从出水管5泵出。同时，叶轮中心部位形成一定的真空，将散热器内的冷却液经进水管4吸入泵腔，使整个冷却系统内的冷却液循环流动。

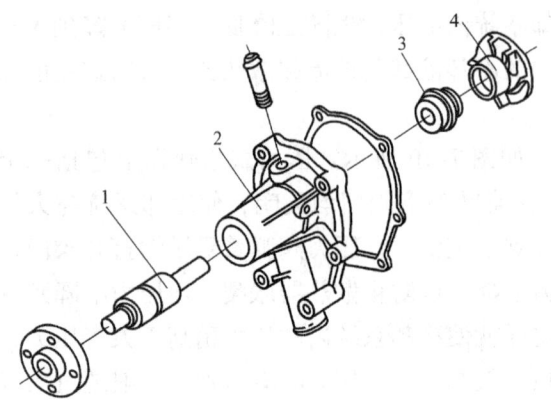

图7-11 水泵的结构
1—水泵轴 2—水泵泵体 3—机械密封 4—叶轮

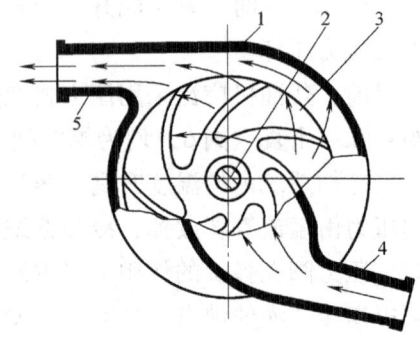

图7-12 离心式水泵的基本工作原理
1—水泵壳体 2—水泵轴
3—水泵叶轮 4—进水管 5—出水管

4. 硅油风扇离合器

在风扇和风扇带轮之间布置一个硅油风扇离合器（图7-13），利用流经散热器的空气温度来控制风扇转速的变化。当冷却液温度较高时，离合器使风扇保持较高的转速；在冷却液温较低的情况下，离合器使风扇具有较低的转速。

硅油风扇离合器的前盖2、壳体9和从动板8用螺钉1组成一体，靠轴承10安装在主动轴11上。风扇15安装在壳体9上。为了加强硅油的冷却效果，前盖板上铸有散热片。从动板8与前盖2之间空腔为储油腔，其中装有硅油（油面低于轴的中心线），从动板与壳体9之间的空腔为工作腔。主动板7固连在主动轴11上，主动轴11与水泵轴连接。主动板7与工作腔壁之间有一定的间隙，用毛毡密封圈3密封以防硅油漏出。从动板8上有进油孔A，平时由阀片6关闭，若偏转阀片6，则进油孔A即可打开。阀片6的偏转靠螺旋状双金属感温器4控制。从动板8上有凸台，限制阀片6的最大偏转角。感温器外端固定在前盖上，内端则卡在阀片轴5的槽内，从动板外缘有回油孔B，中心有漏油孔C，以防静态时从阀片轴周围泄漏硅油。

当发动机冷起动或小负荷下工作时，冷却液及通过散热器的气流温度不高，进油孔 A 被阀片 6 关闭，工作腔内无硅油，离合器处于分离状态。主动轴转动时，仅仅由于毛毡密封圈 3 和轴承的摩擦，使风扇随同壳体在主动轴上空转打滑，转速极低。

当发动机负荷增加时，冷却液及通过散热器的气流温度随之升高，感温器受热变形而带动阀片轴及阀片转动。当流经感温器的气流温度超过 65℃ 时，进油孔 A 被完全打开，于是硅油从储油腔进入工作腔。硅油十分粘稠，主动板即可利用硅油的粘性带动壳体和风扇转动。此时风扇离合器处于接合状态，风扇转速迅速提高。由于主动板转速高于从动板，因此受离心力的作用从主动板甩向工作腔外缘的油液压力比储油腔外缘的油液压力高，油液从工作腔经回油孔 B 流向储油腔，而储油腔又经进油孔 A 及时向工作腔补充油液。由此可见，在离合器

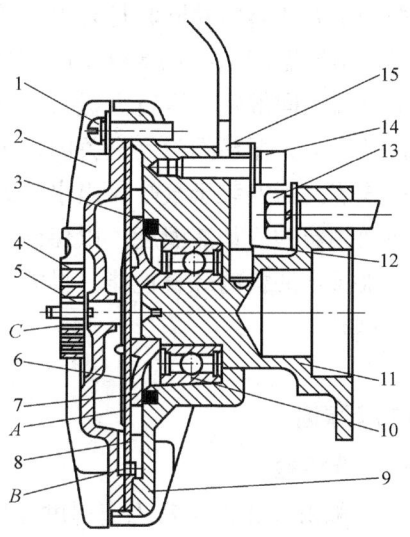

图 7-13 硅油风扇离合器
A—进油孔　B—回油孔　C—漏油孔
1—螺钉　2—前盖　3—毛毡密封圈
4—螺旋状双金属感温器　5—阀片轴
6—阀片　7—主动板　8—从动板　9—壳体
10—轴承　11—主动轴　12—销止板
13—螺栓　14—内六角圆柱头螺钉　15—风扇

接合风扇转动时，硅油是在储油腔和工作腔之间循环流动，这样可防止工作腔内的硅油温度过高，粘度下降，而影响离合器的正常工作。为使硅油从工作腔流回储油腔的速度加快，缩短风扇脱开时间，在从动板 8 的回油孔 B 旁，有一个刮油凸起伸入工作腔缝隙内，使回油孔一侧压力增高，回油加快。当发动机负荷减小，流经感温器的气流温度低于 35℃ 时，感温器恢复原状，并带动阀片将进油孔 A 关闭，工作腔中油液继续从回油孔流回储油腔，直到甩空为止。硅油风扇离合器又回到分离状态。

5. 节温器

节温装置是冷却系统的重要组成部分，大多数柴油机采用蜡式节温器，其结构如图 7-14 所示，主要由主阀门 2、副阀门 6、推杆 3、节温器壳体 7 和石蜡 4 等组成。推杆 3 的一端固定在支架 1 上，另一端插入胶管 5 的中心孔内。石蜡 4 装在胶管 5 与节温器壳体 7 之间的腔体内。

蜡式节温器的工作原理是利用精制石蜡受热体积急剧膨胀的特性，当冷却液温度小于 (76±2)℃ 时，大循环阀门在弹簧弹力的作用下处于关闭状态；当冷却液温度大于或等于 (76±2)℃ 时，节温器感应体受热使

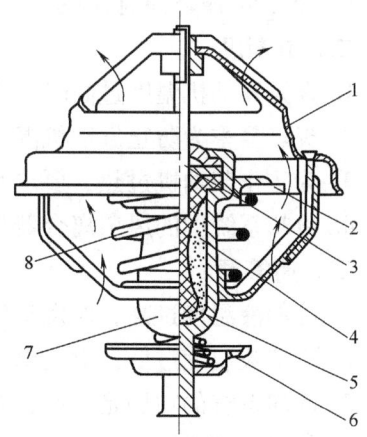

图 7-14 蜡式节温器的结构
1—支架　2—主阀门　3—推杆
4—石蜡　5—胶管　6—副阀门
7—节温器壳体　8—弹簧

石蜡熔化，其体积急剧膨胀，推动感应体外壳克服弹簧弹力的作用并向下移动，开始逐渐关闭下部的小循环阀门并同时打开上部的大循环阀门。

当冷却液温度达到约86℃时，大循环阀门开度达到最大值，而小循环阀门完全关闭，冷却液全部流向散热器进行大循环。当冷却液温度小于76℃时，石蜡体积收缩，在弹簧弹力的推动下，大循环阀门完全关闭，小循环阀门开度达到最大值，冷却液仅进行小循环。

蜡式节温器安装于气缸盖出水口处，用于控制冷却液通往散热器的流量，从而调节并控制流向散热器的冷却液温度，以保证冷却液的温度在正常范围内。

为确保柴油机的综合性能、排放指标及使用的耐久性，在正常使用时不要轻易卸掉蜡式节温器总成。

课后练习

一、选择题

1. 一般发动机的正常工作温度应保持在（　　）。
   A. 100~110℃　　B. 70~80℃　　C. 80~90℃　　D. 70~90℃
2. 硅油风扇离合器是利用（　　）来控制风扇离合器的。
   A. 大气温度　　　　　　　　B. 冷却液温度
   C. 散热器后面的气流温度　　D. 散热器前面的气流温度
3. 在水冷却系统中，冷却液的大、小循环路线由（　　）控制。
   A. 风扇　　　B. 百叶窗　　　C. 节温器　　　D. 分水管
4. 硅油风扇离合器的转速是依据（　　）变化而变化的。
   A. 冷却液温度　　B. 柴油机润滑油温度　　C. 散热器后面的气流温度
5. 在柴油机上拆除原有的节温器，则柴油机工作时冷却液（　　）。
   A. 只有大循环　　　　　　B. 只有小循环
   C. 大、小循环同时存在　　D. 冷却液将不循环

二、判断题

1. 夏天发动机温度过高时，应把冷却液放掉换用新的冷却液。（　　）
2. 炎热夏季为防止发动机温度过高，可以拆掉节温器。（　　）
3. 为防止柴油机过热，要求其工作温度越低越好。（　　）
4. 冷却系统中的风扇离合器是调节柴油机正常工作温度的一个控制元件。（　　）

三、简答题

1. 冷却液温度过高，对发动机有什么影响？怎样检查和排除发动机温度过高的故障？
2. 冷却液温度过低，对发动机有什么影响？怎样检查和排除发动机温度过低的故障？
3. 冷却系统的功用是什么？它主要由哪几部分组成？
4. 简述冷却系统的循环路线。
5. 简述蜡式节温器的结构及工作原理。

项目八　润滑系统及维修

【项目描述】

发动机工作时，各运动零件均以一定的力作用在另一个零件上并且发生高速的相对运动，有了相对运动，零件表面必然要产生摩擦，加速磨损。因此，为了减轻磨损，减小摩擦阻力，延长使用寿命，发动机上都必须装有润滑系统。本项目主要讲述发动机润滑系统及其维修方法。

【项目目标】

1) 掌握发动机润滑系统的组成与功用。
2) 掌握正确诊断并排除发动机润滑系统常见故障的方法。

任务　润滑系统的认知与维修

任务目标

知识目标：

1) 了解发动机常用的润滑方式。
2) 理解发动机润滑系统的工作过程。
3) 熟悉发动机润滑系统的组成与功用。
4) 掌握发动机润滑系统检查的注意事项。
5) 清楚发动机润滑系统常见故障的产生机理。

能力目标：

1) 能够正确拆装与检修发动机润滑系统的机油泵、机油集滤器和机油滤清器等主要部件。
2) 能够正确检查发动机润滑系统的循环线路。
3) 能够查阅相关标准和技术资料。
4) 能够正确诊断并排除发动机润滑系统的常见故障。

素质目标：

1) 吃苦耐劳、踏实工作、细致耐心、服务热情。
2) 善于与客户沟通与交流，爱护客户的车辆及备品。
3) 维修或维护作业中操作规范，注重服务质量。

4）工作中讲究效率，积极探索新工艺和新方法。

▶▶ 任务描述

1）通过拆装与检修发动机润滑系统的机油泵、机油集滤器和机油滤清器等主要部件，对润滑系统的结构有所了解。

2）利用教学模型、多媒体课件以及机油泵、机油集滤器和机油滤清器等主要部件实物对相关知识的学习，掌握柴油机润滑系统的作用、组成、分类和常规维护与保养方法。

▶▶ 任务实施

发动机润滑系统的技术状况直接影响整机的工作性能和使用寿命。润滑系统技术状况变差，将导致机件摩擦加剧，甚至引起发动机"拉缸"、"抱轴"等致命故障，使发动机丧失工作能力。润滑系统技术状况变化的主要标志是主油道压力过低和润滑油变质。

油压过低会破坏发动机的润滑条件，造成润滑、冷却和清洗不良，引起零件的粘着磨损，甚至粘着咬死。造成油压过低的原因有机油泵零件磨损过度、润滑系统各密封面和阀门泄漏、调压阀调整不当或失效、曲轴轴承间隙过大以及润滑油粘度过低和滤芯破裂等。

润滑油压力过高虽不常见，但它同样会破坏正常的润滑条件。造成油压过高的原因有润滑油粘度过大、变质结胶、滤芯不清洁、油道堵塞以及调压阀调整不当或不能开启等。

一、机油泵的检修

机油泵的主要损伤形式是由零件的磨损所造成的泄漏，使泵油压力降低和泵油量减少。机油泵的端面间隙、齿顶间隙、齿轮啮合间隙以及轴与轴承之间的间隙的增大，各处密封性和限压阀的调整都将影响泵油量和泵油压力。机油泵工作时，若润滑条件好，则零件磨损速度慢，使用寿命长，故可以根据其工作性能确定是否需要进行拆检和修理。

（1）齿轮式机油泵的检测　齿轮式机油泵的检测如图8-1所示。

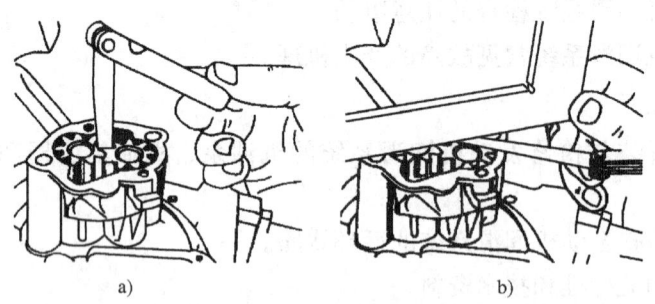

图8-1　齿轮式机油泵的检测
a）检查机油泵的齿间间隙　b）检查机油泵的端面间隙

1）用钢直尺和塞尺检查齿轮端面到泵盖端面的距离，即端面间隙，一般为0.05~0.15mm，磨损极限为0.20mm。

2）用钢直尺和塞尺检查泵盖端面的平面度，平面度误差若大于 0.05mm，则应修磨平面。

3）用塞尺检查齿顶与泵体之间的间隙，一般为 0.05~0.15mm，其磨损极限为 0.20mm。

4）用塞尺测量齿轮的啮合间隙（齿间间隙），应同时在相邻120°的三点上进行测量。间隙值一般为 0.05~0.20mm，三点齿隙相差不应超过 0.10mm。外接式机油泵的磨损极限为 0.25mm，内接式机油泵的磨损极限为 0.20mm。

（2）转子式机油泵的检测　对于转子式机油泵，应检查其端面间隙、啮合间隙和外转子与泵壳之间的间隙，如图 8-2 所示。

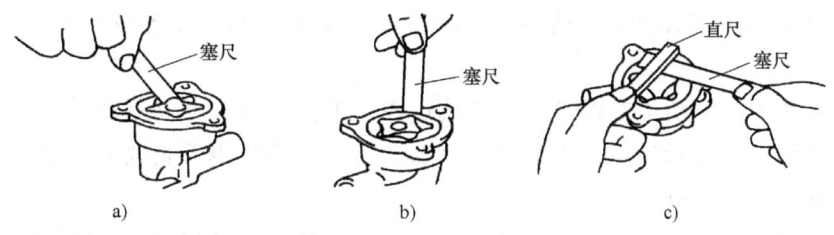

图 8-2　转子式机油泵的检测
a）检查内转子齿顶与外转子内廓面间的间隙　b）检查外转子与泵体间的间隙　c）检查转子的端面间隙

1）用塞尺测量内转子齿顶与外转子内廓面间的径向间隙，其间隙值应小于 0.15mm，极限值为 0.25mm。

2）用塞尺测量外转子与泵体之间的径向间隙，其标准值一般为 0.10~0.16mm，许用极限为 0.30mm。

3）用钢直尺与塞尺或游标深度尺测量泵体与转子之间的轴向间隙，其标准值一般为 0.03~0.09mm，许用极限为 0.20mm。

机油泵磨损后，若各部位间隙大于磨损极限，则应更换零件或总成。

二、机油滤清器的检修

（1）机油集滤器的检修　当发现柴油机的机油集滤器滤网破碎或折断时，应更换滤网组件。若滤网堵塞或阻力较大，则应置于柴油中清洗，用毛刷刷去滤网表面的所有脏物。

（2）机油粗滤器的检修　柴油机运行50h后，应将粗滤器滤芯组件置于清洁的柴油或汽油中漂洗，绝不能用毛刷洗刷。柴油机运转150h后，应更换滤芯组件。旁通阀和调压阀是按规定压力进行调整的，如无故障，绝对不能拆卸。如果发现漏油，则更换相关的密封垫。如果发现纸质滤芯破裂、扭曲或损坏，则应更换滤芯组件。

（3）机油细滤器的检修　离心式机油细滤器在使用中由于润滑油中的杂质在离心力的作用下甩到转子内壁并附着于转子内壁上，在柴油机运转200h后，应清洗转子内壁，清除杂质。清洗时，可将转子浸于柴油或煤油中，用毛刷刷去内壁的污物。

相关知识

一、润滑系统的功用及组成

发动机工作时,各运动零件均以一定的力作用在另一个零件上并且发生高速的相对运动,有了相对运动,零件表面必然产生摩擦,加速磨损。因此,为了减轻磨损,减小摩擦阻力,延长使用寿命,发动机上都必须装有润滑系统。

1. 润滑系统的功用

润滑系统的功用就是强制把压力润滑油不断地输送到各运动零件的摩擦表面,从而形成油膜,减小摩擦阻力,保证柴油机的正常使用。

（1）润滑作用　润滑油在运动零件的所有摩擦表面之间形成连续的油膜,以减小零件之间的摩擦。

（2）冷却作用　润滑油在循环过程中流过零件工作表面,可以降低零件的温度。

（3）清洗作用　润滑油可以带走摩擦表面产生的金属碎屑及冲洗掉沉积在气缸、活塞、活塞环及其他零件上的积炭。

（4）密封作用　附着在气缸壁、活塞及活塞环上的油膜可起到密封防漏的作用。

（5）防锈作用　润滑油有防止零件发生锈蚀的作用。

2. 润滑方式

根据润滑强度的不同,柴油机润滑系统采用的润滑方式有如下几种：

（1）压力润滑　压力润滑是指以一定的压力把润滑油供入摩擦表面,形成具有一定厚度并承受机械负荷的油膜,尽量将两个摩擦零件完全隔开,从而实现可靠的润滑。这种方式主要用于主轴承、连杆轴承及凸轮轴承等负荷较大的摩擦表面的润滑。

（2）飞溅润滑　利用发动机工作时运动零件（主要是曲轴和凸轮轴）溅泼起来的油滴或油雾润滑摩擦表面的润滑方式,称为飞溅润滑。这种方式主要用来润滑负荷较轻的气缸壁面和配气机构的凸轮、挺柱、气门杆以及摇臂等零件的工作表面。

（3）润滑脂润滑　对一些不太重要、分散的部位,通过定期加注润滑脂来润滑零件的工作表面,称为润滑脂润滑。例如柴油机水泵、发电机及起动机等的轴承的润滑,都采用这种方式。

3. 润滑系统的组成与油路

（1）润滑系统的组成　润滑系统一般由油底壳、机油泵、机油滤清器及润滑油道等组成,如图 8-3 所示。

　油底壳用来存储润滑油。机油泵大多装在曲轴箱内,也有装在曲轴箱外的。按过滤功能的不同,机油滤清器分为机油集滤器、机油粗滤器和机油细滤器。机油集滤器串装在机油泵进油口之间,机油粗滤器串装在机油泵出口与主油道之间,机油细滤器并装在主油道中。润滑油道有主油道和分支油道,是润滑系统的重要组成部分,直接在气缸体和气缸盖上加工出来,用于向各润滑部位输送润滑油。

（2）润滑系统的油路　以玉柴 YC6108ZLQB 型柴油机润滑系统压力润滑油路为例,对润滑系统的油路进行说明。

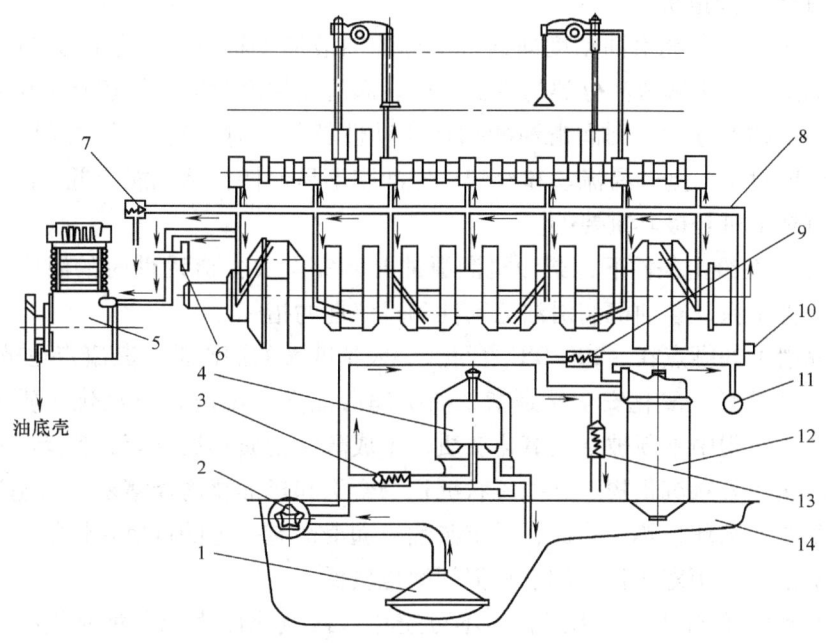

图 8-3 柴油机润滑系统的组成
1—机油集滤器 2—机油泵 3—离心式机油细滤器调节阀 4—离心式机油细滤器 5—空气压缩机
6—惰齿轮 7—限压阀 8—主油道 9—机油粗滤器旁通阀 10—油压过低报警器 11—机油压力表
12—机油粗滤器 13—机油粗滤器调压阀 14—油底壳

如图 8-4 所示，玉柴 YC6108ZLQB 型润滑油路的走向为油底壳→机油集滤器→机油泵→机油滤清器（包括机油粗滤器和机油细滤器、旁通阀）→机油冷却器→主油道→横向油道→曲轴的各主轴承、凸轮轴轴承和增压器，最终对曲轴主轴颈、凸轮轴轴颈、增压器、惰轮轴及活塞等进行压力润滑。

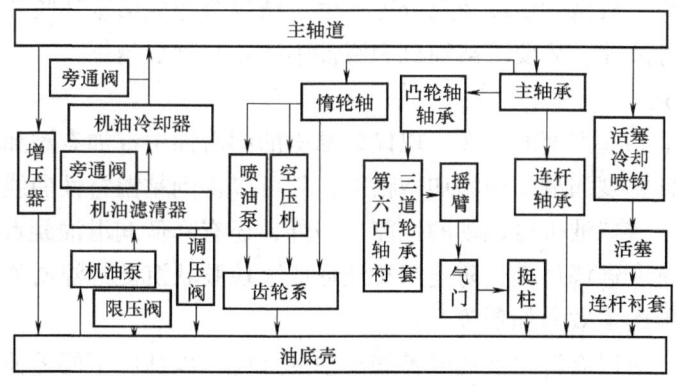

图 8-4 玉柴 YC6108ZLQB 型柴油机润滑系统油路

二、润滑剂

发动机的润滑剂包括润滑油和润滑脂两种。

1. 润滑油的性能指标

（1）润滑油粘度　润滑油粘度即通常所称的油液稀稠程度，是柴油机润滑油最主要的性能参数，也是柴油机润滑油分类的主要依据。润滑油粘度对柴油机正常工作与磨损的关系极为密切，如果粘度过大，则润滑油的循环流动性就差，对运动零件的冷却和清洗也就不好；而如果粘度过小，则容易流动和冷却，但油膜不易保持，承载能力低。因此，选择合适的润滑油，对柴油机是极其重要的。

（2）凝点　在给定条件下，柴油机润滑油开始完全失去流动性时的温度称为凝点。凝点是在低温条件下保证柴油机润滑油流动性和过滤性的指标。

柴油机润滑油的凝点在-20～0℃之间。一般粘度大的润滑油，其凝点也较高。

（3）氧化安全性　氧化安全性是指柴油机润滑油在高温时抵抗氧化变质的能力。柴油机润滑油在使用过程中不断被空气氧化变质，生成酸性物质和沥青等，色泽暗黑，粘度与酸值增加，最后析出胶状沉积物。这些胶状沉积物会引起机油滤清器堵塞、活塞环在环槽中被粘结以及活塞与活塞环过热。因此，要求柴油机润滑油有一定的抗氧化性能。氧化安全性好的柴油机润滑油的使用寿命长，润滑油消耗率也较低。

（4）防腐性　润滑油在使用过程中不可避免地被氧化而生成各种有机酸。这类酸性物质对金属零件有腐蚀作用，可使由铜铅和镉镍制成的轴承表面出现斑点、麻坑或使合金层剥落。

（5）闪点　润滑油加热时表面会形成油气，当加热到某一温度时，散布在油面上的油气一旦遇到外界明火即开始燃烧，这个开始燃烧的最低温度称为润滑油的闪点。闪点低的润滑油易于蒸发。闪点是润滑油在储存、运输和使用中的安全指标。柴油机润滑油的闪点为140～215℃。

（6）残炭　柴油机润滑油在规定条件下加热蒸发，形成的焦炭残留物即残炭。残炭反映了柴油机润滑油倾向于产生结炭的程度，以及产生结炭的多少。残炭中的主要成分为胶质、沥青质、游离炭、机械杂质以及灰分等。由于结炭会造成活塞环咬死、轴承轴瓦表面擦伤以及润滑油变质等故障，故要求柴油机润滑油中的残炭越少越好。

2. 润滑油添加剂

为了提高润滑油某些方面的品质，现代柴油机的润滑油中都加有添加剂，如增加润滑油粘度的增粘剂。在低粘度润滑油中添加增粘剂，就可以得到粘温特性曲线平坦的稠化柴油机润滑油，特别适于改善柴油机冷起动的性能。另外，还有降低润滑油凝点的降凝剂，抗氧化和抗腐蚀的抗氧、抗腐蚀添加剂，防止润滑油形成大块胶状沉淀的浮游添加剂，以及改善柴油机润滑油多种性能的多效添加剂等。

加入添加剂后，可以有针对性地改善润滑油的性能，以适应不同的使用要求。但是，加入添加剂的量要按规定加以控制，否则会适得其反。另外，不同的柴油机润滑油不能混合使用，同一种添加剂对不同来源的润滑油作用各有不同，某一添加剂可能对某种润滑油不起作用，甚至起反作用。此外，使用有添加剂的柴油机润滑油时，轴承轴瓦表面会形成暗色保护膜，这是正常现象，不要刮去。

3. 润滑油的选用

确定润滑油性能的指标很多，其中最主要的是粘度。由于润滑油粘度与温度有关，故在冬天或寒冷地区，尤其是高寒地区，要使用粘度较小的润滑油。否则，将因润滑油粘度过大、流动性差而不能输送到零件摩擦面的间隙中去；而且，粘度大还会影响起动性能，使得柴油机冬季起动特别困难。夏天或热带地区，则要使用粘度大一些的润滑油，否则将因使用的润滑油粘度过小，润滑油压力下降，油压送不到所有的工作部位，发动机得不到可靠的润滑。

应当注意，汽油机所使用的润滑油牌号与柴油机的润滑油牌号是不同的。汽油机用润滑油牌号为 6 号、10 号、15 号等，号数越大，则润滑油的粘度也越大。柴油机常用的润滑油牌号为 20W/40、15W/40、10W/30、5W/20 和 2W/20 五种。

柴油机润滑油的含硫量及酸度比汽油机的高，而且柴油机工作过程中易于结炭，容易污染润滑油。此外，柴油机的机械负荷和热负荷要比同等排量的汽油机大，因此，对润滑油的油品要求要高一些。为此，柴油机润滑油中加有特殊成分的添加剂。

如果把汽油机用的润滑油加到柴油机上使用，则容易引起轴瓦腐蚀和剥落，也容易烧瓦。

柴油车使用说明书对所选用的润滑油牌号按冬、夏季分别作出了规定，用户必须按规定加注润滑油，不可任意改变。只有按规定的牌号和粘度加注润滑油，才能保证有良好的润滑，又使润滑油消耗不大。

表 8-1 按国家标准《柴油机油》（GB 11122—2006）列出了各种牌号的润滑油及其使用范围。必须明确，高档润滑油不一定适合柴油机的工作条件。例如航空用润滑油，其质量相当高，但没有柴油机润滑油所需的添加剂，故一般不适用于柴油机。

表 8-1 柴油机润滑油的适用范围

牌 号	适 用 范 围
2W/20	适用于寒冷地区
5W/20	适于长江以北地区全年与寒冷地区夏季使用
10W/30	适于长江以南地区全年与全国夏季使用
15W/40	适用于高速车用柴油机
20W/40	适用于增压柴油机

对于新购或刚经过大修的柴油机，应在柴油机运转 50h 后更换润滑油；对于正常运转的柴油机，应在柴油机累计运转 150h 后更换润滑油，这将延长柴油机的使用寿命。

4. 润滑脂

润滑脂是将稠化剂掺入液体润滑剂中所制成的一种稳定的固体或半固体产品，其中可以加入旨在改善润滑脂某种特性的添加剂。润滑脂在常温下可附着于垂直表面而不流淌，并能在敞开或密封不良的摩擦部位工作，具有其他润滑剂所不能代替的特点。

三、润滑系统的主要部件

1. 机油泵

机油泵的功用是保证润滑油在润滑系统内循环流动，并在发动机任何转速下都能以足够高的压力向润滑部位输送足够数量的润滑油。

柴油机上采用的机油泵有齿轮式和转子式两种。

(1) 齿轮式机油泵　如图 8-5 所示，齿轮式机油泵由驱动轴 5、机油泵主动齿轮 6、从动轴、机油泵从动齿轮 2 和机油泵泵体 1 等组成，两个齿数相同的齿轮相互啮合，装在壳体内，齿轮与壳体之间的径向间隙和端面间隙很小。主动轴与主动齿轮采用键连接，从动齿轮空套在从动轴上。

工作时，主动齿轮带动从动齿轮反向旋转。两齿轮旋转时，充满在齿轮与齿槽之间的润滑油沿机油泵壳壁由进油腔带到出油腔，在进油腔一侧由于齿轮脱开啮合以及润滑油被不断地带出而产生真空，使油底壳内的润滑油在大气压力作用下经机油集滤器进入进油腔，而在出油腔一侧则由于齿轮进入啮合以及润滑油被不断地带入而产生挤压作用，润滑油以一定的压力被泵出。

为了防止封闭在轮齿间径向间隙内的油压过高而引起的工作阻力增大和机油泵轴衬套磨损加快，在泵盖上加工有泄压槽 4，使轮齿间径向间隙内的润滑油经泄压槽 4 流入出油腔。

在机油泵齿轮与泵盖之间加有垫片进行密封，同时可以通过调整垫片厚度来调整齿轮端面间隙在 0.05 ~ 0.20mm。该间隙过大，则润滑油压力会下降，导致泵油量减少。

齿轮式机油泵由曲轴或凸轮轴经中间传动机构驱动，其结构简单、机加工方便、工作可靠且使用寿命长，因而应用较广泛。

(2) 转子式机油泵　如图 8-6 所示，转子式机油泵由内、外转子等零件组成。内转子 4 有多个凸齿，外形为次摆线，固定在机油泵传动轴上，由机油泵齿轮驱动。外转子 3 有比内转子多一个的凹齿，它自由地安装在机油泵泵体 2 内，并与内转子 4 啮合转动。内、外转子 4 和 3 有一定偏心距，它们与机油泵泵体和泵盖共同组成了进油腔 A、过渡油腔 B 和出油腔 C。

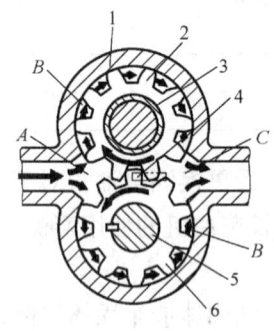

图 8-5　齿轮式机油泵
A—进油腔　B—过渡油腔　C—出油腔
1—机油泵泵体　2—机油泵从动齿轮　3—衬套
4—泄压槽　5—驱动轴　6—机油泵主动齿轮

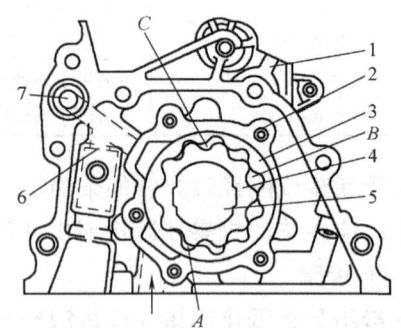

图 8-6　转子式机油泵
A—进油腔　B—过渡油腔　C—出油腔
1—发动机机体　2—机油泵泵体　3—外转子
4—内转子　5—驱动轴　6—安全阀　7—出油孔

机油泵工作时，内转子带动外转子旋转，进油腔容积不断地由小变大，腔内产生一定的真空度，润滑油从油底壳被吸入进油腔 A，随后经过过渡油腔 B，再进入出油腔 C，出油腔容积由大变小，使润滑油压力升高，然后送往各润滑油道。

2. 安全阀

机油泵必须在发动机各种转速下都能供给足够数量的润滑油，以维持足够的润滑油压力，保证发动机的润滑。机油泵的供油量与其转速有关，而机油泵的转速又与发动机转速成正比。因此，在设计机油泵时，都是使其在低速时有足够大的供油量。但是，在高速时机油泵的供油量明显偏大，润滑油压力也显著偏高。另外，在发动机冷起动时，润滑油粘度大，流动性差，润滑油压力也会大幅度升高。为了防止油压过高，在润滑油路中设置安全阀或限压阀。一般，安全阀装在机油泵或发动机机体的主油道上。当安全阀安装在机油泵上时，如果油压达到规定值，则安全阀开启，多余的润滑油返回机油泵进口。如果安全阀安装在主油道上，则当油压达到规定值时，多余的润滑油经过安全阀流回油底壳。

3. 机油滤清器

机油滤清器的功用是滤除润滑油中的金属磨屑、机械杂质和润滑油氧化物。如果这些杂质随同润滑油进入润滑系统，将加剧发动机零件的磨损，还可能堵塞油管或油道。

柴油机上的机油滤清器有机油集滤器、机油粗滤器和机油细滤器。

（1）机油集滤器　机油集滤器安装在油底壳润滑油的入口，用来滤除润滑油中粗大的杂质。

机油集滤器有浮式和固定式两种。浮式机油集滤器（图8-7）的浮筒3能随着油底壳中油面的高低浮动，始终浮在油面上，以吸入上层清洁的润滑油。滤网2采用金属丝编织，有弹性，中央有环口，一般情况下，借助滤网的弹性，环口压紧在浮筒罩1上。浮筒罩边缘有缺口，浮筒罩1与浮筒3装合后形成进油狭缝。正常工作时，润滑油从油底壳经进油狭缝和滤网2进入吸油管4（图8-7a），粗大的杂质被滤网滤除。当滤网2被杂质堵塞时，滤网上方的真空度提高，将滤网2吸向上方，环口离开浮筒罩1，润滑油经进油狭缝和环口直接进入吸油管4（图8-7b），以防止供油中断。

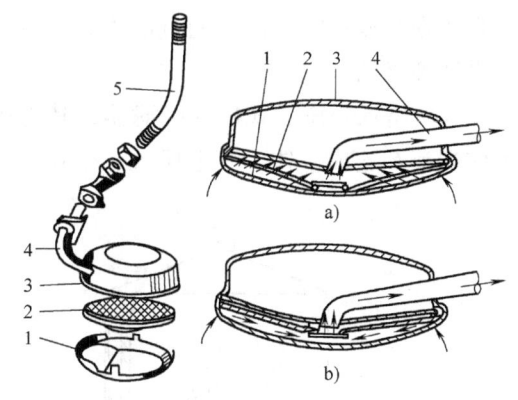

图8-7　机油集滤器
a）滤网未堵塞　b）滤网堵塞
1—浮筒罩　2—滤网　3—浮筒
4—吸油管　5—固定油管

浮式机油集滤器由于浮在润滑油油面上，容易吸入油面的泡沫而使润滑油压力下降，可靠性变差。而固定式机油集滤器的浮筒淹没在油面下，其他结构与浮式集滤器类似。固定式机油集滤器虽然容易吸入油底壳底部的杂质，但可以防止泡沫吸入，润滑可靠，故基本取代了浮式集滤器。

（2）机油粗滤器　机油粗滤器多为过滤式，用于滤去润滑油中粒度较大（直径在0.05～0.10mm以上）的杂质。机油粗滤器对润滑油的流动阻力较小，因此可以串联在机油泵与主油道之间。如图8-8所示，润滑油从纸滤芯的外围进入滤清器中心，然后经出油口流入机体的主油道。润滑油流过滤芯时，其中的杂质被截留在滤芯上。如果滤清器使用时间达到了更换周期，就把整个滤清器拆下换上新滤清器。纸滤芯由经过酚醛树脂处理的微孔滤纸制成，这种滤纸具有较高的强度以及较好的抗腐蚀性和抗湿性。纸滤芯则具有重量轻、体积小、结构简单、滤清效果好、阻力小和成本低等优点，因而得到了广泛的应用。机油滤清器的滤芯还可以采用其他纤维滤清材料制作。

（3）机油细滤器　机油细滤器主要滤去润滑油中的细小杂质（直径在 0.001～0.005mm 之间），其流量小、阻力大，润滑油流量不超过机油泵流量的

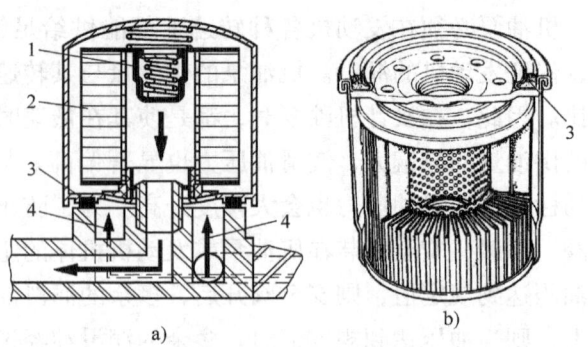

图 8-8　机油粗滤器
a）滤清器　b）纸质滤芯总成
1—安全阀　2—纸滤芯
3—密封圈　4—来自机油泵的润滑油

10%～15%。因此，多数机油细滤器的安装方法为分流式，即与机体的主油道并联。机油细滤器有过滤式机油细滤器和离心式机油细滤器。过滤式存在着滤清能力与通过能力的矛盾，而离心式则有滤清能力高，通过能力大，且不受沉淀物影响等优点。因此，柴油机上多用离心式机油细滤器。

图 8-9 所示为离心式机油细滤器，其壳体 1 上固定着带中心孔的转子轴 3。转子体 14 与转子体端套 6 连成一体，其上压入三个衬套 13，套在转子轴上可以自由转动。压紧螺母 12

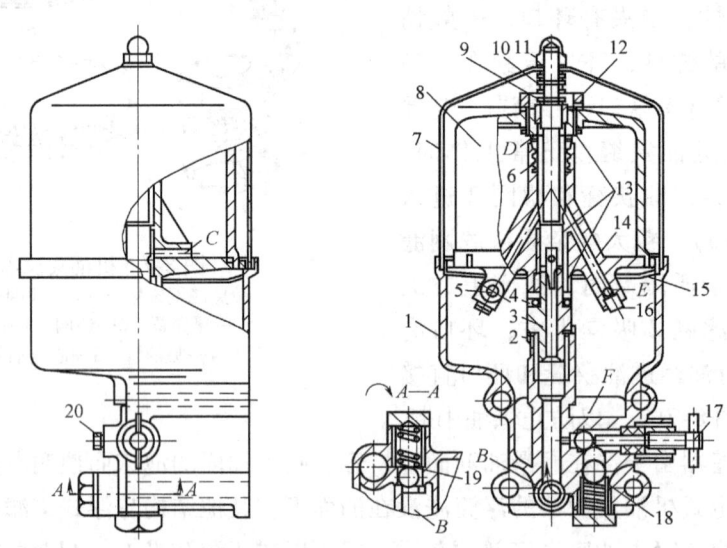

图 8-9　离心式机油细滤器
1—壳体　2—锁片　3—转子轴　4—止推轴承　5—喷嘴　6—转子体端套　7—滤清器盖
8—转子盖　9—支承垫　10—弹簧　11—压紧螺套　12—压紧螺母　13—衬套　14—转子体
15—挡板　16—螺塞　17—调整螺钉　18—旁通阀　19—进油限压阀　20—管接头
B—滤清器进油孔　C—出油孔　D—进油孔　E—通喷嘴油道　F—滤清器出油孔

将转子盖 8 与转子体紧固在一起。转子下面装有止推轴承 4。转子上面装有支承垫 9，并用弹簧 10 压紧，以限制转子的轴向移动。整个转子用滤清器盖 7 盖住，压紧螺套 11 将滤清器盖 7 固定在壳体 1 上。转子下端装有两个水平安装的互成反向的喷嘴 5。

发动机工作时，从机油泵来的润滑油进入滤清器进油孔 B。当油压较低（低于 0.1 MPa）时，进油限压阀 19 关闭，润滑油不进入机油细滤器而全部供入机体的主油道，以保证发动机可靠润滑。当油压高于 0.1 MPa 时，进油限压阀 19 被顶开，润滑油沿外壳和转子轴的中心孔，经出油孔 C 进入转子内腔，然后经进油孔 D 和通喷嘴油道 E 从两个喷嘴喷出。于是，转子在喷射反作用力的推动下便高速旋转。当油压为 0.3 MPa 时，转子转速高达 5 000 ~ 6 000 r/min。由于转子内腔的润滑油随着转子高速旋转，润滑油中的机械杂质在离心力的作用下被甩向转子壁。因此，由进油孔 D 进入并经喷嘴喷出的是清洁的润滑油。喷出的润滑油经滤清器出油孔 F 流回油底壳。

（4）复合式机油滤清器　为了提高对润滑油的过滤效果，有的发动机采用双滤芯机油滤清器，称为复合式滤清器（图 8-10）。正常情况下，从机油泵来的润滑油经进油口进入外滤芯（粗滤芯）6，再进入内滤芯（细滤芯）7，然后经中心油道从出油口流向主油道。

当内滤芯堵塞时，内滤芯前后压差达 0.09 ~ 0.1 MPa 时，旁通阀 15 打开，润滑油从旁通阀流向主油道；当外滤芯堵塞时，外滤芯前后压差达 0.2 ~ 0.25 MPa 时，安全阀 3 打开，润滑油从安全阀流向主油道。

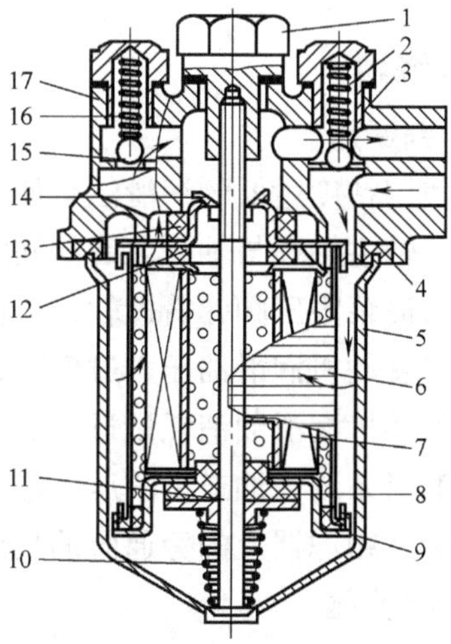

4. 机油散热器和机油冷却器

由于增压柴油机功率大，机体和气缸盖温度高，仅靠油底壳的自然冷却是不够的，因此还设有专门的机油散热装置，如安装在冷却液散热器前面的机油散热器和机油冷却器。

图 8-10　复合式机油滤清器
1—拉杆螺母　2—安全阀弹簧　3—安全阀
4—橡胶垫　5—壳体　6—外滤芯（粗滤芯）
7—内滤芯（细滤芯）　8—橡胶下油封
9—橡胶密封圈　10—滤芯底座弹簧　11—拉杆螺栓
12—橡胶上油封　13—密封圈　14—锁紧螺母
15—旁通阀　16—旁通阀弹簧　17—滤清器盖

（1）机油散热器　机油散热器是利用柴油机冷却液对润滑油进行冷却的，主要由散热管、限压阀、开关和进、出水管等组成。机油散热器的结构与冷却液散热器的相似。

机油散热器一般安装在冷却液散热器的前面，与机体的主油道并联。机油泵工作时，一方面将润滑油供给主油道，另一方面经限压阀、机油散热器开关和进油管进入机油散热器内，冷却后从出油管流回油底壳，如此循环流动。

（2）机油冷却器　将机油冷却器置于冷却液回路中，利用冷却液的温度来控制润滑油的温度。当润滑油温度高时，靠冷却液降温，在发动机起动时，则从冷却液吸收热量使润滑油迅速提高温度。机油冷却器由铝合金铸成的壳体、冷却器芯、安全阀和机油滤清器等组成，如图 8-11 所示。冷却液在管外流动，润滑油在管内流动，两者进行热量交换；也有使润滑油在管外流动,而冷却液在管内流动的结构。

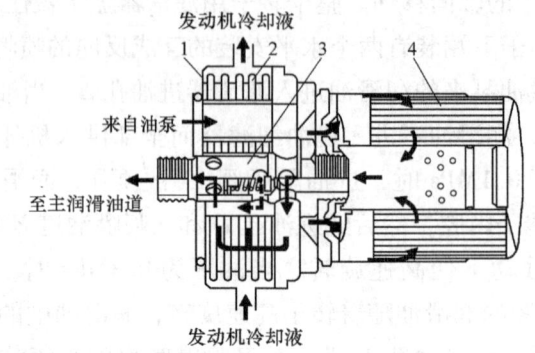

图 8-11　机油冷却器
1—冷却器壳体　2—冷却器芯　3—安全阀　4—机油滤清器

> 课后练习

一、判断题

1. 使用粘度过低的润滑油会使润滑油压力过高。　　　　　　　　　　　　（　　）
2. 曲轴主轴颈与轴承之间的间隙过大,会造成润滑油压力过低。　　　　　（　　）
3. 机油泵限压阀弹簧过软,会使机油压力过低。　　　　　　　　　　　　（　　）
4. 当发动机润滑油压力过低时,必须更换机油泵。　　　　　　　　　　　（　　）
5. 发动机润滑油消耗量过多的主要原因是润滑油压力过高。　　　　　　　（　　）
6. 润滑系统主油道中的压力越高越好。　　　　　　　　　　　　　　　　（　　）
7. 装在粗滤器上的旁通阀的功用是限制主油道的最高压力。　　　　　　　（　　）

二、简答题

1. 润滑油压力过低对发动机有什么影响?怎样检查和排除润滑油压力过低的故障?
2. 润滑系统的功用有哪些?它主要由哪几部分组成?
3. 试用框图表示柴油机的润滑系统。

三、选择题

1. 当转子式机油泵工作时（　　　）。

A. 外转子转速低于内转子转速　　B. 外转子转速高于内转子转速

C. 内、外转子转速相等

2. 在柴油机润滑系统中,润滑油的主要流向是（　　　）。

A. 机油集滤器→机油泵→粗滤器→细滤器→主油道→油底壳

B. 机油集滤器→机油泵→粗滤器→主油道→油底壳

C. 机油集滤器→机油泵→细滤器→主油道→油底壳

D. 机油集滤器→粗滤器→机油泵→主油道→油底壳

项目九　农用柴油机装配与调试

【项目描述】
发动机的装配质量直接影响发动机的性能。本项目以农用柴油机 N485 为例,详细讲述多缸柴油机的装配工艺过程及磨合试验规范。

【项目目标】
1) 掌握常用拆装工具的使用方法。
2) 掌握柴油机的装配要领和调整内容。
3) 掌握柴油机装配的工艺流程。
4) 掌握柴油机的磨合试验规范和竣工验收标准。

任务1　拆装工具的使用

任务目标

知识目标:
1) 掌握常用拆装工具的使用方法。
2) 掌握测量器具的使用方法。
3) 掌握专用工具的使用方法。

能力目标:
1) 针对不同的拆装要求能使用不同的常用工具。
2) 针对不同的拆装要求能使用不同的测量器具。
3) 针对不同的拆装要求能使用不同的专用工具。

素质目标:
1) 养成勤于动手的良好习惯。
2) 培养学习中敢于质疑、提出自己见解的精神。

任务描述

针对柴油机不同的拆装要求,分别介绍常用工具、测量器具和专用工具的使用方法与注意事项。

任务实施

一、常用拆装工具及测量器具的使用

1. 普通扳手

（1）呆扳手

1）简介。呆扳手开口的中心平面和本体中心平面成15°，这样既能适应人手的操作方向，又可以降低对操作空间的要求。呆扳手的规格是以两端开口的宽度 S（mm）来表示的，如 8～10mm 和 13～16mm 等，通常是成套装备，有8件套和10件套等。

2）使用方法。

① 根据螺栓、螺母的尺寸，选用合适规格的呆扳手。

② 将扳手的开口垂直或水平插入螺栓和螺母头部。

③ 将扳手较厚的一边置于受力大的一侧，扳动扳手。

3）使用注意事项。

① 不能用于拧紧力矩较大的螺栓和螺母。

② 使用时应将扳手手柄往身边拉，切不可向外推，以免将手碰伤（图9-1）。

③ 扳转时不准在扳手上任意加套管或锤击，以免损坏扳手或损伤螺栓和螺母的棱角。

④ 禁止使用开口处磨损过甚的呆扳手，以免损坏螺栓和螺母的棱角。

⑤ 不能将呆扳手当撬棒使用。

⑥ 禁止用水或酸液、碱液清洗扳手，应先用煤油或柴油清洗后再涂上一层薄润滑油，然后保管。

（2）梅花扳手

1）简介。梅花扳手（图9-2）的工作部分呈封闭的12角梅花环状。使用时，扳动30°后，即可换位再套，因而适于在狭窄场合下操作。梅花扳手能承受较大的扳转力矩，扳转时各角受力均匀，不易滑脱，且对螺栓和螺母的棱角损害小，使用比较安全，但套上和取下不方便。当螺栓和螺母需用较大力矩进行拆装时，应尽量使用梅花扳手。梅花扳手的规格是以两端闭口尺寸 S（mm）来表示的，如 8～10mm 和 14～17mm 等，通常是成套装备，有8件套和10件套等。

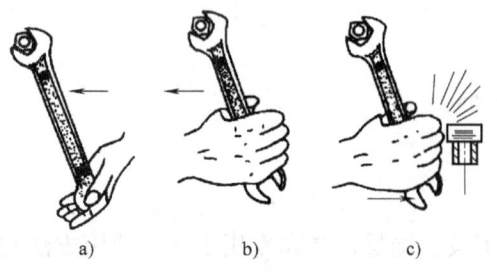

图9-1 呆扳手的使用
a）不正确 b）正确 c）不正确

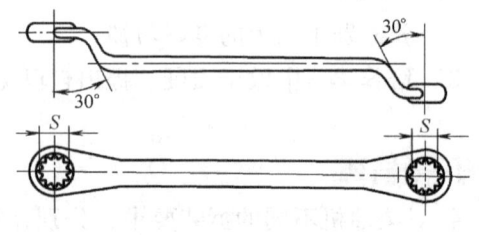

图9-2 梅花扳手

2）使用方法。

① 根据螺栓和螺母的尺寸选用合适的梅花扳手。

② 将扳手垂直套入螺栓或螺母头部。

③ 轻轻扳转时，手势与开口扳手相同，用力扳转时，四指与拇指应上下握紧扳手手柄，往身边扳转。

3）使用注意事项。

① 扳转时，不准在梅花扳手上任意套加力套管或锤击。

② 禁止使用内孔磨损过甚的梅花扳手。

③ 不能将梅花扳手当作撬棒使用。

④ 工具用毕，应清洗油污、妥善放置。

（3）套筒扳手

1）简介。套筒扳手的工作部分与梅花扳手相同或与螺栓、螺母六角相一致。套筒扳手是由一套不同规格的套筒和接杆、棘轮手柄、弓形快速摇柄等附件组成，可以根据需要任意组合使用，既适合一般部位螺栓和螺母的拆装，也适合处于深凹部位和隐蔽狭小部位的螺栓和螺母的拆装，并有拆装速度快的特点，是使用最方便的工具之一。套筒扳手使用灵活且安全，使用中螺栓和螺母的棱角也不易被损坏。常用的套筒扳手有24件套和32件套等几种，套筒规格有6~24mm和6~32mm两种。

2）使用方法。

① 使用时根据螺栓和螺母的尺寸选好套筒。

② 将套筒套在快速摇柄的方形端头上（视需要可与接杆或短接杆配合使用）。

③ 再将套筒套在螺栓头或螺母上，转动快速摇柄进行拆装。

3）使用注意事项。

① 不准拆装过紧的螺栓和螺母。

② 用快速摇柄拆装时，握住摇柄的手切勿摇晃，以免套筒滑出或损坏螺栓和螺母的棱角。

③ 禁止用锤子将套筒击入变形的螺栓和螺母的六角进行拆装，以免损坏套筒。

④ 禁止使用内孔磨损过甚的套筒。

⑤ 工具用毕，应清洗油污、妥善放置。

（4）活扳手

1）简介。活扳手（图9-3）由固定和可调两部分组成，扳手的开度在一定范围内任意可调。一般用于不同尺寸的非标准螺栓和螺母的拆装。在使用中，尽量使用梅花扳手或呆扳手，必须使用活扳手时，一定要调整好开口的尺寸，使其与螺栓和螺母的棱角很好地配合，并小心使用，以防损坏螺栓和螺母的棱角。活扳手规格是以最大开口宽度（mm）×扳手长度（mm）来表示的，常用的尺寸型号有200mm×24mm、300mm×36mm等多种规格。

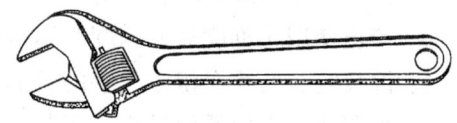

图9-3 活扳手

2）使用方法。

① 根据螺栓和螺母的尺寸先调好扳手的开口大小，使之与螺栓和螺母的大小一致（不松旷）。

② 将扳手固定部分置于受力大的一侧，垂直或水平插入螺栓和螺母头部。

3）使用注意事项。

① 使用时，应使固定部分朝向承受拉力的方向，以免损坏螺栓、螺母的棱角和活扳手（图9-4）。

② 使用时，不准在活扳手的手柄上随意加套管或锤击，以免损坏活扳手或螺栓和螺母。

③ 禁止将活扳手当作锤子使用。

④ 工具用毕，应清洗油污、妥善放置。

（5）扭力扳手

1）简介。常用的扭力扳手有预调式（图9-5a）和指针式（图9-5b）两种形式，其规格是以最大可测拧紧力矩来划分的，常用的有294N·m和490N·m两种，一般用于有规定拧紧力矩的螺栓和螺母的拆装，如气缸盖、曲轴主轴承盖及连杆等部位的螺栓和螺母等。

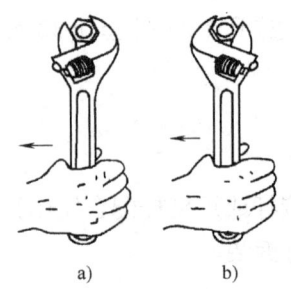

图9-4 活扳手的使用
a）正确 b）不正确

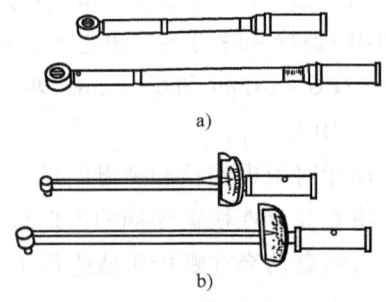

图9-5 扭力扳手
a）预调式 b）指针式

2）使用方法。

① 将套筒插入扭力扳手的方芯上。

② 用左手握住套筒，右手握紧扭力扳手手柄往身边扳转（图9-6）。

③ 预调式扭力扳手使用前先将拧紧力矩调校至规定值。

3）使用注意事项。

① 禁止往外推扭力扳手手柄，以免滑脱而损伤身体。

② 对于要求拧紧力矩较大、工件较大、螺栓数较多的螺栓和螺母，应分次按一定顺序拧紧。

③ 拧紧螺栓和螺母时，不能用力过猛，以免损坏螺纹。

④ 禁止使用无刻度盘或刻度线不清的扭力扳手。

⑤ 拆装时，禁止在扭力扳手的手柄上再加套管或用锤子锤击。

⑥ 预调式扭力扳手用后应将预紧力矩调至零位。

⑦ 扭力扳手使用后，应擦净油污、妥善放置。

(6) 内六角扳手

1) 简介。内六角扳手（图9-7）是用来拆装内六角圆柱头螺钉（螺塞）的，其规格是以六角形对边尺寸 S（mm）来表示的，有 3~27mm 尺寸的 13 种，拆装作业中使用成套内六角扳手拆装 M4~M30 的内六角圆柱头螺钉。

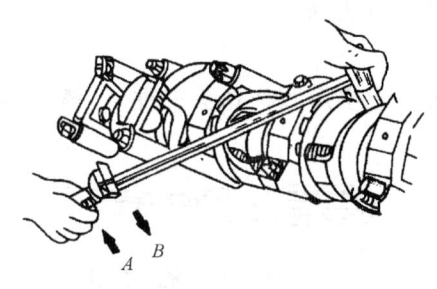

图 9-6　扭力扳手的使用
A—正确　B—不正确

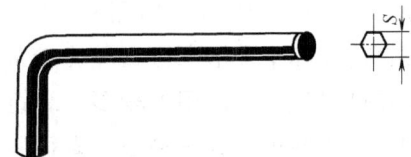

图 9-7　内六角扳手

2) 使用方法。

① 根据螺钉（螺塞）内六角孔尺寸选用合适的内六角扳手。

② 将扳手短柄部分的端头垂直插入六角孔中，用手握住长柄部分往身边扳转。

3) 使用注意事项。

① 禁止往外推扳手，以免滑脱而损伤身体。

② 拆装时，不得在扳手上加套管或锤击。

③ 不得将内六角扳手当作撬棒使用。

④ 扳手使用后，应擦净油污、妥善放置。

(7) 管子钳

1) 简介。管子钳（图9-8）由固定和可调两部分组成，钳口有齿，以增大与工件间的摩擦力。管子钳一般用于转动金属管件或其他圆柱形工件。

2) 使用方法。

① 使用时，应根据圆柱件的尺寸预先调好管子钳的钳口，使之夹住管件（图9-9）。

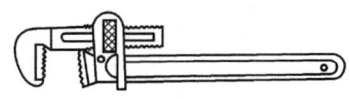

图 9-8　管子钳

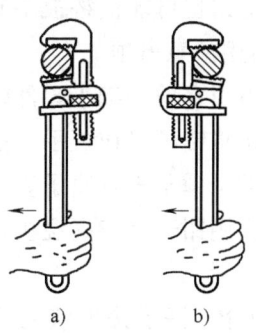

图 9-9　管子钳的使用
a) 正确　b) 不正确

② 使固定部分承受拉力，以免扳转时滑脱。

3）使用注意事项。

① 管子钳使用时不得用锤子锤击，也不可将管子钳当作锤子使用。

② 禁止用管子钳拆装六角头螺栓和螺母，以免损坏六角。

③ 禁止用管子钳拆装精度较高的管件，以免损坏工件表面。

2. 螺钉旋具

（1）简介　螺钉旋具俗称起子，常用的有一字形、十字形和梅花头三种，一般由柄部、刀体和刃口三部分组成，如图9-10所示。其中，一字槽螺钉旋具和十字槽螺钉旋具比较常见，梅花头螺钉旋具在进口汽车上使用得较多。螺钉旋具又分为普通式和穿心式两种，其中穿心式螺钉旋具可在尾部作适当的敲击。螺钉旋具的规格以刀体部分的长度表示，常用的有100mm、150mm、200mm和300mm。

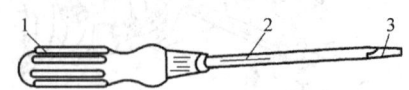

图9-10　螺钉旋具
1—柄部　2—刀体　3—刃部

（2）使用方法

1）应根据螺钉的形状和大小选用合适的螺钉旋具。

2）使用时手心应顶住柄端，并用手指旋转旋具手柄。如果使用较长的螺钉旋具，左手应把住螺钉旋具的前端。

（3）使用注意事项

1）使用时螺钉旋具不可偏斜，扭转的同时施加一定的压力，以免螺钉旋具滑脱。

2）螺钉旋具或工件上有油污时应擦净。

3）禁止将螺钉旋具当作撬棒或錾子使用。

3. 钳子

（1）简介　汽车拆装中常用的钳子有鲤鱼钳（图9-11a）、尖嘴钳（图9-11b）和钢丝钳（图9-11c），一般用于切断金属丝、夹持或弯曲小零件。钳子的规格以钳长来表示。

（2）使用方法

1）根据需要选用尖嘴钳、鲤鱼钳或钢丝钳，擦净油污。

2）用手握住钳柄后端，使钳口闭合夹紧工件。

3）鲤鱼钳也可能代替扳手旋转小螺栓和小螺母，但尽量少用，原则上不用。

（3）使用注意事项

1）尖嘴钳在剪切细小零件时，不能用力太大。

2）禁止将钳子当作扳手、撬棒或锤子作用。

3）不准用锤子击打钳子。

4）禁止用钳子夹持高温机件。

4. 锤子

（1）简介　锤子按形状的不同分为圆头、扁头及尖头，按锤子材料的不同分为木锤、铁锤和橡胶锤等（图9-12）。锤子主要用来敲击物件，铁锤用于粗重物体和需要重击的地方，木锤和橡胶锤则用于表面要求较高和容易损坏的零件，二者的使用应视情况而定。

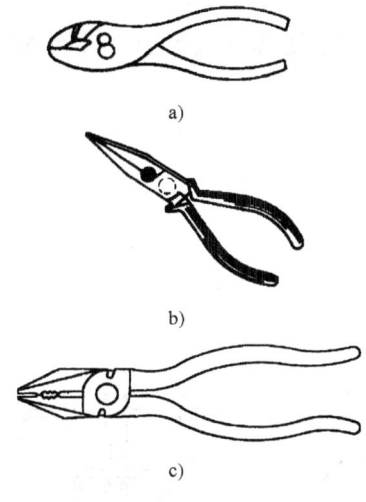

图9-11 钳子
a）鲤鱼钳 b）尖嘴钳 c）钢丝钳

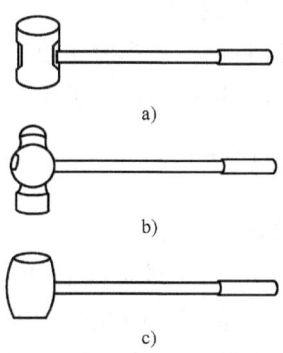

图9-12 锤子
a）木锤 b）铁锤 c）橡胶锤

（2）使用方法

1）使用时，右手握紧后端10cm处（图9-13a），眼睛注视工件。

2）挥锤方法有腕挥、肘挥和臂挥三种，根据用力程度进行选择（图9-13b）。

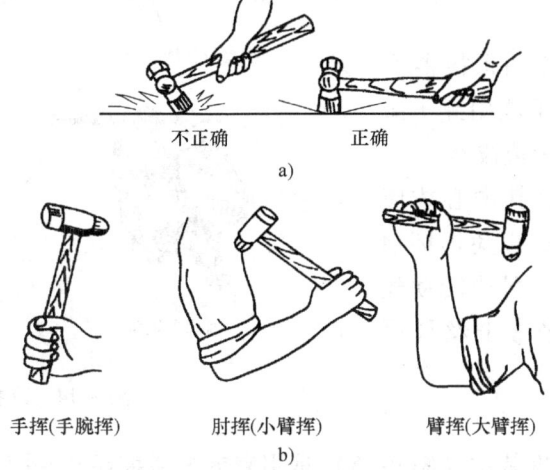

图9-13 握锤和挥锤方法
a）握锤方法 b）挥锤方法

（3）使用注意事项

1）手柄应安装牢固，防止锤头飞出伤人。

2）锤子落在工件上时，不得歪斜，以防损坏工件。

3）禁止用锤子直接锤击重要表面和易损部位，以防损坏工件表面。

5. 铜棒

（1）简介 铜棒用较软的金属铜制成，其功用是避免锤子与机件直接接触，以保护机件在拆装中不受损伤。

（2）使用方法　一般和锤子配合使用，左手握住铜棒使其一端置于工件表面，右手用锤子锤击铜棒的另一端。

（3）使用注意事项

1）不准将铜棒当作撬棒使用，以免弯曲。

2）不准将铜棒当作锤子使用。

二、专用工具

1. 顶拔器

（1）简介　顶拔器（图9-14）又称拉铃、拉拔等，由拉爪、座架、丝杆和手柄等组成。顶拔器一般用于拆卸配合较紧的轴承和齿轮等机件。

（2）使用方法　根据轴端与被拉工件的距离转动顶拔器的丝杆，至丝杆顶端顶住轴端，拉爪钩住工件（轴承或齿轮）的边缘，然后缓慢转动丝杆将工件拉出。

（3）使用注意事项

1）拉工件时，不能在顶拔器手柄上随意加装套管，更不能用锤子敲击顶拔器手柄，以免损坏顶拔器。

2）顶拔器工作时，其中心线应与被拉件轴线保持同轴，以免损坏顶拔器。如果被拉件过紧，可边转动丝杆、边用木锤轴向轻轻敲击丝杆尾端，将其拉出。

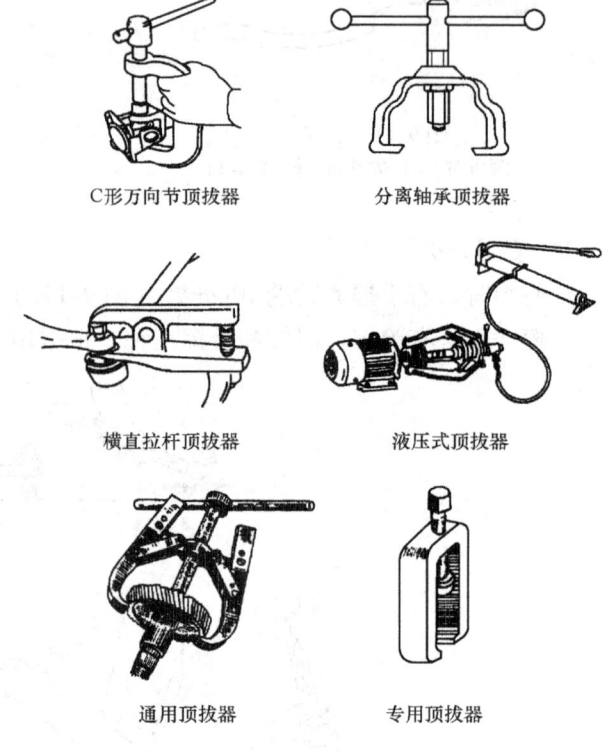

图9-14　顶拔器

2. 活塞环拆装钳

（1）简介　活塞环拆装钳（图9-15）是用来拆装活塞环的专用工具。

（2）使用方法　使用时，将活塞环拆装钳卡入活塞环的端口，并使其与活塞环贴紧，然后握住手柄缓慢捏紧，使活塞环张开，从而将活塞环从活塞环槽内取出或装入活塞环槽内。

（3）使用注意事项

1）操作时，应垂直上、下移动活塞环，不得扭转，以免滑脱或损坏活塞环。

2）操作时，用力要适度，以免拆断活塞环。

3. 滤清器扳手

（1）简介　滤清器扳手（图9-16）是一种滤清器的拆装专用工具，有直径可调式和固定式两种，在拆装机油滤清器和柴油滤清器时都可使用。

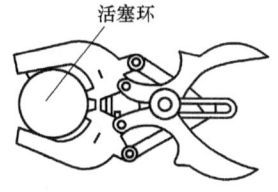
图 9-15 活塞环拆装钳

图 9-16 滤清器扳手

（2）使用方法

1）选择尺寸合适的滤清器扳手，可调式滤清器扳手使用前应根据滤清器的直径调节好尺寸。

2）将滤清器扳手套入滤清器，转动滤清器将其旋紧或旋松。

（3）使用注意事项

1）使用时尽量将滤清器扳手套在滤清器根部靠座的位置，以免损坏滤清器。

2）安装前，应在滤清器螺纹口处涂上润滑油。

3）安装时，不可用力过大，以免损坏滤清器。

4. 气门弹簧钳

（1）简介　气门弹簧钳（图9-17）是气门弹簧拆装的专用工具，有弓形气门弹簧钳和杠杆式气门弹簧钳等多种。弓形气门弹簧钳（图9-17a）的凸台用来顶住气门头部，压头是半边切开的，压缩气门弹簧时，两锁片便落在压头的凹槽内，将其取出即可。杠杆式气门弹簧钳（图9-17b）用于拆装顶置气门。

（2）使用方法

1）使用弓形气门弹簧钳时，先旋出螺杆至凸台顶住气门头，并使压头贴住气门弹簧座，再转动螺杆，带动压头压缩弹簧，使锁片落在压头凹槽内。

2）使用杠杆式气门弹簧钳时，将前端槽孔套到气缸盖螺柱上，旋上螺母定位，并使槽孔对准气门弹簧座，然后压下弹簧钳手柄，将气门弹簧压缩，用尖嘴钳或磁性螺钉旋具取出气门锁片。

（3）使用注意事项

1）气门弹簧钳与弹簧座接触要可靠，以防滑出。

2）气门弹簧钳的活动部分应保持良好的润滑。

5. 塞尺

塞尺（图9-18）又名厚薄规，主要用来测量两平行平面之间的间隙。塞尺上标有厚度的尺寸值，其规格以长度和每组片数来表示，长度常见的有100mm、150mm、200mm和300mm四种，每组片数有11～17片等多种。

使用塞尺时，选择合适的厚度并平行地塞入需测量间隙，推拉时以有轻微的摩擦阻力为标准。若无合适的厚度，可进行多片组合。

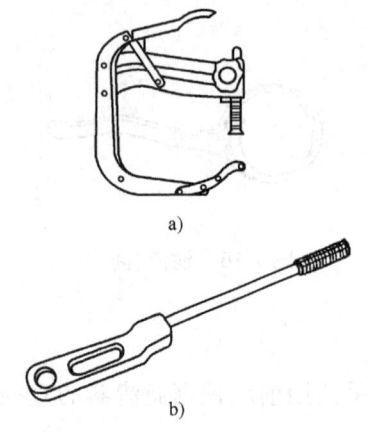
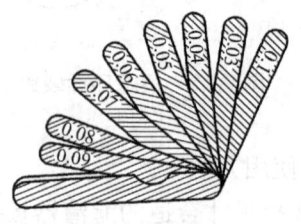

图9-17　气门弹簧钳
a）弓形气门弹簧钳　b）杠杆式气门弹簧钳

图9-18　塞尺

课后练习

简答题

1. 农用柴油机的常用拆装工具及测量器具有哪些？使用时注意事项有哪些？
2. 农用柴油机的专用拆装工具有哪些？使用时注意事项有哪些？

任务2　农用柴油机的部件装配

任务目标

☞知识目标：

1）掌握柴油机的装配要领与调整内容。
2）掌握柴油机部件装配的工艺流程。

☞能力目标：

1）能够编制柴油机部件装配的工艺流程卡。
2）熟悉维修设备与调试设备的使用方法。

☞素质目标：

1）培养严谨的学习和工作态度。
2）培养工作时的细心和责任心。
3）具有良好的遵守工作流程和工作安全意识。

任务描述

以多缸柴油机 N485 为例，介绍柴油机的装配要求及部件装配工艺过程。

任务实施

一、柴油机的装配要求

1. 柴油机装配前的准备工作

1）柴油机装配前必须认真清洗零件和工具，保持装配场所的清洁，并将工具工作台、机具有序摆放。

2）待装零件、组合件和总成准备齐全。

3）按规定配齐衬垫、螺栓、螺母、垫圈、开口销和锁环。

4）准备适量的密封胶及润滑油、润滑脂等常用材料若干，准备干净的棉纱若干。

5）将空气压缩机准备妥当，以便用来清洁零件、机体和油道。

2. 柴油机的装配要求

1）柴油机装配的一般原则是以气缸体为基础，由内到外，先上后下，分别进行安装。

2）在装配过程中，应尽量使用专用工具。

3）有装配记号的零件，必须按记号装配，不可互换的零件，不得互换。

4）对于间隙配合的零件表面，在装配时必须涂上润滑油。

5）装配过盈配合的零件时，应使用压床或专用的压入工具。如果需要在零件表面施以压力或锤击，必须垫以软金属块或使用铜冲头。

6）各部位的密封衬垫和油封装配时必须换用新件。

7）对有规定拧紧力矩的螺栓和螺母，应用扭力扳手按规定拧紧力矩拧紧。关键部位的螺纹连接件都是高强度螺栓，必须采购原厂件或不低于原厂件技术标准的连接件，并按规定力矩和顺序，分若干次拧紧。对称的螺栓在旋紧时应交错分 2~3 个次拧紧。螺栓在螺母旋紧后应露出 1~3 个牙。

8）重要部位的间隙必须符合标准规定，如活塞与气缸之间、曲轴轴颈与轴承之间以及轴类零件之间的轴向间隙、正时齿轮的啮合间隙、配气机构的配气相位、气门间隙等，都必须符合装配技术标准。装配时，应注意活动零件之间的运动是否协调。

9）螺纹连接件的所有配套件，如开口销、止动垫片以及垫圈等，一定要按规定装配齐全，不能丢失或漏装。燃油系统中的 O 形圈必须进行更换，而且不得使用含硅密封胶。

10）装配过程中，应使用规定的工具，采用正确的操作方法和手段，防止拆装中非正常的零部件损伤以及设备和人员的安全事故，禁止不按规程操作。

二、柴油机装配的一般工艺和技术要求

柴油机的装配程序和技术要求随柴油机结构的不同而有所差异，但基本工艺过程大同小异。下面就以多缸柴油机 N485 为例，介绍装配工艺过程。

三、柴油机部件的装配

零件清洗干净后，就可以进入组件装配和部件装配阶段。装配中，采用的工装、方法、润滑、零件上记号的朝向都应该严格按要求进行。

1. 连杆部件的装配

(1) 连杆称重量分组　称连杆总重量，将相互间重量差不超过15g的4件放在一组，整齐排放，切不可混乱。

(2) 装配连杆轴瓦　如图9-19所示。拆下连杆盖，擦干净，连杆孔内加少量清洁的润滑油放好，配装连杆轴瓦，合装连杆盖、连杆螺栓，螺纹部分涂少量润滑油，旋上连杆螺母，均匀地分3次拧紧，最终拧紧力矩为60~70N·m。

(3) 压孔成形　用专用压刀压连杆大端孔成形，如图9-20所示，用内径百分表检查轴瓦孔的直径在 $\phi54.050$ ~ $\phi54.089$ 之间，不得超差。

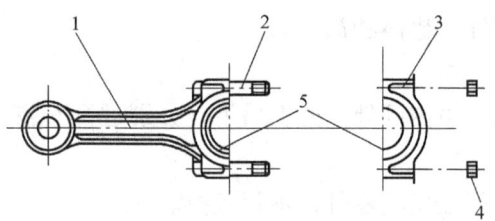

图9-19　装配连杆轴瓦
1—连杆　2—连杆螺栓　3—连杆盖
4—连杆螺母　5—连杆轴瓦

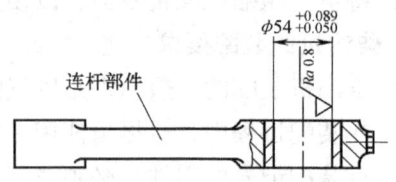

图9-20　连杆大端孔的尺寸要求

(4) 装配活塞销　如图9-21所示，把活塞放入恒温电热干燥箱内加热，温度为100~120℃，保温5min，将热态的活塞放上夹具，将连杆放入，活塞销推入活塞，连接活塞与连杆，装上两个挡圈。

(5) 装配活塞环　如图9-22所示，把油环胀簧和锁口钢丝组合装在活塞油环槽内，弹簧锁口钢丝插入螺旋弹簧的长度不小于16mm，且弹簧开口应装在油环体开口的对面。把活塞环依次放入装拆活塞环夹具内：第一道环为外表镀铬的桶面环，第二道环为外切微锥环，有"上"字的一端朝向活塞顶面；第三道环为螺旋内撑油环。用专用工具装活塞环于活塞环槽中，当活塞处于水平位置旋转时，各环应能靠本身重量自由活动。装配后，把活塞连杆部件放好。

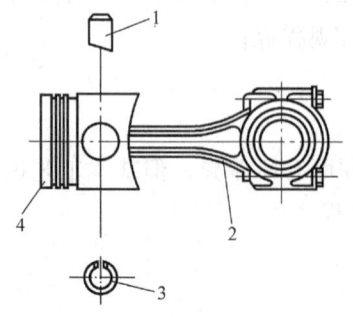

图9-21　装配活塞销
1—活塞销　2—连杆部件　3—挡圈　4—活塞

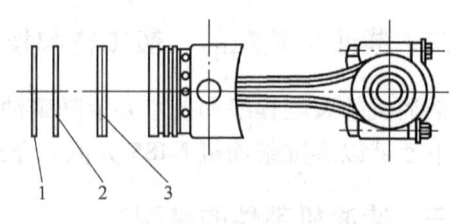

图9-22　装配活塞环
1—第一道气环　2—第二道气环　3—油环部件

2. 喷油器压力试验

拆下塑料套壳，取下铜垫圈，喷油器装上喷油器压力试验装置检查喷油压力，正常压力值应为（12 250 ± 500）kPa；同时，检查其喷出的油雾是否均匀细散（如不符合，可以调整调节螺钉）。

3. 喷油泵测试

将喷油泵装在喷油泵试验台上，喷油泵前端与试验台传动轴的联轴器相连接，连接好喷油泵与试验台的供油管路，开动试验台进行测试。测试内容为起动供油量、额定转速供油量、四缸油量的均匀性、怠速供油量和停油转速。测试完毕后，将润滑油注入喷油泵油腔内，油面高度在油尺刻线之间。

4. 曲轴部件的装配

（1）清洗曲轴　如图 9-23 所示，将清洗液用喷嘴对准曲轴各油道孔冲洗，并且用毛刷捅油眼，清洗油道孔内的垃圾。将曲轴外表清洗干净后吹干，放好。

（2）装配轴承及定位销　如图 9-24 所示，在曲轴飞轮端 $\phi 40$mm 孔中装入滚动轴承 80203，在曲轴飞轮端端面敲定位销 B10×20，露出长度 10mm。

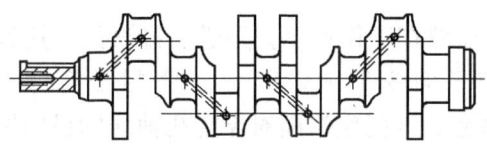
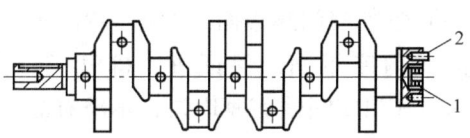

图 9-23　清洗曲轴油道　　　　　图 9-24　曲轴装配轴承及定位销
　　　　　　　　　　　　　　　　1—滚动轴承 80203　2—定位销 B10×20

（3）装配飞轮齿圈部件　将飞轮齿圈部件的定位孔对准曲轴定位销，轻轻地将飞轮齿圈部件敲入曲轴；然后，将飞轮螺栓套上垫片松旋在曲轴的螺纹孔中，间隔、均匀地拧紧螺栓，最终的拧紧力矩为 110~130N·m。

（4）作动平衡　将曲轴飞轮总成放在动平衡机上，连接好曲轴带键槽的一端，开机作动平衡，不平衡量小于或等于 60g·cm。如果不平衡，则应在飞轮离合器一面 $\phi 280$mm 圆上钻孔去重，钻孔直径为 $\phi 10$mm，孔深小于 10mm，孔边距不小于 10mm。

（5）作标记　将作好动平衡的曲轴飞轮部件放下动平衡机，在曲轴、飞轮、飞轮螺栓及垫片上做装配位置刻线及配对记号。

（6）拆洗并组装　拆卸飞轮齿圈部件，将带有装配刻线的飞轮螺栓、飞轮螺栓垫片和飞轮齿圈送入清洗机清洗后备用。

（7）装配曲轴正时齿轮　如图 9-25 所示，将带有装配刻线的曲轴擦干净，装平键和曲轴正时齿轮，标记朝外。

5. 气缸盖部件的装配

（1）清洗气缸盖　将气缸盖清洗干净并吹干。

（2）压装气门导管和座圈

1）压导管。把气缸盖放在工作台上，导管端面涂少量润滑油，压入气缸盖，一次压 2

个,导管露出弹簧座平面13mm。

2)推孔。将两把导管压刀同时压导管孔,达到 $\phi 8 \sim \phi 8.022$ mm 的尺寸。

3)压气门座圈。将气缸盖翻身,在进、排气门孔处加入少量润滑油,将进、排气门座圈压至与座圈孔底平面贴合,每次压2个,如图9-26所示。

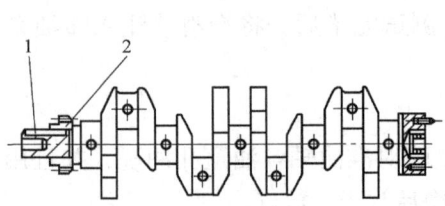

图9-25 装配曲轴正时齿轮
1—平键 2—曲轴正时齿轮

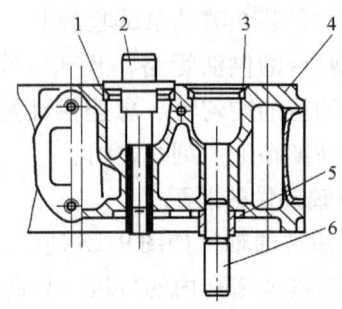

图9-26 压装气门导管和座圈
1—进气门座 2—气门座压杆 3—排气门座
4—气缸盖 5—导管压模 6—气门导管

(3)铰削气门座锥面 如图9-27所示,把气缸盖放在工作台上,用进、排气门专用铰刀铰削气门座锥面,保证进、排气门低于气缸盖平面0.55~0.85mm,密封带宽度为1.5mm。气门座圈锥面要均匀,不准有波纹及咬毛现象,气门座锥面对导管孔轴线的径向圆跳动量不大于0.05mm。

(4)研磨气门座锥面 如图9-28所示,在进、排气门锥面上涂少量研磨砂,气门杆部加少量润滑油,插入导管孔内,用专用工具研磨。

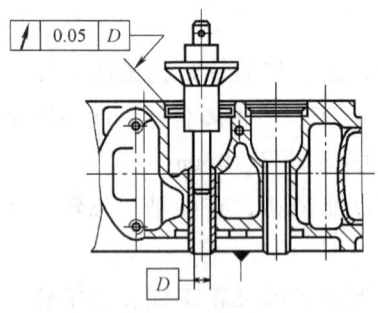

图9-27 铰削气门座锥面

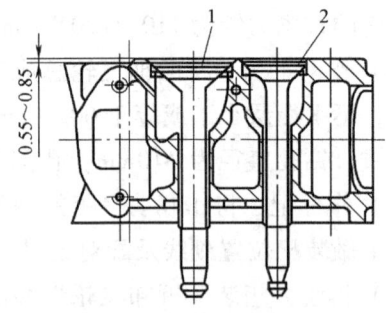

图9-28 研磨气门座锥面
1—进气门 2—排气门

要求:保证进、排气门低于气缸盖平面0.55~0.85mm,密封带宽度为1.5mm,气门研磨后不允许调换。

(5)清洗 用清洗液手工清洗进、排气门座及导管孔。进、排气门杆以及上、下两平面不准有砂粒或泥沙。

（6）装配气缸盖气门部件 将进、排气门杆涂少量润滑油，插入导管内。将气缸盖平放，依次装上气门杆密封圈、气门内弹簧、气门外弹簧、气门弹簧上座及气门锁夹，并用木锤敲击两下，使其密封，如图9-29所示。

（7）渗漏试验 将排气管面朝上，向排气道内注入煤油，检验排气门座的密封性，历时2min，不得渗漏；倒出煤油，将进气管面朝上，向进气道内注入煤油，检验进气门座的密封性；检验完毕后，倒出煤油。

（8）装配气缸盖其他部件 如图9-30所示，装上喷油器螺栓M8×50和排气管面螺栓M8×75，将电热塞螺纹部分涂密封胶，旋入气缸盖。在气缸盖排气管面分别装上吊耳，用套上垫圈的螺栓M8×20拧紧。

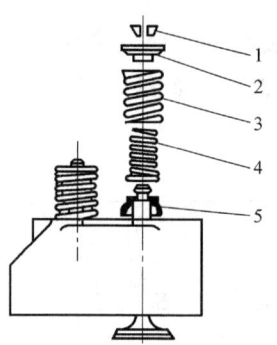

图9-29 装配气缸盖气门部件
1—气门锁夹 2—气门弹簧上座
3—气门外弹簧 4—气门内弹簧
5—气门杆密封圈

（9）装配节温器总成 将节温器总成、涂上密封胶的节温器垫片和撑杆装在气缸盖上，并用相应的螺栓拧紧，如图9-31所示。

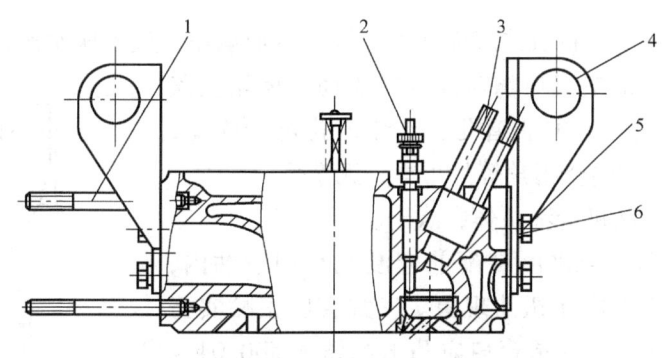

图9-30 装配气缸盖其他部件
1—排气管面双头螺柱M8×75 2—电热塞
3—喷油器双头螺柱M8×50 4—吊耳 5—螺栓M8×20 6—垫圈

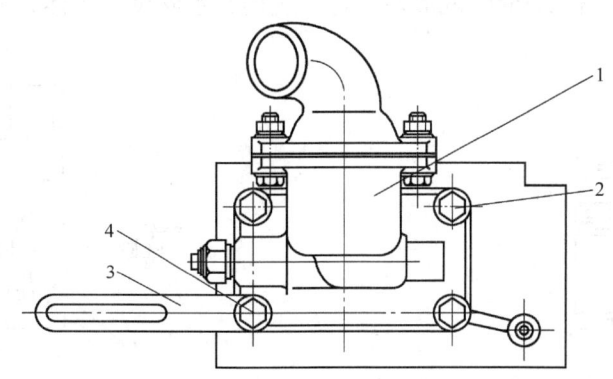

图9-31 装配节温器总成
1—节温器总成和节气门垫片 2—螺栓M8×35和垫圈 3—撑杆 4—螺栓M8×45

（10）装配进气管及垫片 将进气管垫片和进气管装在气缸盖上，用相应的螺栓和垫圈拧紧，如图9-32所示。

（11）装配排气管及垫片 将排气管垫片和排气管套在排气管螺柱上，装上垫圈和螺母，再旋紧螺母，如图9-33所示。

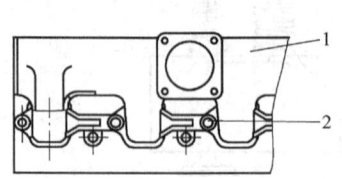

图9-32 装配进气管及垫片
1—进气管和进气管垫片 2—螺栓、弹垫和平垫圈

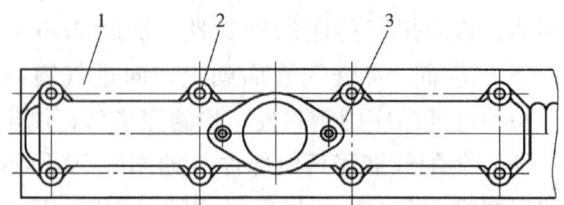

图9-33 装配排气管及垫片
1—气缸盖 2—螺母和弹垫 3—排气管和排气管垫片

6. 机体部件的清洗和装配

（1）压力冲洗机体 用高压喷嘴冲洗机体外表面、内腔铸造面、拐角、机加工平面及各孔道等。

（2）拆卸主轴承盖 将机体底面朝上，拆卸主轴承盖，放入铁丝框，如图9-34所示。

（3）吹屑 用压缩空气喷嘴对准气缸盖面、齿轮室盖面和飞轮壳面的螺栓孔、主油道孔、支油道孔进行吹屑，使机体螺孔、油道孔和内壁拐角等处干净、无杂质。

（4）清洗 用清洗机清洗机体，吹干。

（5）装配气缸套 封水圈装配前应浸泡在润滑油内，装配时套在气缸套槽内应无扭曲现象。气缸套压正贴实至气缸套孔座上，气缸套上支承台肩应凸出机体顶面0.04～0.12mm，装入后的气缸套内孔应保证在$\phi 85 \sim \phi 85.035$mm，如图9-35所示。

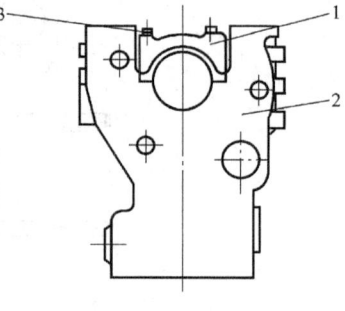

图9-34 拆卸主轴承盖
1—主轴承盖和后主轴承盖 2—机体
3—主轴承盖螺栓和主轴承盖垫圈

（6）装碗形塞等 在3个$\phi 30$mm碗形塞孔周围涂上厌氧胶，然后分别装上3个$\phi 30$mm碗形塞，将工艺用放水阀旋上机体，如图9-36所示。

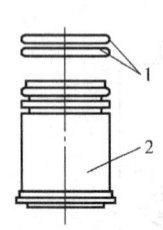

图9-35 压装气缸套
1—封水圈 2—气缸套

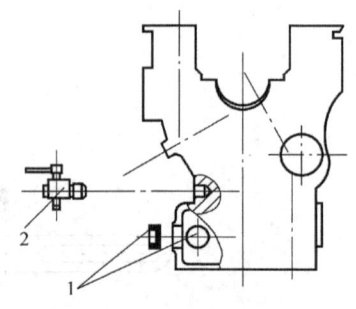

图9-36 装配碗形塞及工艺用放水阀
1—碗形塞 2—工艺用放水阀部件

(7) 水道气压试验 将机体放在水压机内进行气压密封试验,气压 p 为 294kPa,1.5min 内不得有渗漏,试验完毕后旋下工艺放水阀,如图 9-37 所示。

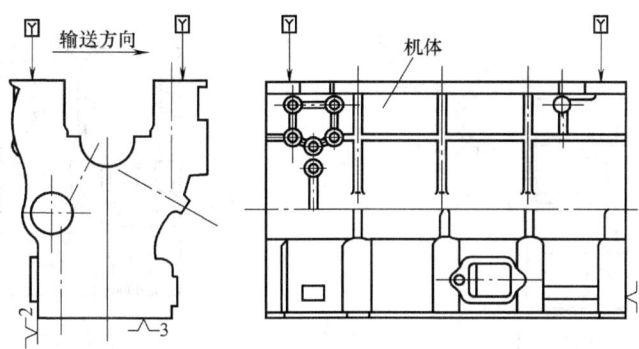

图 9-37 机体水道气压试验示意

(8) 装配凸轮轴衬套 如图 9-38 所示,将凸轮轴衬套套在装配工具上,对准机体油孔装入机体,用 φ6mm 钻头钻通机体与凸轮轴衬套的油孔,铰削凸轮轴衬套孔,用凸轮轴检验棒检查衬套孔的同轴度,同轴度误差不得超过 0.02mm。

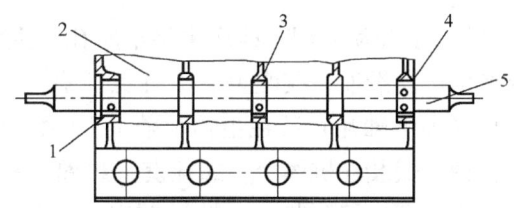

图 9-38 装配凸轮轴衬套
1—凸轮轴后衬套 2—机件
3—凸轮轴中间衬套
4—凸轮轴衬套 5—凸轮轴检验棒

(9) 清洗油道 用毛刷及清洗喷嘴冲洗机体主油道及支油道孔内的铁屑及垃圾,如图 9-39 所示。

(10) 装配堵塞及螺塞 在 4 个 φ14mm 的堵塞孔周围均匀地涂上厌氧胶,分别装上 4 个堵塞 φ14mm,将机体油道螺塞螺纹处蘸少许厌氧胶,旋在机体上并拧紧,如图 9-40 所示。

要求:各堵塞不允许高出机体平面。

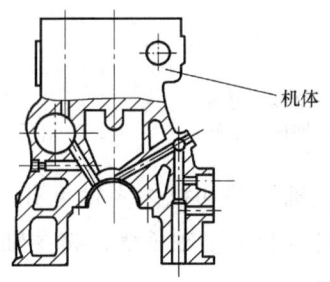

图 9-39 清洗机体油道

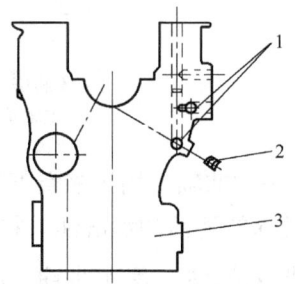

图 9-40 装配堵塞及螺塞
1—堵塞 φ14 2—螺塞 3—机体

(11) 清洗 将机体与装有同台主轴承盖螺栓和垫圈的钢丝框一起用清洗机清洗,然后对准机体的所有螺孔、油道和机体内、外腔吹屑并吹干,如图 9-41 所示。

（12）装配挺柱　将挺柱表面涂少量清洁的润滑油，然后插入挺柱孔中并插到底，应旋转灵活，无卡滞，如图 9-42 所示。

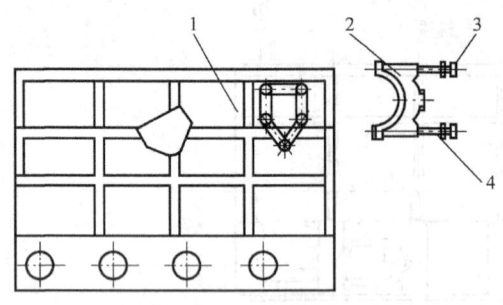

图 9-41　清洗机体
1—机体　2—主轴承盖和后主轴承盖
3—主轴承盖螺栓　4—主轴承盖垫圈

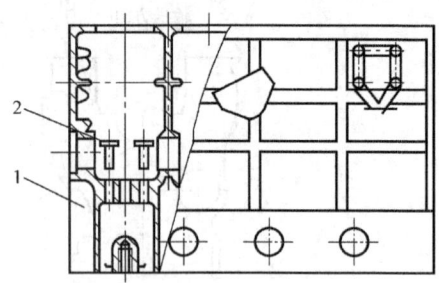

图 9-42　装配挺柱
1—机件　2—气门挺柱

（13）主轴瓦装配　擦净主轴承座孔、主轴承盖座孔及两者的接合面，在每一档主轴承孔内加少量润滑油，装配上、下轴瓦［有油槽的主轴瓦（即上轴瓦）装在机体上，无槽的主轴瓦（即下轴瓦）装在主轴承盖上］，主轴承盖座孔中放置涂色的检验棒，如图 9-43 所示。将轴承盖装在机体上，螺栓套上垫圈并拧入机体，按图 9-44 所示的要求从中间开始逐次向两边展开进行预紧（主轴承盖安装顺序及字头方向必须与机体上主轴承座孔号一致），复紧，最终的拧紧力矩为 130～150N·m。检验棒涂色后检查各轴承孔的同轴度，主轴承内孔涂色检查，其贴合面应大于 75%。检验合格后拆下主轴承盖。

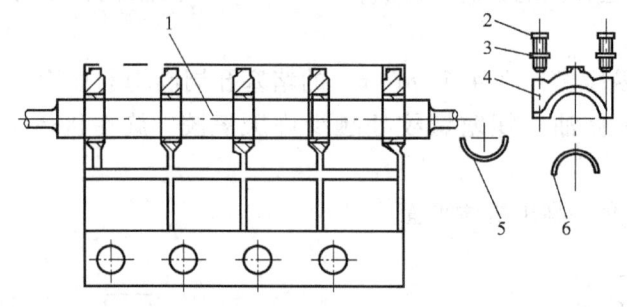

图 9-43　装配主轴瓦
1—检验棒　2—主轴承盖螺栓　3—主轴承盖螺栓垫圈
4—主轴承盖　5—主轴瓦（上）　6—主轴瓦（下）

（14）装配曲轴　用压缩空气吹通各油道孔，擦净主轴承盖和机体主轴承孔的接合面，在曲轴颈处涂抹清洁的润滑油。将曲轴组件装上机体，对号装上主轴承盖，将主轴承盖螺栓套上垫圈拧入机体。盘动曲轴，应转动灵活、无卡滞现象。擦净止推片，并涂少量润滑油，将止推片上、下、前、后分别装入止推面，注意有油槽的一面应朝向曲轴止推端面。用木锤敲打曲轴前、后端，使上、下止推片保持在同一平面上，分 3 次均匀地拧紧各螺栓，拧紧时由中间

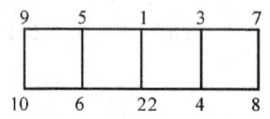

图 9-44　拧紧主轴承盖螺栓的顺序

向两端逐次拧紧，最终的拧紧力矩为 130~150N·m，盘动曲轴，应灵活、无卡滞现象。测量轴向间隙，应为 0.12~0.31mm，如图 9-45 所示。

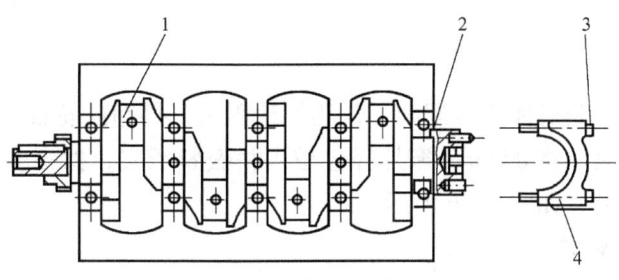

图 9-45　装配曲轴
1—曲轴　2—曲轴上、下止推片
3—主轴承盖螺栓和主轴承盖螺栓垫圈
4—主轴承盖和后主轴承盖

课后练习

简述题

1. 简述主轴承盖螺栓的拧紧方法。
2. 简述活塞环装配的注意事项。

任务3　农用柴油机的总装

任务目标

☞知识目标：

1）掌握柴油机总装的要领与调整内容。
2）掌握柴油机总装的工艺流程。

☞能力目标：

1）能够编制柴油机总装的工艺流程卡，能对柴油机进行调整。
2）熟悉维修与调试专用设备的使用。

☞素质目标：

1）培养严谨的学习和工作态度。
2）培养工作时的细心和责任心。
3）培养遵守工作流程的作风和工作安全意识。

任务描述

以多缸柴油机 N485 为例，介绍柴油机总装的要求及工艺过程。

》任务实施

柴油机部件装配完毕后就可按顺序进行总装，总装中除要注意装配顺序方法、工具以外，更要注意部件的密封、装配力的大小、配合间隙的大小及做好必要的调整工作，以确保达到预定的质量要求。

1. 上装配架

用平衡吊吊机体，装机体于装配架上，用螺栓固紧，擦净凸轮轴孔端塞片孔，在塞片接触面上均匀地涂密封胶，将 $\phi55mm$ 塞片轻轻敲入并敲紧压实，擦去多余的密封胶，翻转机体，使机体室盖面朝上，如图9-46所示。

2. 装配活塞连杆总成

如图9-47所示，用毛巾或纱布擦净气缸内孔，每缸加少量润滑油，拆连杆盖，将连杆盖放入工位器具；擦净连杆轴瓦上的异物，加上少量清洁的润滑油，盘动各道活塞环，使各道活塞环的开口相互错开120°，并避免各道活塞环开口在活塞销轴线方向，且第一道气环开口避开活塞顶面凹坑方向；将活塞装入装配工具，装活塞于气缸套孔中，活塞顶面凹坑必须朝向喷油泵一侧，合装连杆盖，将连杆螺栓涂上密封胶，分次逐步拧紧螺栓，各连杆盖与对应的连杆按记号配对，最终的拧紧力矩为 $60\sim70N\cdot m$；测量连杆轴颈开档处与连杆大头的轴向间隙，允许为 $0.17\sim0.48mm$，旋转装配架90°，使机体下平面朝上，盘动曲轴，应灵活无卡滞、盘重现象。

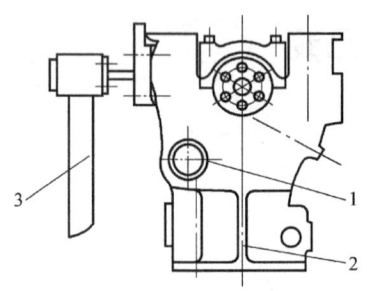

图9-46 上装配架
1—塞片 2—打机体号 3—装配架

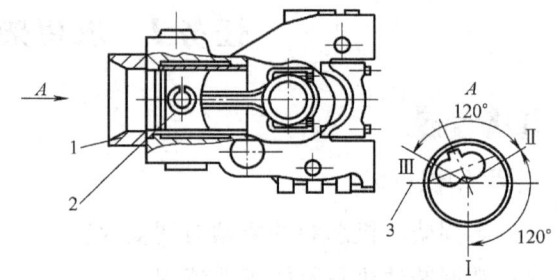

图9-47 装配活塞连杆总成
1—活塞装入气缸套工具 2—活塞连杆总成 3—活塞销中心线
Ⅰ—第一道活塞环开口 Ⅱ—第二道活塞环开口
Ⅲ—第三道活塞环开口

3. 装定位销

在机体飞轮面上装两个定位销 $B8\times16$（露出长度为6mm）和两个定位销 $B10\times22$（露出长度为9mm），然后在齿轮室面上装一个定位套，露出长度为12mm，如图9-48所示。

4. 装配机油泵总成

如图9-49所示，在齿轮室盖面上将均匀地涂上密封胶的机油泵垫片及机油泵对准机体油孔，装上机体，螺栓套上垫圈，穿过机油泵螺孔拧入机体，间隔、均匀地拧紧螺栓，转动机油泵轴，应灵活、无卡滞现象；将机油泵内腔注满清洁的润滑油，将键 $3\times5\times13$ 敲入机油泵轴，装机油泵齿轮于机油泵轴上，套上平垫圈和弹垫，旋上螺母并拧紧。

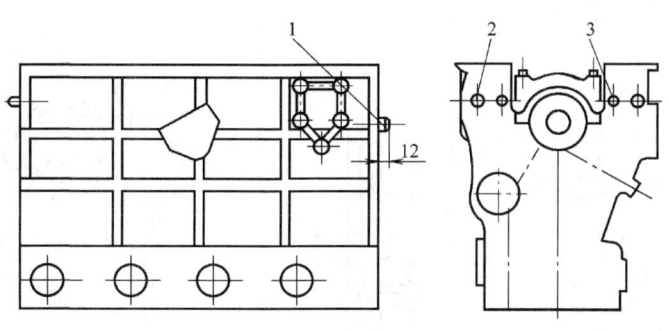

图 9-48 装配定位销
1—齿轮室定位销 2—飞轮定位销 B10×22 3—飞轮定位销 B8×16

5. 齿轮室及惰齿轮轴装配

将正时惰齿轮轴上的油孔 $\phi 6$ 对准机体油孔,装惰齿轮轴于机体上,将惰齿轮压板用两个螺栓 M8×50 松拧在惰齿轮轴上;将齿轮室垫片均匀地涂上 604 密封胶,齿轮室定位孔对准机体上的定位套和惰齿轮轴,依次安装,用螺栓套上垫圈,将齿轮室拧在机体上并逐次拧紧各个螺栓;装配后齿轮室、垫片和机体下平面应高度一致、光洁平整,如果垫片有高出部分,应用小刀铲平,如图 9-50 所示。

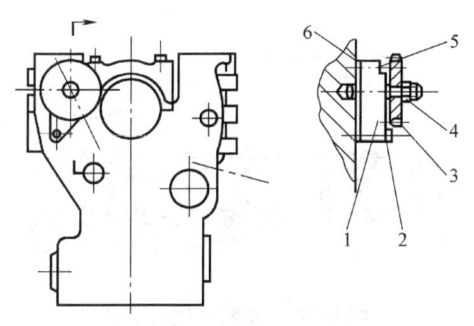

图 9-49 装配机油泵总成
1—机油泵总成 2—螺栓 M6×55 和垫圈 6 3—机油泵齿轮
4—螺母 M10、弹垫 10、平垫圈 10 和键 3×5×13
5—螺栓 M6×50 和垫圈 6 6—机油泵垫片

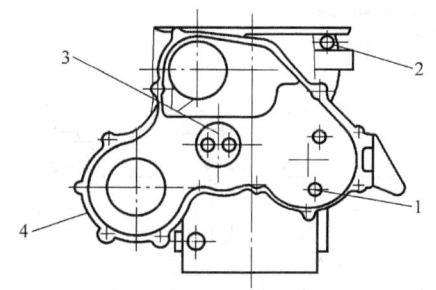

图 9-50 装配齿轮室及惰齿轮轴
1—螺栓 M8×25 及垫圈 8 2—螺栓 M8×50 及垫圈 8
3—惰齿轮压板、正时惰齿轮轴及螺栓 M8×50、垫圈 8
4—齿轮室及齿轮室垫片

6. 装配凸轮轴部件

在凸轮轴配合轴颈端涂少量清洁的润滑油并装入机体凸轮轴孔内,然后装凸轮轴压板并用螺栓和垫圈固定,测量凸轮轴的轴向间隙,允许为 0.08~0.25mm,如图 9-51 所示。

7. 装配后油封盖部件

擦净曲轴轴颈装油封的部位,并涂少量清洁的润滑油,将后油封盖垫片均匀地涂上密封胶,将后油封盖垫片及后油封盖部件装上机体,装上螺栓垫圈并分多次间隔拧紧,装配后的后油封盖、垫片和机体下平面应高度一致、光洁平整,垫片高出部分用小刀铲平,如图 9-52 所示。

8. 装配机油集滤器总成

将机油集滤器垫片两面均匀地涂上密封胶,将机油集滤器垫片及机油集滤器总成用螺栓套上垫圈装在机体下平面上,均匀地拧紧各螺栓,如图 9-53 所示。

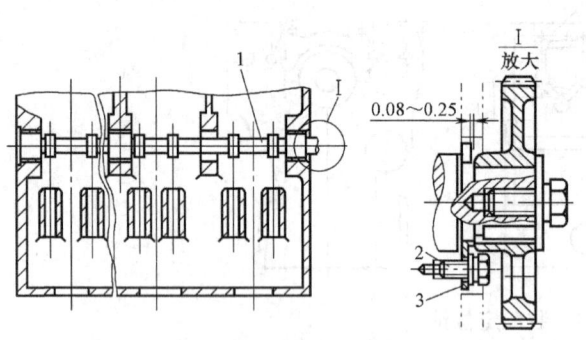

图 9-51 装配凸轮轴部件
1—凸轮轴部件
2—螺栓 M8×16　3—凸轮轴压板

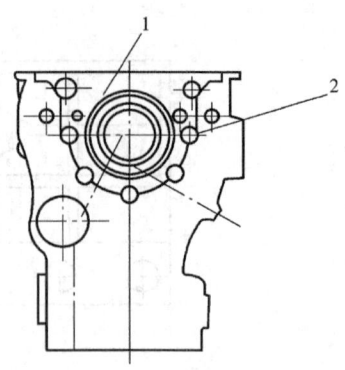

图 9-52 装配后油封盖部件
1—后油封盖部件及后油封盖垫片
2—螺栓 M8×25 及垫圈 8

9. 装配油底壳总成

将油底壳垫片及油底壳用螺栓套上垫圈装在机体下平面上，对角均匀地拧紧螺栓，然后翻 180°，使气缸盖面朝上，如图 9-54 所示。

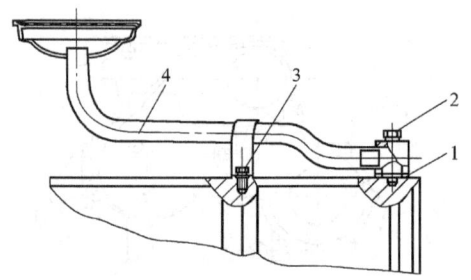

图 9-53 装配机油集滤器总成
1—机油集滤器垫片　2—螺栓 M8×40 及垫圈 8
3—螺栓 M8×16 及垫圈 8　4—机油集滤器总成

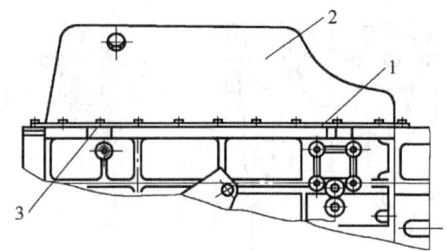

图 9-54 装配油底壳总成
1—油底壳垫片　2—油底壳总成
3—螺栓 M8×18 和垫圈 8

10. 装配飞轮壳

将密封圈套在飞轮壳 $\phi127mm$ 和 $\phi139mm$ 的孔内，将飞轮壳的两个销孔对准机体上的两个定位销并装飞轮壳于机体上，螺栓套上垫圈后拧入机体，间隔对称地拧紧螺栓，如图 9-55 所示。

11. 装配飞轮齿圈部件

擦净飞轮定位面，飞轮定位销孔对准曲轴端定位销和装配刻线，套上两装配螺栓，装飞轮齿圈于曲轴上，飞轮螺栓螺纹涂上密封胶，并按照装配刻线套上螺栓垫片松旋在曲轴上，间隔均匀地分次拧紧螺栓，最终拧紧力矩为 110～130N·m，锁片翻边保险，如图 9-56 所示。

12. 装配喷油泵总成

装喷油泵总成及其法兰垫片于齿轮室上的喷油泵垫块孔内，螺栓套上垫圈，拧上喷油泵固定螺母，并拧紧，装半圆键于喷油泵轴键槽内，如图 9-57 所示。

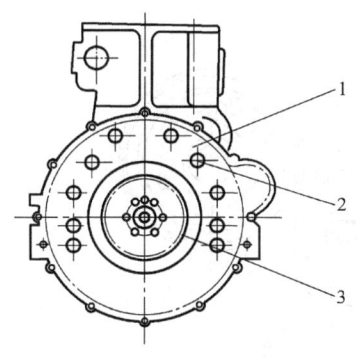

图 9-55　装配飞轮壳
1—飞轮壳　2—螺栓 M10×30 和垫圈 10
3—飞轮壳密封圈

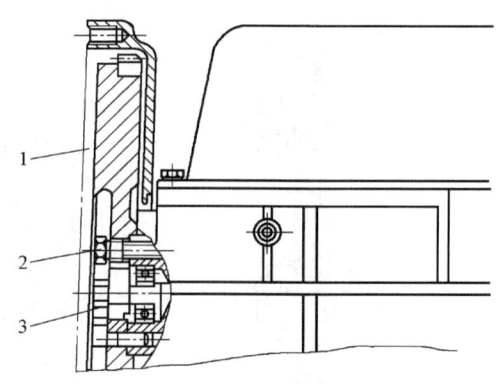

图 9-56　装配飞轮齿圈部件
1—飞轮齿圈部件　2—飞轮螺栓　3—飞轮螺栓垫片

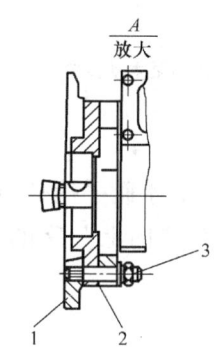
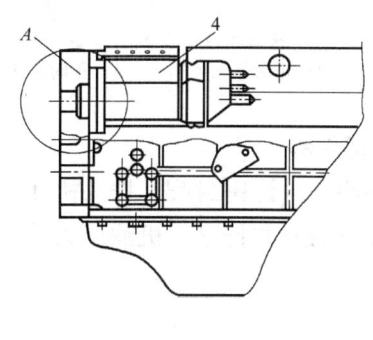

图 9-57　装配喷油泵总成
1—齿轮室　2—喷油泵法兰垫片　3—螺母 M8 和垫圈 8　4—喷油泵总成

13. 装配齿轮系

拆下正时惰齿轮压板及其螺栓并放好，将正时惰齿轮组件的正时记号分别与曲轴正时齿轮和凸轮轴正时齿轮的正时记号对齐，装正时惰齿轮组件于惰齿轮轴上，将正时惰齿轮压板用压板螺栓重新装到惰齿轮轴上，拧紧两个螺栓，惰齿轮压板紧固后，惰齿轮轴的轴向间隙为 0.070～0.165mm。将喷油泵正时齿轮组件的正时记号与正时惰齿轮组件的正时记号对齐，装喷油泵正时齿轮组件于喷油泵轴上（需要装上半圆键），再套上垫圈，旋上螺母，如图 9-58 所示。转动喷油泵正时齿轮，观察各齿轮与齿轮室是否干涉，如无干涉响声，再拧紧喷油泵轴六角螺母 M12，装机油泵主动齿轮于曲轴上，与其配对的机油泵齿轮啮合间隙应为 0.10～0.16mm，且两齿轮端面平齐。转动曲轴，齿轮传动必须灵活，无卡滞、盘重现象，在各齿轮啮合部位加少量的润滑油。

14. 装配齿轮室

将装前油封的曲轴轴颈表面和油封表面擦净，涂上少量清洁的润滑油，装齿轮室盖垫片和齿轮室盖于齿轮室定位套上，逐次、均匀地拧紧螺栓，装提前器盖垫片和提前器盖于齿轮室盖上，均匀地拧紧螺栓，如图 9-59 所示。

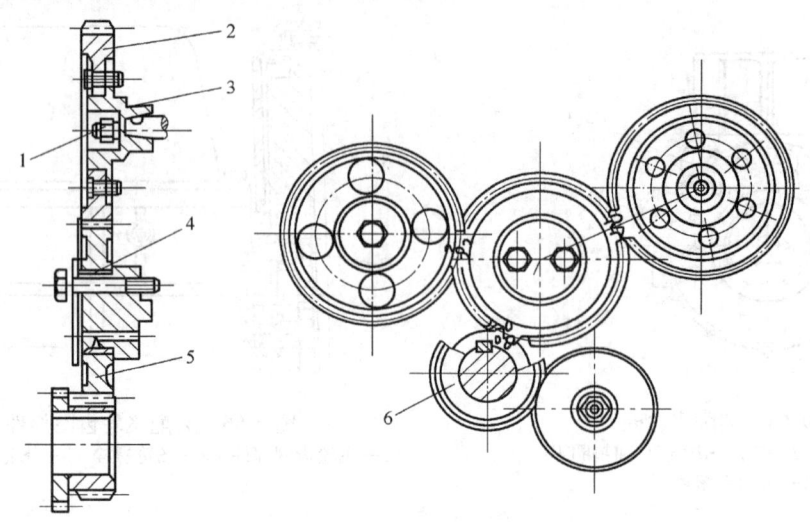

图 9-58 装配齿轮系
1—螺母 M12 和垫圈 12 2—喷油泵正时齿轮 3—连接盘
4—正时惰齿轮衬套 5—正时惰齿轮 6—机油泵主动齿轮

15. 装配放水阀部件等

在放水阀螺纹端涂上少许密封胶，拧入机体并拧紧，放水阀手柄必须朝上，在机油压力传感器螺纹处涂少许密封胶并拧紧，机油压力传感器上有"向上"字的面朝上，如图 9-60 所示。

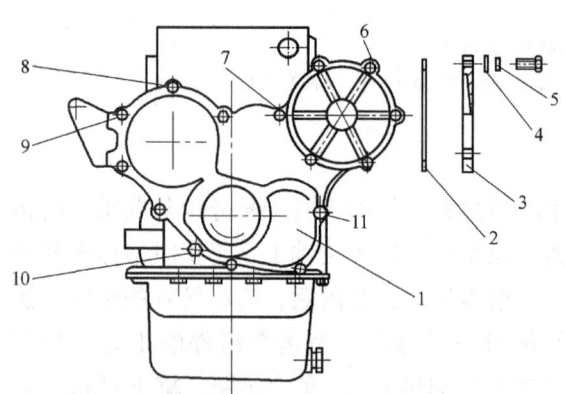

图 9-59 装配齿轮室盖
1—齿轮室盖油封组件和齿轮室盖垫片
2—提前器盖垫片 3—提前器盖 4、5—垫圈 8
6—螺栓 M8×50 7—螺栓 M8×85 8—螺栓 M8×65
9—螺栓 M8×30 10—螺栓 M8×45 11—螺栓 M8×80

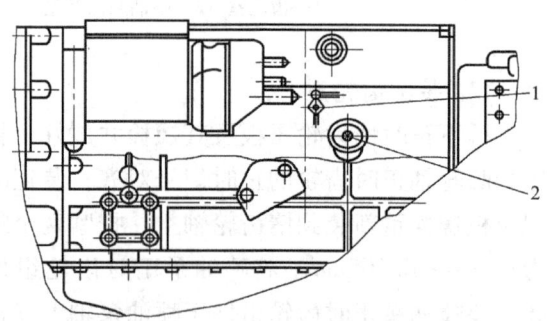

图 9-60 装配放水阀部件和机油压力传感器
1—放水阀部件 2—机油压力传感器

16. 装配水泵总成

在双头螺柱的短螺纹端涂少许密封胶，装双头螺柱于机体螺纹孔中，将水泵连接板垫片的两面均匀地涂上密封胶，将水泵连接板垫片和水泵总成装在机体上，将平垫圈、弹簧垫圈套上螺柱端，旋上螺母，拧紧螺母，如图 9-61 所示。

17. 刻上止点刻线

盘动飞轮,使 1 缸活塞处于最高点(即上止点),按飞轮上止点刻线为准,对准飞轮中心在飞轮壳观察孔口处刻上止点刻线,敲气缸盖上的两个定位套,如图 9-62 所示。

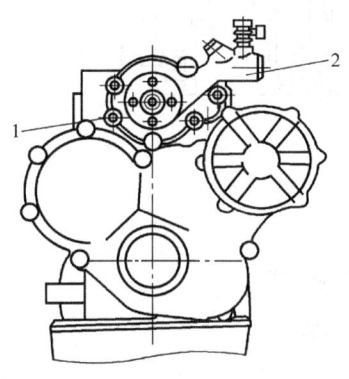
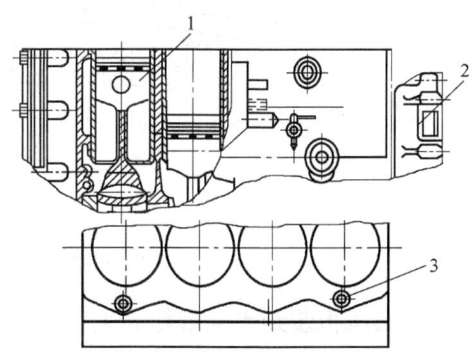

图 9-61　装配水泵总成
1—螺母 M8、垫圈 8 和双头螺柱 M8
2—水泵总成

图 9-62　刻上止点刻线
1—1 缸活塞(上止点位置)
2—上止点刻线　3—气缸盖定位套

18. 装配气缸盖总成

气缸盖垫片两面均匀地涂上密封胶,注意正、反面,机体气缸盖接合面必须保持清洁,合装前气缸套壁面必须涂有少量清洁的润滑油,将气缸盖垫片和气缸盖总成放在机体顶部(各螺栓孔对准)上,将气缸盖螺栓分别涂上密封胶,穿过气缸盖螺栓孔及垫片螺栓孔,松旋在机体气缸盖面螺孔中,按图 9-63 中的顺序从中间向两端展开均匀分 3 次拧紧,最终拧紧力矩为 120~140N·m。

> ⚠ **注意:**
> 图 9-63 中的 ⑫、④、⑥、⑭ 对应的是气缸盖短螺栓,其余为长螺栓。

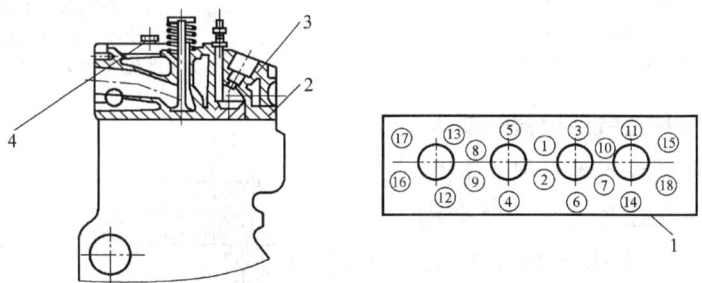

图 9-63　装配气缸盖总成
1—机体气缸盖面　2—气缸盖垫片　3—气缸盖总成　4—气缸盖螺栓垫圈

19. 装配曲轴带轮

如图 9-64 所示,装曲轴带轮、起动爪垫圈和起动爪,并拧紧起动爪,拧紧力矩为 110~130N·m。

20. 装配风扇和水泵带轮

如图 9-65 所示,用散热器水管 $\phi 19 \times \phi 27 \times \phi 90$ 连接水泵和节温器,依次将水泵带轮、

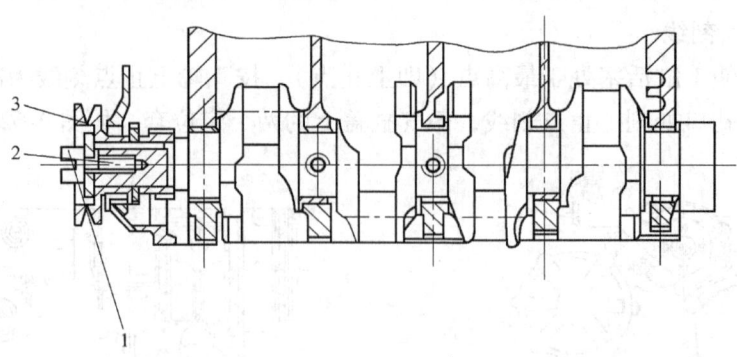

图 9-64 装配曲轴带轮
1—起动爪 2—起动爪垫圈 3—曲轴带轮

风扇和风扇压板装到水泵带轮壳上,将螺栓套上垫圈并拧紧。

21. 装配充电发电机总成

如图 9-66 所示,装配充电发电机总成,上 V 带并调整 V 带的张紧度,要求在 V 带中部用手指施加压力 30~50N,V 带移动距离为 10~15mm,拧紧螺母和发电机撑板的螺栓。

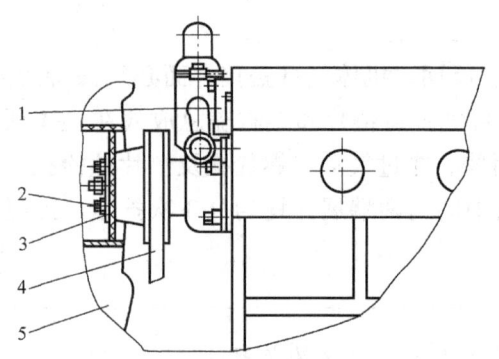

图 9-65 装配风扇和水泵带轮
1—水管 φ19×φ27×φ90
2—螺栓 M8×20 及垫圈 8
3—风扇压板 4—V 带 5—风扇

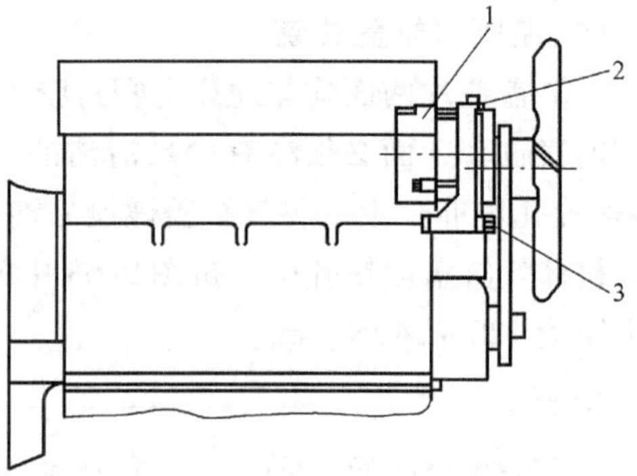

图 9-66 装配充电发电机总成
1—充电发电机总成
2—螺栓 M8×35 及垫圈 8
3—螺栓 M10×90 及螺母 M10

22. 装配气门推杆及气门摇臂轴部件

将气门推杆依次塞入推杆孔,把气门摇臂轴部件放在气缸套上,并分别用五个螺栓 M8×60 及五个螺栓 M8×45 各套上一个弹簧垫圈 8,把气门摇臂轴部件装在气缸盖上,如图 9-67 所示,依次均匀拧紧各螺栓,装配后转动曲轴应无碰撞现象。

23. 调整气门间隙

将曲轴旋转到使 1 缸活塞处于压缩上止点位置,用塞尺分别插入 1 缸进、

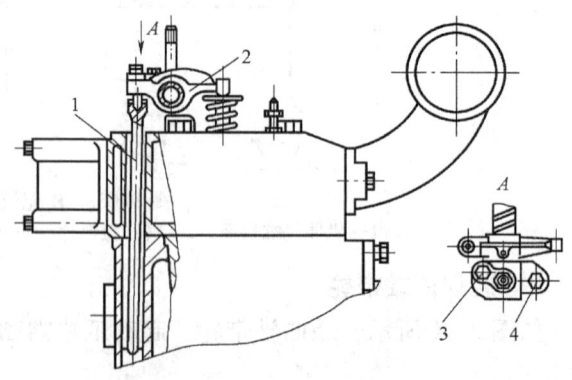

图 9-67 装配推杆及摇臂轴部件
1—气门推杆 2—气门摇臂轴部件
3—螺栓 M8×60 和垫圈 8 4—螺栓 M8×45 和垫圈 8

排气门与气门摇臂之间,调整进、排气门间隙,进排气门间隙应为 0.28～0.33mm,拧紧锁紧螺母。如图 9-68 所示,依次按气缸的发火顺序(1—3—4—2)调整各缸气门间隙,将观察孔盖板及垫片装上飞轮壳(螺孔对准),并分别松旋上两个螺栓 M6×12 及两个弹簧垫圈、两个平垫圈,然后拧紧两个螺栓。

24. 装配气缸盖罩总成

在摇臂轴颈处涂上少量清洁的润滑油,将气缸罩密封圈套上气缸罩,必须全部贴实不扭歪,装气缸罩总成于气缸盖平面上,均匀地拧紧气缸盖螺母,如图 9-69 所示。

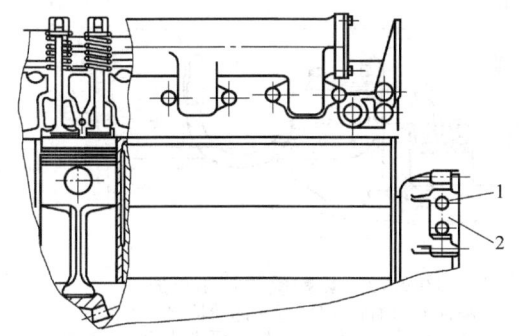

图 9-68 调整气门间隙
1—螺栓 M6×12 及弹簧垫圈 6、平垫圈 6
2—观察孔盖板及垫片

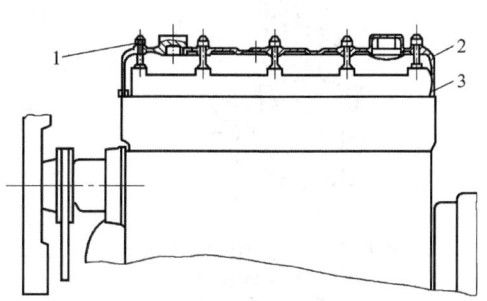

图 9-69 装配气缸盖罩总成
1—螺母 M8 和垫圈 8 2—气缸盖罩总成
3—气缸盖罩密封圈

25. 装配喷油器总成

将喷油器及其铜垫圈放入气缸盖喷油器孔中,套上喷油器压板(加工面朝上),松旋上两个螺母 M8 及两个弹簧垫圈 8,如图 9-70 所示。

26. 装配高压油管总成

依次按气缸顺序 1—2—3—4 分装高压油管并拧紧,各高压油管装平齐后用夹箍夹紧,拧紧喷油器压板螺母,并使压板平面与喷油器孔口平面平齐,如图 9-71 所示。

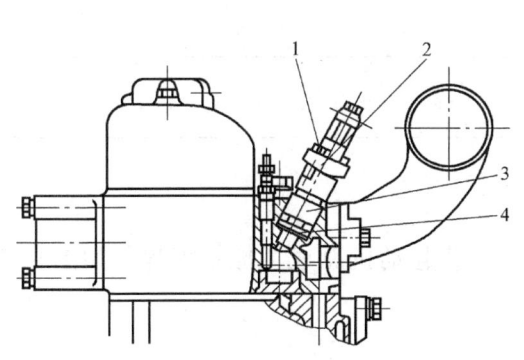

图 9-70 装配喷油器总成
1—螺母 M8 2—喷油器压板
3—喷油器总成 4—铜垫圈

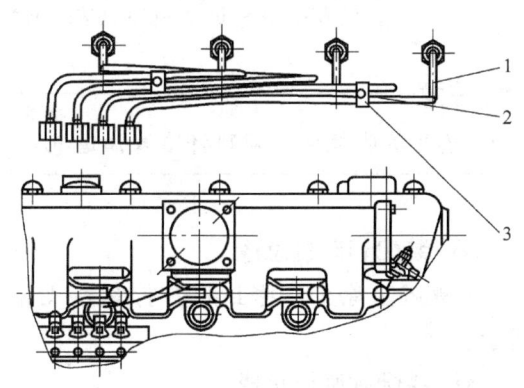

图 9-71 装配高压油管总成
1—高压油管总成
2—螺钉 M5×20 和垫圈 5、螺母 M5 3—夹箍

27. 装配燃油滤清器总成

装燃油滤清器总成于机体上，均匀地拧紧螺栓，如图9-72所示。

28. 装配燃油管路总成

装喷油器回油管部件，装滤清器出油管部件，装输油泵出油管部件，装输油泵进油管接头部件，如图9-73所示。

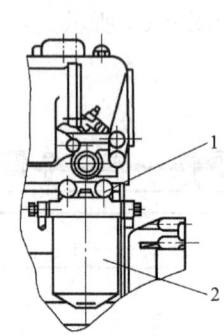

图 9-72　装配燃油滤清器
1—螺栓 M8×25 和垫圈 8
2—燃油滤清器总成

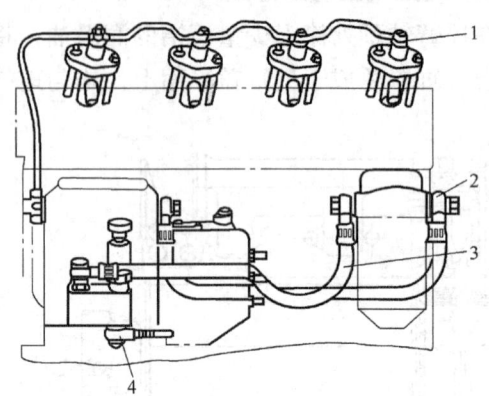

图 9-73　装配燃油管路总成
1—喷油器回油管部件　2—滤清器出油管部件
3—输油泵出油管部件　4—输油泵进油管接头部件

29. 机油滤清器总成装配

装机油滤清器垫片和机油滤清器总成于机体侧面，拧紧螺栓，如图9-74所示。

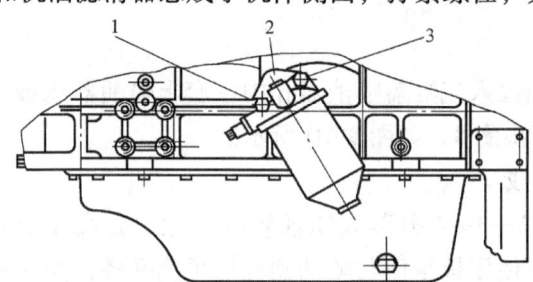

图 9-74　装配机油滤清器总成
1—螺栓 M8×50　2—机油滤清器总成和机油滤清器垫片　3—螺栓 M8×25 和垫圈 8

注意：

垫片不能装反，否则将堵塞油道孔。

30. 装配起动机总成

在螺栓上涂少许密封胶并拧紧在飞轮壳上，并装起动机总成，拧紧螺栓，如图9-75所示。

31. 装配呼吸器总成

在推杆室垫片两面均匀地涂上密封胶，将推杆室垫片和呼吸器总成装于机体上并拧紧螺栓，如图9-76所示。

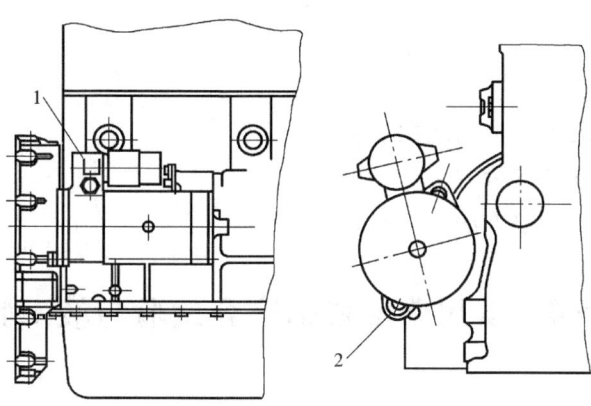

图 9-75　装配起动机总成
1—起动机总成　2—螺栓 M12×35 和垫圈

32. 装配油尺部件

将油尺部件插入油底壳的油尺套管中，如图 9-77 所示。

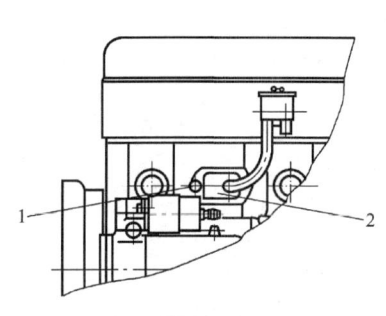

图 9-76　装配呼吸器总成
1—螺栓 M8×16 和垫圈 8
2—呼吸器总成和推杆室垫片

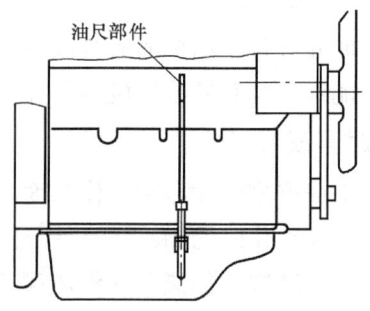

图 9-77　装配油尺部件

33. 装配左、右托脚及加润滑油

将两个右托脚和一个左托脚用螺栓套上垫圈，然后装在机体和飞轮壳的左、右托脚孔上并拧紧，起吊柴油机，从装配架上卸下，再装上另一个左托脚，如图 9-78 所示。

将柴油机吊放在工作台上，加注润滑油，油面高度应在油尺刻线之间。

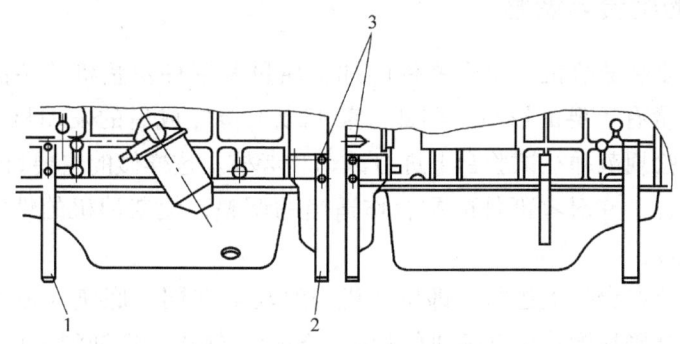

图 9-78　装配左、右托脚
1—左托脚　2—右托脚　3—螺母 M10×26 和垫圈 10

课后练习

简答题

1. 活塞连杆总成装入气缸的注意事项是什么？
2. 简述气缸盖螺栓的拧紧方法。
3. 简述气门间隙的调整方法。

任务4　农用柴油机的磨合试验与竣工验收

任务目标

☞ 知识目标：

1）掌握柴油机的磨合试验规范和竣工验收标准。
2）掌握柴油机磨合和验收的一般工艺。

☞ 能力目标：

1）能够进行柴油机的磨合试验，能制定磨合规范。
2）能对大修后的柴油机进行技术验收。

☞ 素质目标：

1）培养严谨的学习和工作态度。
2）培养工作时的细心和责任心。
3）培养遵守工作流程的作风和工作安全意识。

任务描述

以多缸柴油机 N485 为例，介绍柴油机的磨合试验规范、竣工验收标准及磨合与验收的一般工艺。

任务实施

一、发动机的磨合与调整

柴油机是一种复杂的热机，每个零件的加工质量和部件及整机的装配质量（包括调整质量）都对整机质量有重要的影响。因此，装配或大修完成后的发动机，必须按国家颁发的试验办法拟定试验规范并在试验台上进行试车和考核。这样做的主要目的是将发动机各运动零件进行初期磨合，并对零部件的配合作适当的调整，使柴油机的性能符合设计指标要求，然后经检测认可。

柴油机磨合试验在台架上进行，即柴油机与测功器在同一底座（或称为平板）上连接在一起，可以比较准确地测算出柴油机的功率、转速、转矩、燃油消耗率、排气温度、润滑油压力、润滑油温度、冷却液温度和排气烟度等数据。

试车工艺分为自检、上台架测试、空运转磨合与调整、工况运转测试与检验及吊下试验台等步骤。

1. 空运转磨合

柴油机在性能检测前应进行磨合运转，磨合运转规范按表9-1进行。

表9-1　几种多缸柴油机的磨合运转规范

序号	N285Q		N385Q		N485Q		时间/min
	转速/(r/min)	功率/kW	转速/(r/min)	功率/kW	转速/(r/min)	功率/kW	
1	1 200	0	1 300	0	1 300	0	5
2	1 920	0	2 080	0	2 080	0	5
3	2 400	0	2 600	0	2 600	0	10
4	2 400	6.61	2 600	11.03	2 600	14.70	30
5	2 400	9.92	2 600	16.55	2 600	22.05	30
6	2 400	13.22	2 600	22.06	2 600	29.40	70

2. 调整

1）供油提前角的检查。柴油机起动前应检查供油提前角。如果超出表9-2的规定值，则应重新调整供油提前角。

表9-2　调整供油提前角的规范

型　　号	提前角
N285Q	上止点前 $16°_{-2°}^{0°}$
N385Q/N485Q	上止点前 $16°\pm1°$

2）起动试验。柴油机应进行冷态起动试验，在规定时间15s内顺利起动，若第一次起动不成功，应间隔2s后进行第二次起动。

3）柴油机起动后，首先使柴油机处于急速（转速小于或等于700r/min）运转，检查柴油机运转是否正常、是否有润滑油压力、有无异响（允许有轻微而均匀的齿轮正常传动响声和气门响声，但不允许有任何的敲击声），然后调整柴油机转速，使柴油机低速运转（N285Q，1 200r/min；N385Q/N485Q，1 300r/min），5min后转速提高（N285Q，1 920r/min；N385Q/N485Q，2 080r/min），运转5min后再提高转速（N285Q，2 400r/min；N385Q/N485Q，2 600r/min），运转10min。

4）停车，拆下气缸罩调整进、排气门间隙（热车），进气门间隙为0.22～0.27mm，排气门间隙为0.22～0.27mm。

5）装上气缸罩重新起动柴油机。

二、各工况运转试验及测量各项指标

1. 运转试验

按表9-1（序号4～6）中运转工况的时间进行运转试验。

（1）检查标定功率　在标定转速下，喷油泵供油量控制机构置于供油量最大位置时，柴油机应能输出标定功率,标定功率应符合表9-3中的规定。

(2) 检查转矩特性　柴油机最大转矩点的转速和最大转矩应符合表9-4的规定;反之,则重新调整。

表9-3　几种多缸柴油机的标定功率

型　号	标定功率/kW	标定转速/(r/min)	转矩/N·m
N285Q	13.2	2 400	52.5
N385Q	22.1	2 600	81.2
N485Q	29.4	2 600	108

表9-4　几种多缸柴油机的转矩特性

型号	最大转矩点转速/(r/min)	最大转矩/N·m
N285Q	≤1680	60.5
N385Q	≤1820	93.2
N485Q	≤1820	124.3

(3) 测量各参数　测量在标定工况和最大转矩工况下的各参数值,应符合表9-5的规定。

表9-5　几种多缸柴油机的各参数值

测量项目		N285Q		N385Q		N485Q	
名称	单位	标定工况	最大转矩工况	标定工况	最大转矩工况	标定工况	最大转矩工况
燃油消耗率	g/kw·h	≤277	≤271	≤272	≤266	≤269	≤263
排气温度	℃	≤550					
冷却液温度	℃	≤95					
润滑油温度	℃	≤105					
润滑油压力	kPa	196~392					

(4) 检查各缸的工作均匀性　柴油机在标定工况下运转时,各缸排气温度的允差为±5%。

2. 润滑油压力的检查

在柴油机运转过程中,润滑油压力应始终处于196~392kPa;在急速时,润滑油压力应大于50kPa。

3. 稳定调速率试验

柴油机在标定工况下的稳定调速率小于8%。

4. 最高空载转速试验

柴油机最高空载转速应符合表9-6的规定。

表9-6　多缸柴油机的最高空载转速

型　号	最高空载转速/(r/min)
N285Q	≤2 600
N385Q/N485Q	≤2800

5. 最低空载稳定转速试验

最低空载稳定转速不大于 700r/min，转速波动限于 ±30r/min。

6. 窜润滑油检查

柴油机在润滑油温度大于或等于 85℃ 时，经 60% 标定转速空载运转 15min 后，排气总管出口处允许有少量油迹，若发现大量油迹，应找出原因或吊离台架进行返修。

7. 发电机发电状态的检查

在柴油机试验过程中发电机始终处于发电状态。

注意以下几点：

1）在整个试验过程中，柴油机各部位应正常工作，不允许有异常的敲击声，未出现局部过热及漏水、漏油、漏气等现象。当指标达不到上述要求时，应立即排除并进行调整。

2）运转过程中，如果更换喷油泵或喷油器，则应重新进行有关各项性能指标的测定。

3）运转过程中，如果更换柴油机主要零件，如气缸盖、气缸套、凸轮轴、曲轴、轴瓦、连杆、活塞和活塞环等零件时，应重新进行磨合和试验。

4）试验中，如果发生故障，必须停机时，应重新进行该项试验。

项目十 柴油机使用维护及检修典型实例

【项目描述】

一台柴油机质量的好与坏,主要取决于三个方面:一是产品本身质量(性能及可靠性);二是使用者的使用与维护保养是否符合产品说明书的有关要求;三是维修者的维修技术能否恢复或接近产品的技术性能。以上三者中的任何环节出现问题,都会给产品质量造成不良影响。本项目讲述柴油机使用与保养、故障分析与检修的有关知识。

【项目目标】

1)掌握柴油机使用与保养的方法。
2)掌握柴油机故障分析与检修的方法。

任务1 柴油机的使用与保养

任务目标

☞ 知识目标:

1)掌握柴油机柴油的选择知识。
2)掌握柴油机润滑油的选用方法。
3)掌握柴油机冷却液的选用方法。
4)掌握柴油机常规运行的方法。
5)掌握柴油机维护与保养的方法。

☞ 能力目标:

1)能正确选用柴油机柴油。
2)能正确选用柴油机润滑油。
3)能正确选用柴油机冷却液。
4)能正确运行柴油机。
5)能对柴油机进行正确的维护与保养。

☞ 素质目标:

1)养成勤于动手的良好习惯。
2)培养学习中敢于质疑、提出自己见解的精神。

任务描述

1）分别介绍柴油机柴油、润滑油和冷却液的使用方法。
2）介绍柴油机常规运行的方法。
3）介绍柴油机维护与保养的方法。
4）让学生动手练习，熟练掌握。

任务实施

柴油机是农用机械工作的"心脏"，只有细致和正确地使用与维护，才能确保柴油机可靠、安全、经济、耐久地正常运转和工作。为此，在正式起动柴油机前，必须认真、仔细地阅读和领会柴油机产品使用维护说明书的内容与要求。

一、柴油机的用油

1. 柴油的规格和牌号

柴油是在 533～623K 的温度范围内，从石油中提炼出的碳氢化合物，含碳87%、氢12.6%和氧0.4%，分为轻柴油和重柴油。

轻柴油按其质量的不同分为优等品、一等品和合格品三个等级，每个等级又按柴油凝点的不同分为 10 号、0 号、-10 号、-20 号、-35 号和-50 号六个牌号，其凝点分别不高于10℃（15℃以上使用）、0℃（5℃以上使用）、-10℃（-5℃以上使用）、-20℃（-15～-5℃使用）、-35℃（-29～-14℃使用）和-50℃（-45℃以上使用）。轻柴油的代号分别为 RCZ-10，RC-0，RC-10，RC-20，RC-35，"R"和"C"是"燃"和"柴"字的汉语拼音字头，凝点在0℃以上的则在"-"前加上"Z"字，选用时，所选柴油的凝点应比实际气温低 5～10℃。

2. 轻柴油的使用性能指标

（1）发火性　发火性是指柴油的自燃能力，以十六烷值来表示，是评价柴油着火难易的一个重要指标。十六烷值越小，发火性越差，着火延迟期变长，柴油机工作粗暴。十六烷值越高，发火性越好。汽车用柴油要求十六烷值不小于45。

（2）蒸发性　蒸发性由燃油的蒸馏试验确定。馏程是表征柴油蒸发性的一个指标，以某一馏出容积百分数下的温度表示。50%馏程表征了柴油的平均蒸发性能，该温度越低，说明柴油的蒸发性越好。

蒸发性也可以通过闪点来衡量。闪点是指在一定的试验条件下，当柴油蒸气与周围空气形成的混合气接近火焰时，开始出现闪火的温度。闪点低，蒸发性好。

（3）低温流动性　用柴油的凝点来评价低温流动性。凝点是指柴油冷却到开始失去流动性的温度。汽车轻柴油就是按凝点的不同分为各种牌号。选用柴油时，应根据当时当地的气温确定，要求柴油的凝点低于实际气温5℃以上。

（4）粘度　粘度决定燃油的流动性，温度越高，粘度就越小，流动性也就越好。

（5）机械杂质和水分　机械杂质会引起喷油器的喷孔堵塞，加剧喷油泵和喷油器精密偶件磨损，而水分会使燃烧恶化，都应严格进行控制。尤其是柴油的输运和添加等环节，注意防止外界灰尘、杂质及水分混入，应进行沉淀和严格的过滤。

除此之外，对柴油的化学稳定性和腐蚀性等也都有要求。

3. 柴油的选用

柴油是依据柴油机的使用地区和使用季节的气温来选用的。气温低时，应选用凝点较低的柴油；反之，则应选用凝点较高的柴油。为保证清洁，柴油应经过至少48h的沉淀并用绸布过滤后再使用，这对防止喷油泵和喷油器柱塞的早期磨损极为重要。

由于凝点低的柴油价格较高，为符合节约原则，并保证柴油机正常工作，在选用时，一般要求柴油的凝点比其使用的环境温度最低低4～6℃。轻柴油的适用范围见表10-1。

表10-1 轻柴油的适用范围

柴油牌号	适用最低气温/℃	适用地区和季节
10号	12	全国各地6～8月份，长江以南4～9月份
0号	3	全国各地4～9月份，长江以南冬季
-10号	-7	长城以南地区冬季和长江以南地区严冬
-20号	-17	长城以北地区和长城以南，黄河以北地区严冬
-35号	-32	东北和西北地区严冬
-50号	-45	黑龙江北部和新疆北部地区严冬

柴油使用的注意事项如下：

1) 不同牌号的柴油可以混合使用，并可以根据气温的高低酌情调配。需注意的是，混合后的柴油凝点并不遵循比例加成的关系。例如：将-10号柴油与-20号柴油以1:1的比例混合，则混合后其凝点并不是-15℃，而是-13℃左右。

2) 在低温下因缺乏低凝点柴油而不易起动时，可以向柴油中掺入10%～40%的裂化煤油以降低其凝点，或采用适当的预热措施，也可使用柴油机低温起动液起动。使用起动液时不能将起动液加入柴油箱内，否则会产生"气阻"。应该用注射器直接注入进气管，用量一般为10～25mL。

3) 柴油不能与汽油混合，因为汽油的自燃点高，会使柴油机起动困难，甚至无法起动。

4) 做好柴油的净化工作，柴油在使用前必须沉淀48h，并经滤网过滤，以防机械杂质混入，引起供油系统磨损和出现故障。

二、润滑油的选用

1. 润滑油的选用原则

1) 工作负荷大、转速低的柴油机（挖掘机、装载机、拖拉机、非公路重载车辆和船用发动机等），应选用粘度较大的润滑油；工作负荷轻、转速高的柴油机应选用粘度小些的润滑油。这主要是为保持摩擦面有足够的油膜厚度，且摩擦阻力小，节省燃料。

2) 应根据柴油机的强化与苛刻程度以及活塞第一道环岸区域温度的高低程度选用润滑油，强化程度高（增压与增压中冷机型）、工作苛刻（持续全速、全负荷工作）、活塞第一道环岸区温度高（直喷式）的柴油机应选用质量级别高的润滑油。例如：增压机型选 CD 级及以上的润滑，增压中冷机型选 CF-4 级及以上的润滑油。

3）应根据柴油机的润滑油装入量与功率比选用润滑油。润滑油容量大，且油量常保持在游标卡尺的上刻度线附近，单位体积润滑油负担的功率相对较小，对润滑油的质量要求低一些，换油期可长一些；润滑油容量小，单位体积润滑油负担的功率大，对润滑油的质量要求高，换油期就短一些。

4）应根据地区、季节和气温选用不同粘度级别的润滑油。冬季寒冷地区（中国的东北、西北地区）应选用粘度小、凝点低的多级润滑油，以确保车辆冬季冷起动顺利，并及时、有效地供油到各润滑点和面。全年气温较高的地区（中国江南地区夏季），可选用粘度适当大些的润滑油。而对于夏季沙漠地区，则应选用粘度级别更高的润滑油，以确保有足够的润滑油压力。

5）新发动机应选用粘度小一些的润滑油，使用时间较久、磨损间隙较大的发动机则可选用粘度较大的润滑油。

2. 润滑油换油期

按该柴油机指定使用的最低一级润滑油正常使用时，车用柴油机每行驶 10 000 ~ 11 000km（农用机械每运行 150 h 左右）应换油一次，选用的润滑油级别比该柴油机指定使用的级别高一级，则换油期允许适当地延长或相应地增加 1 500 ~ 2 000km（农用机械为 30h 左右）。

三、冷却液的选用

柴油机所使用的冷却液必须是清洁的天然降水（雨水和雪水）或清洁的河水等软水。如果使用硬水（井水和泉水等），必须事先将其软化。软化方法有两种，即煮沸（烧开）或在 30L 水中加入 20g 苛性纳（氢氧化钠，俗称烧碱），制成溶液。

四、柴油机的运行

1. 柴油机起动前的准备工作

1）检查散热器中冷却液是否足够，若不够，则应按规定注入足够的冷却液。

2）检查油底壳的润滑油量，若不够，则应添加到油尺规定的位置。

3）检查柴油箱中的柴油是否足够，若不够，则应按规定添加柴油。

4）检查电气系统各部分是否正常、蓄电池的电量是否充足，应注意给蓄电池加足电解液。

5）用手动泵排除输油管路中的空气。

6）摇转曲轴数次，检查各运动件是否都能灵活运转。

7）检查柴油机各附件（增压器、喷油泵、输油泵、柴油滤清器、水泵、风扇、发电机、风扇传动带、起动机、机油滤清器、EGR 阀和散热器等）连接是否可靠。

2. 柴油机的起动

1）将调速手柄置于中速位置。

2）旋松柴油滤清器的放气螺钉，掀起手压输油泵排除燃油系统内的空气。如果是新柴油机或较长时间停用的柴油机，其燃油系统中存有空气较多时，可旋松喷油泵放气螺钉，不断地掀起手压输油泵以排除系统内的空气。若是经常使用的柴油机，可根据情况省去这一步骤。

3）按起动按钮，使柴油机起动。如果柴油机5s内不能起动，应放开起动按钮，经过2～3min后再按起动按钮，起动机起动时，起动机连续运转时间不宜超过15s。柴油机如果连续起动3次仍不能起动，应检查故障原因，排除后再起动。

4）柴油机起动后，应立即放开起动按钮，同时立即调整油门，观察转速表，是否柴油机在急速空转，并检查柴油机是否运转正常，有无不正常声响，特别是应注意润滑油压力是否正常；然后逐步搬动调速手柄，使柴油机转速达到标定转速的60%～70%，再进行空车暖机。

3. 柴油机的运转

1）当冷却液温度达到50℃，润滑油温度达到40℃以上时，柴油机才可以带负荷工作，但在使用标定功率时，出液温度应达到80℃左右。

2）柴油机负荷和转速的增加或减小应逐步、均匀地进行，一般情况下不允许突然增加或突然卸去负荷。

3）在车辆运行过程中，应注意监测柴油机安全运行的工作仪表的读数是否正常、柴油机的排气烟色和运转响声是否正常，发现有异常时应停车进行检查。

4. 柴油机的停车

1）柴油机停车前应逐步减小负荷，在急速下运转5min，使柴油机空转，待冷却液温度降到70℃以下时方可操纵停车手柄使柴油机停车。

2）在紧急情况下柴油机必须立即停车时，可直接拉动停车手柄，从而切断供油而达到停车的目的。如果切断供油后柴油机仍旧运转或发生"飞车"等异常情况，则应立即采取以下措施：

① 松开高压油管管接螺母。

② 堵住进气管口。

3）冬季环境温度低于5℃时，必须打开机体放水开关和散热器放水开关，在装有机油冷却器的柴油机上，还需要将机油冷却器上的放水开关打开，将冷却液放净，以免冻坏机体、水泵、散热器和机油冷却器。放水时，必须把散热器的加液口盖打开，以免冷却液排放不净。

五、柴油机的维护保养

为了延长柴油机的使用寿命，减少故障的发生，降低磨损，定期保养是合理使用柴油机的重要项目。下面以CF490QZ柴油机为例，介绍柴油机维护保养的主要内容。

1. 日常维护保养

日常维护保养（每日的保养）是各级维护保养的基础，属于预防性的维护作业，由驾驶员负责执行。起动柴油机前，应仔细检查以下项目：

1）检查油底壳内的润滑油油面，如果油面升高，则应找出原因；如果不足，则必须加至规定的高度。

2）检查散热器内的冷却液是否充足，必要时加注。

3）检查柴油箱内的柴油是否够用，必要时加注。

4）检查喷油泵调速器内的润滑油油面，不足时应补充至规定位置。

5）检查柴油机的固定螺栓和各附件的安装螺栓是否紧固，如果松动，则应拧紧。

6）检查有无漏气、漏油和漏水现象，消除"三漏"。

7）排除工作中发现的故障和不正常现象。

8）清除柴油机上的灰尘和油污，保持清洁，特别要注意电气设备的干燥和清洁。

通过日常维护保养，使柴油机的螺栓和螺母不缺、不松，油、气、电、水不渗漏，润滑良好，柴油机无异响等。

2. 一级维护保养

一级维护保养由专业维修人员负责执行。除日常维护作业外，柴油机累计工作100h应增加一级维护保养项目，其内容主要是以清洁、检查、调整和补充更换为主。

1）检查气缸盖螺栓的紧固情况，并按规定拧紧力矩进行紧固。

2）检查柴油机外露螺栓、螺母及附属件的紧固情况，并按规定拧紧力矩进行紧固。

3）检查风扇传动带的张紧度，必要时应予以调整或更换传动带。

4）清除起动机电刷和换向器上的污垢，润滑发电机的轴承。

5）清除空气滤清器灰盘内的积尘，若滤芯有破损，应予以更换。

6）清洗进、排气管及消声器内的积炭。

7）清洗或更换润滑油滤芯及密封圈。

3. 二级维护保养

二级维护保养由专业维修人员负责执行。除日常维护作业外，柴油机累计工作150～200h应增加以下保养项目，其内容主要是以检查、调整和更换为中心内容。

1）清洗润滑系统，更换润滑油。

2）检查喷油器的喷油压力及雾化情况，必要时调整压力、清洗喷油器偶件。

3）检查水泵泄水孔的滴水情况，如果滴水严重，则应更换水封。

4）清洗油底壳及机油集滤器部件。

5）清洗或更换柴油滤清器和机油滤清器。

6）清理空气滤清器滤芯及灰盘。

7）检查并调整气门间隙。

8）清洗柴油箱、输油泵滤网及管路。

9）用压缩空气吹去发电机及起动机内的积层，润滑轴承并检查各部位是否正常，同时对不正常部位进行处理。

4. 三级维护保养

三级维护保养以总成解体、消除隐患为主，并执行二级维护保养的各项内容。具体内容如下：

1）清洗冷却系统。
2）更换空气滤清器滤芯。
3）检查供油提前角，必要时加以调整。
4）检查气缸盖螺栓、连杆螺栓及主轴承螺栓的紧固情况，对拧紧力矩不足的重新拧紧至规定值。
5）拆检发电机和起动机，清洗、维修并加注润滑脂。
6）根据情况决定是否需要拆卸气缸盖、修研或更换气门等。
7）根据情况决定是否需要调整喷油泵。
8）根据情况决定是否需要检查机油泵供油量及限压阀的工作状态。

除第一次保养外，以后三次保养均需要对柴油机各部位进行检视，并根据需要进行必要的调整和维修。

5. 换季维护保养

夏季和冬季温差较大，为了保证柴油机在冬季和夏季的合理使用，在季节转换之前，应结合定期维护，并附加一些相应的项目，使柴油机适应气候的运行条件，这种附加性维护称为换季维护。由于柴油机内油和水的工作性能受温度影响较大，故冬季和夏季维护保养内容应该不同，转季前应该进行换季保养。

（1）进入夏季的保养

1）可以拆除柴油机附加的保温罩及起动预热装置。
2）清洗柴油机水套，清除散热器水垢，测试节温器性能。
3）放出柴油机润滑油，清洗后加注夏季用润滑油。若使用的润滑油属于常年使用的，则不必进行更换。全年气温较高的地区（中国江南地区），可选用粘度适当大一些的润滑油。而对夏季沙漠地区，则应选用粘度级别更高的润滑油，以确保有足够的润滑油压力。

（2）进入冬季的保养

1）安装柴油机附加保温罩及起动预热装置。
2）测试节温器性能。
3）根据润滑油的使用性能，更换柴油机冬季用润滑油。冬季寒冷地区（中国的东北、西北地区）应选用粘度小、凝点低的多级润滑油。
4）采取防寒、防冻等保护措施。在环境气温低于5℃时，如果柴油机的冷却液是水，则长期停机时应注意及时将其排放干净，以免结冰胀裂机体。

除了上述问题外，其他日常维护保养，一级、二级等维护保养是相同的。

6. 走合维护保养

所谓走合，是指柴油机运行初期，改善零件摩擦表面几何形状和表面层物理、力学性能的过程。走合维护保养在柴油机运行1 500～2 500km或50h期间进行。走合维护保养包括以下内容：

1）清理空气滤清器滤芯，更换机油粗滤器滤芯，拆洗机油细滤器，更换柴油滤清器滤芯。
2）检查喷油器喷油压力及雾化情况。

3）复查紧固三大拧紧力矩（主轴承螺栓、连杆螺栓和气缸盖螺钉的拧紧力矩）。

4）检查与清洗油底壳和机油集滤器。

5）检查与调整气门间隙。

6）检查与调整供油提前角。

7）水泵和张紧轮等加注润滑脂。

8）喷油泵加注润滑油和润滑脂。

9）检查与调整传动带的张紧程度。

10）检查与调整底盘异常情况和试车。

课后练习

问答题

1. 柴油机燃油、润滑油和冷却液的选用方法及使用时的注意事项是什么？
2. 柴油机常规运行的注意事项是什么？
3. 柴油机维护保养有哪几种？

任务2　柴油机故障的分析与检修

任务目标

☞ 知识目标：

1）了解柴油机故障的类别。

2）掌握柴油机故障分析及排除的原则。

3）掌握柴油机各种常见故障的现象、原因和诊断方法。

☞ 能力目标：

1）能准确收集柴油机的故障信息。

2）能运用所学知识分析故障信息。

3）会制定常见故障的检修方案。

4）掌握常见故障的排除方法。

☞ 素质目标：

1）劳动保护与安全生产：安全文明生产，保证工具、设备和自身安全。

2）环境保护：做好废弃物分类，妥善处理废弃油液，以免造成环境污染。

3）团队协作：能与任务小组同学高效协作，共同完成任务。

4）组织沟通能力：能与同学、老师有效沟通。

5）工具使用：正确选择和合理使用相关工具。

6）规范：拆装工艺合理，操作规范。

7）5S：整理、整顿、清扫、清洁和素养。

任务描述

本项目主要由指导教师在发动机上设置故障，学生以学习小组为单位对故障现象进行分析，制定检修方案，实施故障排除，使学生对各项目的知识有一个系统的理解和运用。通过本任务的学习，学生应能达到任务目标的要求。

任务实施

一、柴油机典型故障的诊断与排除

1. 起动困难

所谓柴油机起动困难，指的是新机在环境温度为5℃左右时，或在技术条件规定的温度范围内，连续起动3次均不成功者；对在用柴油机，起动困难是指在常温下，多次起动都难以成功。起动困难是柴油机常见故障之一。

柴油机起动困难分为两种情况：一是冷机起动困难，而热机起动不困难；二是冷机起动困难，热机起动同样困难。

（1）柴油机冷机起动困难而热机起动不困难

现象：

1）起动转速正常，排气管不排烟。

2）起动转速正常，排气管冒白烟。

3）起动转速正常，排气管冒黑烟。

4）冷机起动后，热机起动比较容易。

原因：

1）起动转速正常，排气管不排烟。

① 低压油路中有空气，致使无油输送到喷油泵和喷油器。

② 喷油泵的断油电磁阀未处于供油位置，致使无法向喷油器供油。

2）起动转速正常，排气管冒白烟。

① 柴油质量不良或柴油箱底部有水。

② 环境温度低造成机体温度低，柴油在气缸内燃烧不完全或不燃烧即被排出。

③ 气缸垫被冲了水孔位或气缸套内进水。

④ 低温起动，热机后白烟消失是正常现象。

3）起动转速正常，排气管冒黑烟并带有半爆炸声。

① 喷油器雾化不良，个别或多个喷油器工作不良。

② 喷油泵供油提前角大，供油多，造成燃烧不完全。

③ 进气量不足。

4）冷机起动运转升温后，热机起动容易。

① 这是活塞环或气缸的磨损达到临界间隙所致，升温后润滑油均匀润滑，弥补了该间隙；润滑油温度升高，粘度下降，摩擦阻力减少，使热机容易起动。

② 喷油器针阀的磨损同样到达临界间隙，热膨胀后间隙减小，从而恢复到良好的喷油状态，致使热机容易起动。

5）冷机起动曲轴转速不快，热机起动正常。

① 蓄电池电量不足，起动后发电机对蓄电池补充充电，之后电量回升。

② 起动机电枢与磁场之间有摩擦现象，转矩不够，热机后起动阻力相对减小，易起动。

诊断与排除：

1）确认柴油质量良好，柴油箱无水，有水应放完水。

2）在环境温度低于5℃且柴油机又暴露在室外的情况下，起动前应加注热水或开水人为热机；如果有冷起动装置，则应检查其是否起作用。

3）检查进气系统部件，如气门间隙是否正常、空气滤清器是否良好以及进、排气道是否畅通等。

4）检查喷油器喷油压力、喷油质量和有无滴油现象。

5）检查喷油泵供油提前角和断油电磁阀，调整至最佳供油位置。

6）冷机不易起动而热机易起动是机械部分的问题，也是快要进入维修期的先兆，不能忽视。

7）起动或中、低速运行，无论是低温或升温后都看到排气管冒白烟，且散热器又冒水泡，则应拆检气缸垫，检查气缸套有无漏水现象，并针对故障进行修理。

2. 柴油机转速不稳

柴油机转速不稳，有三种表现形式：一是振抖，二是游车，三是飞车。振抖故障有先天性的和后天性的两种。游车故障不排除，会带来飞车隐患，而飞车则是一种十分严重的故障。

（1）先天性振抖

现象：

新柴油机起动后即有振抖现象发生，转速越高，振抖越剧烈，怎样调整都无法排除。

原因：

柴油机旋转组件（如曲轴飞轮组和离合器总成）动不平衡；往复运动组件（如活塞连杆组）之间质量超差过大；怠速转速调整到低于额定转速时，也会造成振抖。

一般来说，振抖故障不应该发生在新出厂的柴油机上。因为按规定，装新机时要对各运动组件进行严格的测试，活塞连杆组的质量差也有严格的规定，并且是分组安装的，以保证整机往复惯性力和离心力的平衡。新柴油机发生振抖现象的，多为拼装产品。

一些修理厂在大修柴油机时未按规定对新换的运动组件进行检验和修理，也有可能造成大修竣工的柴油机发生振抖故障。

另外，柴油机怠速调整过低、支承软垫太硬或与底盘发生共振，也会引起抖动，调高怠速后抖动现象消除。

诊断与排除：

新机出现这种故障，如果是因为怠速调得过低出现的，则可以调高怠速予以排除，或者选用硬度小些的软垫；排除不了时，应当找供货商或生产厂家进行处理。

大修更换运动件后出现无法消除的振抖故障，应解体重点检测运动组件的动不平衡量或质量差，同时检验喷油器和喷油泵，必要时检查活塞、活塞环与气缸之间的间隙，以确保柴油机压缩压力正常。

有些柴油机安装到底盘上的倾角不合格，对中性差，也会引起柴油机及整车振动。

（2）后天性振抖

现象：

1）装车后的柴油机，起动后振抖，加速时振抖更严重，行驶时给人一种要散架的感觉。

2）柴油机发出清脆而有节奏的金属敲击声，急加速时响声更大，排气管冒黑烟。

3）气缸内发出没有节奏的、低沉的、不清晰的敲击声。

原因：

1）柴油机支架螺栓松动或支架断裂，胶垫因老化破损而剥落。

2）供油时间过早或过迟，喷油雾化不良或喷油器滴油。

3）各缸供油不一致。

4）柴油机机体温度太低，燃烧不充分，工作不均匀。

诊断与排除：

1）检查柴油机支架螺栓的松紧度，支架螺栓应按规定拧紧力矩上紧；检查支架是否断裂，如果断裂，则应焊补或更换新支架；检查胶垫，如果老化或断裂，则应更换新件。

2）检查和调整柴油机的供油正时，检查喷油器的喷油质量和密封性能。

3）必要时拆下喷油泵，在喷油泵试验台上做性能试验。

4）检查冷却系统的工作情况，尤其是在环境温度较低时，更要检测节温器的安装情况和工作性能，必要时更换新件。

3. 柴油机游车

现象：

1）柴油机在怠速或中、低速工况下，有规律地忽快忽慢运转。

2）柴油机的转速提不高，功率不足。

原因：

1）喷油泵调速器的故障。

① 调速器外壳的孔及喷油泵盖板孔松旷。

② 调速器内的润滑油量少或结胶、润滑不良。

③ 飞块销孔和座架磨损松旷，灵敏度不一致或收张距离不一致。

④ 调速器弹簧折断或变形，弹簧刚度小或预紧力小。

2）喷油泵本体的故障。

① 供油量调节拉杆和调速器拉杆销子松动。

② 供油量调节拉杆或拨叉卡滞，不能运动自如。

③ 供油量调节拉杆和扇形齿轮齿隙过大或变形、松动。

④ 凸轮轴轴向间隙过大，造成来回窜动。

3）柴油机怠速调整过低。当柴油机怠速调整得低于原机标准时，也容易造成游车和振抖故障同时出现。

诊断与排除：

1）拆下喷油泵侧盖，用手轻轻前、后移动供油量调节齿杆，必须运动自如，十分灵活；若移动时发现卡滞或仅能在小范围内移动，则应找出卡滞点。判断方法是将供油量调节拉杆和调速器拉杆拆离，若拉杆运动自如，则卡滞点在调速器；若拉杆仍有卡滞，则说明卡滞点在喷油泵。

2）用手移动供油量调节拉杆，查看拉杆与扇形齿轮的啮合状态，查看柱塞调节臂与扇形小齿轮有无变形和松动，对症排除卡滞处。

3）如果卡滞点在调速器，应拆下解体并检查润滑情况，检查拉杆、调速弹簧和飞块的收张程度与距离等工作状态，并对症排除。

4）检查喷油泵与凸轮轴的轴向间隙，若轴向间隙过大，应解体进行检修。

5）如因怠速调整得过低而引起游车振抖，应将怠速调节到原机规定值。CY490QZ 机型的稳定怠速不低于 750r/min。

4. 柴油机飞车

现象：

柴油机转速突然升高，越转越快，失去控制，并伴有刺耳的异响。

原因：

1）喷油泵故障。

① 喷油泵供油量调节拉杆和调节器拉杆脱开，调节失控，无法向低速方向运动。

② 喷油泵供柱塞卡在高速供油位置，使拉杆无法向低速方向运动。

③ 喷油泵柱塞的供油量调整齿圈固定螺钉松动，使柱塞失控。

2）调速器故障。

① 调速器润滑性能不好，润滑油太脏，冬季润滑油粘结，调速飞块难以甩开。

② 调速器高速调整螺钉或最大供油量调整螺钉调整不当。

③ 调速器拉杆、销子脱落或飞块销轴断裂，飞块甩脱。

④ 调速器弹簧折断或弹力下降。

⑤ 飞块压力轴承损坏，失去调速功能。

⑥ 全速调速器由于飞球座歪斜或推力盘斜面滑槽磨损，飞球无法甩开。

⑦ 推力盘与传动轴套配合表面粗糙，不能在轴上灵活旋转和移动。

3）燃烧室进入额外柴油或润滑油，无法熄火停车。

① 气缸窜入润滑油。

② 低温起动装置的电磁阀漏油，使多余的柴油进入燃烧室燃烧。

③ 多次起动不着火，气缸内积聚了过多的柴油，一旦着火，使燃烧不止，转速猛增。

④ 增压柴油机增压器油封损坏，润滑油被吸入燃烧室燃烧。

此外，柴油车加速踏板被踩下去而卡死在最大供油位置，也会导致柴油机飞车。

诊断与排除：

1）紧急措施。

① 立即将加速踏板拉回低速位置，并检查卡死踏板的部位，对应予以消除。

② 将供油量调节拉杆或调速拉杆迅速拉回低速位置。

③ 用衣物堵塞空气滤清器或进气道，阻止空气进入气缸。

④ 迅速松开各缸高压油管接头，停止供油。

2）柴油机熄火后确诊飞车原因。

① 当柴油机出现高速运转，迅速抬起加速踏板不回位，转速也不再升高时，是加速踏板拉杆或拉臂杠杆等处卡住，可对症排除。

② 若迅速抬起加速踏板，转速仍然继续升高，则可能是喷油泵栓塞被卡住，可拆下喷油泵进行检查。

③ 若当反复迅速抬起加速踏板，转速有所降低或熄火，则是调节器故障，应解体进行检查。

④ 若上述检查证实供油系统均正常时，应当考虑检查有无额外的柴油或润滑油进入气缸内燃烧。

5. 柴油机排气烟色不正常

柴油机排气烟色不正常的情况一般分三种，即黑烟、白烟（灰白色）、蓝烟（暗蓝色）。由于柴油机各缸的工作条件不完全相同，各缸内混合气物质的含量也不相同，故燃烧时所产生的烟色也就很难定性。在某种影响燃烧的因素较严重时，如有个别气缸的喷油器工作不良，在各种工况都会产生黑烟，而当空气滤清器堵塞时也会产生黑烟，此时的黑烟，是整台柴油机排放出的黑烟，浓度就大不一样了。因此，在处理排气烟色不正常故障时，也要用透过现象看本质的思维方式，仔细分析，对症排除。

（1）柴油机冒黑烟

现象：

1）柴油机难起动，且排气管大量冒黑烟。

2）柴油机勉强起动后在各种工况下运行时，排气管都在大量冒黑烟。

原因：

柴油机排气冒黑烟是油、气比例失调，油多气少燃烧不完全所致。造成此故障的因素是多样的，应从气路、油路、机械乃至油品诸多影响因素中逐个进行分析和诊断，对症排除。

1）气路。

① 空气滤清器堵塞或进气渠道不通畅；增压器出气口后管路破裂漏气，中冷器堵塞。

② 排气制动阀的工作开度不够，造成排气渠道不通畅。

2）油路。

① 喷油器喷油压力过低、雾化不良。

② 喷油器喷油压力过高、喷油量过大。

③ 喷油器针阀关闭不严、针阀与针阀座间泄漏。

④ 喷油泵烟度控制器初始供油量控制螺钉处于最大供油位置。

⑤ 喷油泵供油正时过早。

⑥ 喷油泵调速器调整不当。

3) 机械。气缸压力过低，导致柴油雾化不良或个别气缸不工作。

4) 油品。柴油质量低劣。

诊断与排除：

应本着"由简到繁、先易后难、先外后内"的原则进行故障诊断与排除。

1) 确定柴油的品质是否符合使用要求。

2) 检查进、排气道是否畅通。例如：空气滤清器是否堵塞、进气胶管是否变形或内壁脱层部分阻塞进气道以及排气制动阀是否开闭自如（如对于增压机，应检查增压器是否有故障），以致造成进气量不足，使油多气少，如此，则对症排除。

3) 检查喷油器的工作状态，在柴油机怠速和中、低速运转工况下，用三个手指分别触摸对比各缸高压油管。正常工作情况下，手指可以感觉到有规律的脉冲，用此经验法可初步诊断出各缸喷油压力的均匀情况，然后拆下压力较低的喷油器进行检测与调整。

4) 触摸时总感到喷油压力普遍过低，则可初步诊断为喷油泵各柱塞磨损过量或挺杆凸轮过量磨损而导致供油行程不足，应拆下喷油泵进行检修。

5) 若感到喷油压力均匀，在各种工况下运转时有敲击声并冒黑烟，则可以诊断为喷油时间过早；如果声音沉闷并冒黑烟，则可能是喷油时间太迟，提前角太小。应检查喷油泵联轴器螺栓是否松动、键和键槽是否松动或连接从动盘错位与否。

6) 当上述各项检查均正常，而柴油机仍难以起动，或起动后又冒黑烟，则应拆下喷油器检测各气缸的压缩压力，直至拆下气缸盖检查包括气门、气门座、气缸、活塞和活塞环等零件的磨损情况。必要时，对柴油机整机进行检修。

(2) 柴油机冒白烟

现象：

1) 柴油机起动时或在中速以下运行时，排气管冒的是白烟或灰白烟。

2) 柴油机热机后仍然冒白烟，行驶时无力，散热器冒气泡或油渍。

原因：

柴油机排气冒白烟多是气缸内有水，在高温下形成水蒸气排出，可从环境、机械与油品三方面逐项进行分析排除。

1) 环境。

① 周边环境温度低。

② 柴油机机体温度低，造成柴油雾化不良，燃烧不完全。

2) 机械。

① 气缸垫的水套孔被高压油气冲坏，冷却液窜入气缸。

② 个别气缸套有隐蔽的砂眼裂纹或穴蚀现象，冷却液浸入气缸。

③ 气缸套有裂纹或喷油器铜套损坏，冷却液被吸入气缸。

3) 油品。

① 柴油质量低劣。

② 柴油箱底层有水。

诊断与排除：

1）确定柴油的品质是否符合使用要求，并检查柴油箱是否有水。水比油重，有水时会沉底，拧开柴油箱油底壳的放油螺塞，即可排完积水。

2）周边环境湿度过低或将车辆露天存放，致使柴油机机体温度低，应在起动前向散热器中加入热水或开水，使机体温度升高，便于起动。温度升高后白烟消失，这是正常现象。

3）冷却液进入气缸，轻微时表现为柴油机起动后在中、低速工况下冒白烟，严重时油底壳中的润滑油油面会升高，润滑油被乳化，呈乳白色。若气缸内有积水，则会导致连杆弯曲，严重时曲轴将无法转动，造成较大的机械故障。因此，对冒白烟故障的处理不能掉以轻心。

4）当喷油泵供油提前角小时，也会有白烟产生。此时，柴油机将明显感觉动力不足，热机后现象一般会减轻。可检查并调整供油提前角。

(3) 柴油机冒蓝烟

现象：

1）急速或中、低速时，排气呈暗蓝色，中速以上不明显，但气味难闻、刺眼刺鼻。

2）中速以上冒蓝烟，全速时更加明显。

3）润滑油减少量超出正常的补给量。

原因：

柴油机冒蓝烟主要由机械故障引起。

1）气门导管磨损严重，气门油封损坏，润滑油从气门导管吸入气缸燃烧，但量少，蓝烟不很严重。

2）活塞环与环槽之间的配合间隙不符合要求，造成卡死，导致润滑油容易往气缸里窜。

3）活塞与活塞环严重磨损，某缸或多缸活塞环断裂密封不严，导致润滑油窜入气缸。

增压柴油机的增压器进气端密封环损坏，使增压器润滑油泄漏入进气管。当空气滤清器维护不当时，进气阻力增大，冒蓝烟的现象更为严重。

如果润滑油品质和牌号选择不当，也会出现此故障。

诊断与排除：

1）确定柴油机所加润滑油的品质和牌号是否符合规定。

2）对柴油机在中、低速工况下运行出现的轻微蓝烟，可以通过问诊的形式了解，有助于正确进行诊断，例如了解该机使用时间、气门导管和活塞环更换等情况。若是新机或新换活塞环，则出现轻微蓝烟是活塞、活塞环与气缸磨合时间不够所致，随着走合期临近，故障即会消失；若气门导管（整车或某个气缸盖）使用时间较长，且润滑油消耗量又不是特别多，则可以初步判断导管间隙过大，需对气缸盖进行拆检。

3）诊断增压器进气端密封环是否损坏的故障时，可以用人工"堵气"的方法，在进气道上模拟空气滤清器堵塞或进气阻力增大的现象，起动柴油机，让其在中、高速下运行，有助于正确判断。

4）当活塞和活塞环严重磨损折断而导致密封不严、润滑油减少量与日俱增、冒蓝烟情况越来越严重时，应当对柴油机进行拆检和修理。

6. 润滑油压力偏低

柴油机润滑正常与否，对柴油机的性能及使用寿命影响极大。在柴油机中，润滑油除了起到减磨作用外，同时起到冷却、清洗、密封和防锈等不可缺少的作用。因此，只有在润滑油压力正常的情况下，才能保证润滑油流量的足够，以确保柴油机正常工作。

现象：

1）新机或刚经修理后的发动机，原润滑油压力正常，后因用的时间较长，润滑油压力逐渐下降至偏低。

2）因机件突然损坏而造成油压突然下降。

原因：

1）油底壳中的润滑油不足。

2）机油表或机油压力报警器失灵，反映数据不准确。

3）机油管管路堵塞。

4）机油泵吸油滤网堵塞。

5）主油道限压阀或机油调压阀调压过低，或经常不清洗而造成失灵；限压阀或稳压阀弹簧损坏或阀卡住，同样影响润滑油压力。

6）柴油机各轴承配合间隙增大。

7）柴油机过热，润滑油温度高，导致润滑油变稀。

8）机油泵间隙过大。

诊断与排除：

1）用机油尺测量油底壳中的润滑油量，并加至上刻线；润滑油质量变差（稀），更换润滑油。

2）若是由于润滑油变脏变粘而堵塞机油滤清器滤芯，特别是对于气缸套活塞磨损严重的柴油机，应该注意经常清洗或更换滤芯。清洗油路后，要用压缩空气吹净。一般用柴油清洗滤网。

3）若是由于机件逐渐磨损、配合间隙过大而造成润滑油压力过低，要对机件进行修复和更换。

7. 柴油机冷却液温度过高

柴油机出水温度的高低，一般都是通过冷却液温度表的读数来反映的。冷却液温度表读数在98℃以上，或散热器冷却液沸腾，即认为柴油机冷却液温度高。

柴油机工作温度过高，给柴油机的使用寿命带来很多不利的影响；但工作温度过低，消耗的热量过大，会使零件的配合间隙过大，互相撞击严重。同时，柴油机润滑油温度低，润滑油粘度大，气缸套很容易造成腐蚀磨损，增大摩擦阻力，降低功率。

柴油机冷起动一次的磨损量几乎等于行车50km的磨损量。冷起动，润滑条件不良，气缸套和活塞环摩擦副形成微小的磨伤，起动后必须急速运转几分钟，这些微小的磨伤才能被磨平，因此不能一起动就加速运行。

柴油机正常工作冷却液温度为85～95℃，从零件磨损最小的角度讲，冷却液温度在

85℃为最好。因此，合理控制柴油机的工作温度是提高柴油机工作效率的有效方法之一，应引起注意。

现象：

1）冷却循环效果不好，造成温度过高。

2）气缸燃烧不良，排气管冒黑烟；柴油机有爆燃现象；用手摸压气机出水管口感到很热。

3）安装使用不当，造成冷却液温度过高。

原因：

造成第一种现象的原因如下：

1）散热器缺水，散热器散热芯变形堵塞，机油冷却器水道不通畅，散热器结水垢造成严重散热不良（用手摸散热器，上、下方冷却液温差很大）。

2）节温器失灵，开度不足，水泵小循环管回水过大（用手指压小回水循环管感到水压较大）。

3）水泵传动带过松或损坏，致使水泵转速不正常。

造成第二种现象的原因如下：

1）喷油泵供油量过大，燃烧时间过长，造成排气管冒黑烟。

2）供油提前角过小，喷油器雾化不良及喷油开启压力过大，致使气缸燃烧恶劣，润滑油温度增高。

3）排气门间隙过小，排气道不通畅。

4）增压器旁通阀高速压力偏高，致使进气压力过高，柴油机转速增加。

5）气缸体或气缸套有裂纹，导致热废气进入水道，冷却液温度增高，但实际润滑油温度不一定高。

6）压气机拉缸，使压气机温度过高，造成冷却液温度偏高，但润滑油温度不高。

造成第三种现象的原因如下：

1）散热器、导风罩与风扇匹配不合理。

2）增压机中冷器的安装位置影响散热器散热。

3）排气制动阀开启不合理（多在低速段），影响废气排温。

4）柴油机长时间超负荷工作。

诊断与排除：

1）冷却液温度突然升高。

① 超负荷工作，控制负载。

② 风扇损坏（硅油传感器失灵），更换风扇。

③ 气缸体和气缸套有裂纹（散热器冒气泡），更换气缸套和气缸垫。

④ 拉缸（包括气缸和压气机），检修气缸和活塞连杆组。

⑤ 喷油器针阀卡死，供油量大，时间长（冒黑烟），更换喷油器。

⑥ 循环水道漏水，检查水道，修理或更换相应的零件。

⑦ 水泵传动带松弛，风扇转速小，调整水泵传动带的张紧度。

2）柴油机工作不良故障。新机初用时冷却液温度不高，时间长后逐渐变高。

① 喷油器喷油压力变小、供油量大（冒黑烟），调整喷油器的喷油压力或更换该部件。

② 节温器失灵，小循环回水大，更换节温器。

③ 水管老化变形而堵水，更换水管。

④ 散热器积垢不通畅（上、下冷却液温差大），去除散热器水垢。

⑤ 风扇传动带松弛，水泵转速不足，调整风扇传动带的张紧度。

3）原件安装故障。新机初用时冷却液温度高。

① 气缸盖水道不畅，清理气缸盖水道。

② 风、水冷循环匹配不合理，按规定装设风、水冷循环系统。

③ 柴油机周围通风差，改善柴油机的通风环境。

④ 散热器、导风罩与风扇匹配不合理，按规定装设风扇。

⑤ 散热器小，更换散热器。

8. 柴油机异响

柴油机工作时发出的响声很多，有正常响声（自然响声），也有不正常响声（异响）。这种现象很难区别，其响声部位也不容易确定。要能较准确地判断异响的原因和部位，必须做到善于比较（即平时注意倾听正常发动机的声音是怎样的，对照有可疑异响的发动机进行比较）；善于实践（多亲手处理问题）；善于总结经验，抓特点，只有这样才能通过异响找到故障的根源。

发现柴油机存在异响故障，必须及时进行诊断，采取有效的维修措施。

现象：

柴油机异响现象可归纳为以下三种：

1）突发性异响（即柴油机原无此响声）。

2）自然渐增性异响（异响由原来无声到小声，后逐渐扩大才听到响声）。

3）人为性异响（安装不当和调整不当造成的响声）。

原因：

柴油机发出的异响主要是由于内部机件磨损松旷和断裂、干涉撞击、调整不当引起或使用不当引起的。

1）出现突发性异响现象的原因。

① 喷油器针阀卡死，异响位置在气缸盖上，冷、热机同时存在。检查方法：一是在喷油器试验台上进行检查；二是在柴油机怠速时用断缸法进行检查。具体做法是当柴油机怠速运转时，逐一将各缸高压油管接头松脱（切断供油），松开该气缸，如果异响消失，则说明该缸喷油器针阀卡死。

② 气缸壁被撞击，异响位置在气缸盖上。

③ 活塞拉缸，在柴油机上出现沉重的撞击声。如果是气缸拉缸，则柴油机功率明显下降。特别是在怠速时柴油机显得很吃力，甚至出现排气管冒黑烟的现象。

④ 压气机轴发出干磨声。出现此故障时，压气机显得特别发热，出现异响，必须及时停机进行检查和处理。

⑤ 增压器转动时的撞击声。撞击不严重，变速时容易听到，转速稳定（因振动小）时则不容易听到。

2）出现自然渐增性异响的原因。

① 气门密封带因烧蚀和积炭造成密封不严的窜气声，异响位置在气缸盖处。

② 主轴瓦或连杆轴瓦磨损，曲轴的撞击声是很大的，异响位置在油底壳处，距离柴油机10m以外响声更清楚。如果连杆轴瓦磨损很严重，则同时出现活塞打气门的声音（此时气门振动很大）。轴瓦磨损，润滑油压力有所降低，放润滑油时，放油螺塞上必定有轴瓦合金碎片。

③ 活塞销与销孔磨损过大，活塞与气缸套拉缸，同样会发出沉重的拉击声，异响位置不易确定，只有拆检才能作出判断。

④ 在齿轮室处，出现很散的撞击声，在转速变化时，撞击声更明显。

⑤ 离合器处的响声，异响位置在飞轮壳处。

3）出现人为性异响的原因。出现人为性异响主要是由安装和调整不当造成的。

① 由气门间隙造成的异响，异响位置在气缸盖上，一般在低速冷机时明显，高速热机时不明显。气门间隙过小，出现窜气声，热机时更明显（拿掉空气滤清器或排气总管后声音更清楚）。

② 带提前器的高压油泵，在柴油机工作时每个提前器都会有响声，只不过响声大小不同而已。这种现象不属于异响，不影响工作。

③ 共振声。有时柴油机在某一特定转速时，柴油机出现振击声。

④ 排气管出现杂乱的气流冲击声，其原因主要是柴油机配气相位发生变化。

诊断与排除：

异响故障的原因判断：一是根据异响的部位，二是接合异响的现象。对照上述产生异响的原因就能准确地判断其故障。

柴油机发出异响时必然会产生一定的振动，根据振动的特点和部位，可以辅助诊断异响的部位和原因。

1）气缸盖部位异响。在该区域，可用长柄螺钉旋具触试或用听诊器听诊安装在气缸盖上的运动副异响声，如气门间隙过大、气门座脱落、气门弹簧折断、气门关闭不严、摇臂轴或顶置凸轮轴缺油造成的干摩擦等异响故障。

2）气缸中上部位异响。在该区域，可听察到活塞连杆组的异响声，如由于气门弹簧折断造成气门与活塞打顶，活塞环与气缸磨损、配合间隙过大，活塞销与活塞销座、连杆小头衬套松旷造成敲缸等异响故障。

3）气缸中下部位异响。在该区域，可听察到侧置式凸轮轴及其摩擦副的异响声，如：凸轮轴颈与轴承之间的间隙过大、挺柱与气缸体承孔过度松旷以及连杆大头与曲轴轴颈过度松旷（烧轴瓦）、连杆螺栓松动或折断等异响故障；还可辅助听诊曲轴轴承烧坏、曲轴轴向窜动或曲轴折断等隐蔽性很强的异响故障。

4）油底壳和气缸体接合部异响。在该区域可以听察到曲轴轴承发响或曲轴窜动、断裂以及机油集滤器支架松断、机油泵异响等故障。

5）齿轮室部位异响。在该区域，可听察到齿轮室各齿轮的异响声。

6）飞轮壳部位异响。在该区域，可听察到离合器的异响声和起动机齿轮与飞轮环齿的撞击声。

柴油机的异响，尤其是突发性异响，对柴油机的安全性至关重要，一旦诊断出异响源，应当及时停机排除，该解体检修就解体，绝不能凑合；对自然渐增性异响，也不能等闲视之，不要因小失大，等到异响声大到极限时才处理，就会出大事故。对于人为性异响，一经发现，应当即时排除。

相关知识

一、柴油机故障的类别

1. 柴油机的先天故障

先天故障是指来自柴油机自身的质量问题，是与使用保养及维修技能无关的故障，如机体因有砂眼而漏水或漏油、曲轴轴颈硬度不够、使用时间不长就磨损超差等。

2. 柴油机的人为故障

人为故障是指使用者不按使用说明书要求去进行使用和保养，或维修人员缺乏技能及失误造成的故障，如少装或错装零件，或不按规定更换符合要求的润滑油等。

这两种故障存在着前因与后果的密切关系。要知其前因和后果的真实情况，必须向有关人员进行了解，这是判断故障的最有效的依据之一。

二、柴油机故障信息的收集

（1）询问使用者（驾驶员），了解故障产生的情况

1）了解故障症状（如润滑油压力偏低）的发生是突发性的，还是使用时间较长而逐渐扩大的。如果得来的信息反映润滑油压力在新机时已偏低，目前更低，那原因多为机油泵供油压力偏低，或机油泵安全阀调整失灵，或机油调压阀调整不当。

2）如果信息反映原新机时润滑油压力正常，现在因使用时间较长而出现油压偏低，多属机油泵磨损、供油不足、运动副磨损过大、泄漏润滑油过多或油道油污堵塞而使润滑油压力提不起来。

3）如果是突然油压降低，则原因多为机件损坏，如由机油泵垫损伤、机油集滤器因油污堵塞、轴瓦突然损坏或某处油管断裂漏油严重所造成的。

（2）询问使用者，了解该机使用与维修过程的情况

1）润滑油压力和冷却液温度高低变化情况，如变化时间、变化现象、是维修前还是维修后发生变化的等。

2）柴油机用油（润滑油和柴油）、用水出现的情况。

3）何时、何地、何人做过哪些保养、维修、调整或换件。

4）什么时候、在什么情况下柴油机出现过异响或异常烟色。

5）柴油机动力（功率和转速）变化情况等。

（3）对柴油机现场实地观察和试验

1）观察柴油机"三漏"情况，以确定造成"三漏"的原因（如螺栓紧固力矩不足、密封垫或机件损坏等）。

2）倾听异响模式及其部位，以确定故障根源。

3）观察排气烟色，以便分析故障原因。

4）检查柴油机转速变化情况，可了解柴油机性能的好与坏，有利于故障的判断。

一般来说，凡是柴油机出现故障，必然会伴随出现上述四种现象中的一种或多种，不同的故障出现不同的现象，反过来说，不同的现象对应着不同的故障，掌握了这一点，就成功了一半。

三、柴油机故障分析及排除的原则

1. 故障分析

故障分析包含以下三个方面的内容：

（1）判断柴油机是否存在故障　判断是否存在故障，不能单凭臆想或猜测。要想做到这一步，必须熟悉下面四点：

1）熟悉柴油机各零部件的配合（配套）参数及技术数据。这是判断零部件是否合格（或是否有故障）的依据，除此之外，即属于凭经验所为，不够确切。

2）掌握柴油机的性能指标，如柴油机标定功率、最大转矩及转速、全负荷最低燃油消耗率、排放温度及烟度（含烟色）等。在试验台架上进行检测，或凭实践经验相比较，可以判断柴油机是否合格或近似合格。

3）柴油机异响的确认。柴油机内外及周围都会有响声源，哪些是自然（柴油机必然存在）的响声，哪些是异响，鉴定者必须有所了解，善于比较，懂得鉴别。

4）柴油机转速稳定性。柴油机转速稳定与否，直接反映了柴油机是否有故障。柴油机转速不稳定，多在低速段，在中、高速段转速不稳定的也有，但少见。在高、中速段，无法加速倒是常见现象，转速不稳或无法加速，原因多在燃油供给系统上。

（2）分析并确定故障的部位　根据多方了解到的信息及现场故障现象的鉴别，初步确定故障部位及其严重性，以此来决定故障处理的步骤和方法。

（3）确定故障原因　通过拆卸解体检测，确定其故障原因。

2. 故障排除的原则

故障排除应遵循"由简到繁、由易到难、由外及里"的原则，避免无谓的拆装解体，做到稳、准、快、省。

>> **课后练习**

一、填空题

1. 柴油机质量的好坏主要取决于_____、_____和_____三个方面。

2. 低压油路故障的原因有_____、_____、_____和_____。（写出4点即可）

3. 高压油路故障的原因有_____、_____、_____和_____。（写出 4 点即可）

二、选择题

1. 柴油机运行中加大油门后，功率或转速仍提不高的原因是（　　）。
   A. 柴油箱油量不足　　　　　B. 喷油泵拉杆卡死
   C. 喷油泵凸轮磨损　　　　　D. 喷油器雾化不良
2. 柴油机排气冒黑烟的主要原因是（　　）。
   A. 润滑油压力过高　　　　　B. 柴油未燃烧尽
   C. 冷却液温度过低　　　　　D. 供油量不足
3. 柴油机排气冒蓝烟的主要原因是（　　）。
   A. 润滑油温度低　　　　　　B. 润滑油压力小
   C. 润滑油进入了水套　　　　D. 润滑油进入了燃烧室
4. 冬季柴油机刚起动时，排气管冒白烟的主要原因是（　　）。
   A. 喷油量过小　　　　　　　B. 转速过低
   C. 温度低　　　　　　　　　D. 润滑油进入了燃烧室

三、简答题

1. 造成柴油机起动困难的因素有哪些？
2. 柴油机冷机起动困难而热机起动不困难造成排气管不冒烟、冒白烟和冒黑烟的原因有哪些？
3. 如何检查高压油路方面的故障？
4. 柴油机"游车"故障的原因有哪些？如何进行诊断与排除？

参 考 文 献

[1] 蔡兴旺. 汽车构造与原理：上册 [M]. 北京：机械工业出版社，2008.
[2] 李彦. 汽车发动机构造与维修：上册 [M]. 北京：化学工业出版社，2010.
[3] 蔡彭骑. 汽车柴油机维修 [M]. 北京：国防工业出版社，2011.
[4] 郑劲，张子成. 汽车发动机构造与维修 [M]. 北京：化学工业出版社，2010.
[5] 陈家瑞. 汽车构造：上册 [M]. 北京：人民交通出版社，2004.
[6] 梁建和，周宁. 汽车发动机构造及维修 [M]. 北京：北京理工大学出版社，2009.
[7] 李全利，张俊海. 汽车发动机构造与维修 [M]. 北京：化学工业出版社，2010.
[8] 王福忠. 汽车发动机构造与维修 [M]. 北京：电子工业出版社，2009.
[9] Krebs R，等. 采用汽油直接喷射和复合增压的 Volkswagen 新型汽油机 [J]. 国外内燃机，2007，(4).
[10] 谭本忠. 汽车发动机构造与维修图解教程 [M]. 北京：机械工业出版社，2008.
[11] 郑伟光. 汽车发动机构造与维修 [M]. 北京：机械工业出版社，2003.
[12] 卢华. 汽车检测与诊断 [M]. 北京：化学工业出版社，2010.
[13] 郭新华. 汽车构造 [M]. 北京：高等教育出版社，2004.